银领工程——计算机项目案例与技能实训丛书

# Flash 动画制作

## （第 2 版）

## （累计第 11 次印刷，总印数 45000 册）

九州书源　编著

清华大学出版社

北　京

# 内 容 简 介

本书主要介绍了使用 Flash CS3 进行动画制作的基础知识和基本技巧，主要包括 Flash 基础知识、添加图形和文字、编辑图形和文字、为图形填充色彩、动画制作基础、元件和库以及场景的基本操作、Flash 基本动画的制作、Flash 特殊动画的制作、Actions 常用语句的应用、交互式动画的制作、动画测试、优化与发布的操作方法以及网站片头、小游戏和 MTV 这 3 个项目设计案例的制作等知识。

本书采用了基础知识、应用实例、项目案例、上机实训、练习提高的编写模式，力求循序渐进、学以致用，并切实通过项目案例和上机实训等方式提高应用技能，适应工作需求。

本书提供了配套的实例素材与效果文件、教学课件、电子教案、视频教学演示和考试试卷等相关教学资源，读者可以登录 http://www.tup.com.cn 网站下载。

本书适合作为职业院校、培训学校、应用型院校的教材，也是非常好的自学用书。

图书在版编目（CIP）数据

Flash 动画制作/九州书源编著. —2 版. —北京：清华大学出版社，2011.12

银领工程——计算机项目案例与技能实训丛书

ISBN 978-7-302-27064-5

Ⅰ. ①F…　Ⅱ. ①九…　Ⅲ. ①动画制作软件，Flash CS3-教材　Ⅳ. ①TP317.4

中国版本图书馆 CIP 数据核字（2011）第 205270 号

责任编辑：赵洛育　刘利民
版式设计：文森时代
责任校对：柴　燕
责任印制：李红英

出版发行：清华大学出版社　　　　　　　　　　地　　　址：北京清华大学学研大厦 A 座
　　　　　http://www.tup.com.cn　　　　　　邮　　　编：100084
　　　社　　总　　机：010-62770175　　　　邮　　　购：010-62786544
　　　投稿与读者服务：010-62776969，c-service@tup.tsinghua.edu.cn
　　　质　量　反　馈：010-62772015，zhiliang@tup.tsinghua.edu.cn
印　刷　者：北京密云胶印厂
装　订　者：三河市溧源装订厂
经　　　销：全国新华书店
开　　　本：185×260　印　张：20　插　页：1　字　　数：462 千字
版　　　次：2011 年 12 月第 2 版　　　印　　　次：2011 年 12 月第 1 次印刷
印　　　数：1～6000
定　　　价：36.80 元

产品编号：042588-01

# 丛 书 序
*Series Preface*

本丛书的前身是"电脑基础·实例·上机系列教程"。该丛书于 2005 年出版，陆续推出了 34 个品种，先后被 500 多所职业院校和培训学校作为教材，累计发行 **100 余万册**，部分品种销售在 50000 册以上，多个品种获得**"全国高校出版社优秀畅销书"一等奖**。

众所周知，社会培训机构通常没有任何社会资助，完全依靠市场而生存，他们必须选择最实用、最先进的教学模式，才能获得生存和发展。因此，他们的很多教学模式更加适合社会需求。本丛书就是在总结当前社会培训的教学模式的基础上编写而成的，而且是被广大职业院校所采用的、最具代表性的丛书之一。

很多学校和读者对本丛书耳熟能详。应广大读者要求，我们对该丛书进行了改版，主要变化如下：

- 建立完善的立体化教学服务。
- 更加突出"应用实例"、"项目案例"和"上机实训"。
- 完善学习中出现的问题，更加方便学生自学。

## 一、本丛书的主要特点

### 1. 围绕工作和就业，把握"必需"和"够用"的原则，精选教学内容

本丛书不同于传统的教科书，与工作无关的、理论性的东西较少，而是精选了实际工作中确实常用的、必需的内容，在深度上也把握了以工作够用的原则，另外，本丛书的应用实例、上机实训、项目案例、练习提高都经过多次挑选。

### 2. 注重"应用实例"、"项目案例"和"上机实训"，将学习和实际应用相结合

实例、案例学习是广大读者最喜爱的学习方式之一，也是最快的学习方式之一，更是最能激发读者学习兴趣的方式之一，我们通过与知识点贴近或者综合应用的实例，让读者多从应用中学习、从案例中学习，并通过上机实训进一步加强练习和动手操作。

### 3. 注重循序渐进，边学边用

我们深入调查了许多职业院校和培训学校的教学方式，研究了许多学生的学习习惯，采用了基础知识、应用实例、项目案例、上机实训、练习提高的编写模式，力求循序渐进、学以致用，并切实通过项目案例和上机实训等方式提高应用技能，适应工作需求。唯有学以致用，边学边用，才能激发学习兴趣，把被动学习变成主动学习。

## 二、立体化教学服务

为了方便教学，丛书提供了立体化教学网络资源，放在清华大学出版社网站上。读者登录 http://www.tup.com.cn 后，在页面右上角的搜索文本框中输入书名，搜索到该书后，单击"立体化教学"链接下载即可。"立体化教学"内容如下。

- **素材与效果文件**：收集了当前图书中所有实例使用到的素材以及制作后的最终效果。读者可直接调用，非常方便。
- **教学课件**：以章为单位，精心制作了该书的 PowerPoint 教学课件，课件的结构与书本上的讲解相符，包括本章导读、知识讲解、上机及项目实训等。
- **电子教案**：综合多个学校对于教学大纲的要求和格式，编写了当前课程的教案，内容详细，稍加修改即可直接应用于教学。
- **视频教学演示**：将项目实训和习题中较难、不易于操作和实现的内容，以录屏文件的方式再现操作过程，使学习和练习变得简单、轻松。
- **考试试卷**：完全模拟真正的考试试卷，包含填空题、选择题和上机操作题等多种题型，并且按不同的学习阶段提供了不同的试卷内容。

## 三、读者对象

本丛书可以作为职业院校、培训学校的教材使用，也可作为应用型本科院校的选修教材，还可作为即将步入社会的求职者、白领阶层的自学参考书。

我们的目标是让起点为零的读者能胜任基本工作！

欢迎读者使用本书，祝大家早日适应工作需求！

九州书源

# 前 言
*Preface*

随着网络技术的不断发展，网络逐渐融入到人们生活的各个方面，越来越多的人通过各类网站来获取信息。Flash 广告、Flash 游戏、Flash 课件、Flash 动画和 Flash 网站等逐渐受到人们的关注，同时体验到了 Flash 带来的无限乐趣，并且更多的人乐意加入到 Flash 动画的世界中来。

## 📖 本书的内容

本书共 12 章，可分为 8 个部分，各部分具体内容如下。

| 章　节 | 内　容 | 目　的 |
|---|---|---|
| 第 1 部分（第 1 章） | Flash 动画常识、Flash 软件的启动与退出、工作界面介绍、文档的基本操作等 | 了解 Flash CS3 的基本知识，掌握 Flash CS3 的基本操作 |
| 第 2 部分（第 2～4 章） | 绘图环境的设置、绘制线条和基本图形、导入外部图片、添加文本、选择并编辑图形、文字的编辑、使用不同的工具为图形和文本填色并编辑颜色等 | 掌握图形和文本的相关操作，掌握 Flash 绘图工具栏中各工具的操作方法与技巧 |
| 第 3 部分（第 5～6 章） | 帧的基本操作、图层的基本操作、元件的创建与编辑、库的使用和场景的应用 | 掌握动画制作几个基本要素的基本操作 |
| 第 4 部分（第 7～8 章） | 动画基本类型的介绍、制作形状补间动画、制作动作补间动画、制作逐帧动画、制作引导动画、制作遮罩动画以及制作滤镜动画 | 掌握简单动画和特效动画的制作方法和技巧 |
| 第 5 部分（第 9 章） | Actions 变量、函数、表达式和运算符、Actions 语法规则、ActionScript 脚本的添加方法、控制场景和帧语句、设置影片剪辑属性、循环和条件语句的使用、声音控制脚本等 | 掌握 Actions 常用语句的应用 |
| 第 6 部分（第 10 章） | 组件的作用和类型、组件的添加方法、组件属性的设置以及利用组件制作具有交互式动画 | 掌握交互式动画的制作方法 |
| 第 7 部分（第 11 章） | 动画测试、优化和发布 | 掌握动画测试、优化和发布的方法 |
| 第 8 部分（第 12 章） | 极限联盟网站片头、商标找茬游戏和童谣 MTV3 个综合实例的制作 | 巩固前面所学知识，提高综合运用Flash进行作品设计的能力 |

## ✍ 本书的写作特点

本书图文并茂、条理清晰、通俗易懂，在读者难于理解和掌握的地方给出了提示或注意，并加入了许多使用 Flash 进行动画制作的技巧，使读者能快速提高自己的使用技能。

另外，本书配置了大量的实例和练习，让读者在实际操作中不断强化书中讲解的内容。

本书每章按"学习目标+目标任务&项目案例+基础知识与应用实例+上机及项目实训+练习与提高"结构进行讲解。

- ➡ **学习目标**：以简练的语言列出本章知识要点和实例目标，使读者对本章将要讲解的内容做到心中有数。

- ➡ **目标任务&项目案例**：给出本章部分实例和案例结果，让读者对本章的学习有一个具体的、看得见的目标，不至于感觉学了很多却不知道干什么用，以至于失去学习兴趣和动力。

- ➡ **基础知识与应用实例**：将实例贯穿于知识点中讲解，使知识点和实例融为一体，让读者加深理解思路、概念和方法，并模仿实例的制作，通过应用举例强化巩固小节知识点。

- ➡ **上机及项目实训**：上机实训为一个综合性实例，用于贯穿全章内容，并给出具体的制作思路和制作步骤，完成后给出一个项目实训，用于进行拓展练习，还提供实训目标、视频演示路径和关键步骤，以便于读者进一步巩固。

- ➡ **项目案例**：为了更加贴近实际应用，本书给出了一些项目案例，希望读者能完整了解整个制作过程。

- ➡ **练习与提高**：本书给出了不同类型的习题，以巩固和提高读者的实际动手能力。

另外，本书还提供有素材与效果文件、教学课件、电子教案、视频教学演示和考试试卷等相关立体化教学资源，立体化教学资源放置在清华大学出版社网站（http://www.tup.com.cn），进入网站后，在页面右上角的搜索引擎中输入书名，搜索到该书，单击"立体化教学"链接即可。

## ☺ 本书的读者对象

本书主要供各大中专院校和各类电脑培训学校作为 Flash 教材使用，也可供 Flash 初学者、对动画制作感兴趣以及从事 Flash 动画制作的相关人员使用。

## ✉ 本书的编者

本书由九州书源编著，参与本书资料收集、整理、编著、校对及排版的人员有：羊清忠、陈良、杨学林、卢炜、夏帮贵、刘凡馨、张良军、杨颖、王君、张永雄、向萍、曾福全、简超、李伟、黄沄、穆仁龙、陆小平、余洪、赵云、袁松涛、艾琳、杨明宇、廖宵、牟俊、陈晓颖、宋晓均、朱非、刘斌、丛威、何周、张笑、常开忠、唐青、骆源、宋玉霞、向利、付琦、范晶晶、赵华君、徐云江、李显进等。

由于作者水平有限，书中疏漏和不足之处在所难免，欢迎读者朋友不吝赐教。如果您在学习的过程中遇到什么困难或疑惑，可以联系我们，我们会尽快为您解答。联系方式是：

E-mail：book@jzbooks.com。

网　址：http://www.jzbooks.com。

编　者

# 导　读

*Introduction*

| 章　名 | 操 作 技 能 | 课 时 安 排 |
|---|---|---|
| 第 1 章　Flash 基础知识 | 1．Flash 动画常识<br>2．启动与退出 Flash<br>3．熟悉 Flash CS3 的工作界面<br>4．文档的基本操作 | 2 学时 |
| 第 2 章　添加图形和文字 | 1．设置绘图环境<br>2．绘制线条和基本图形<br>3．导入外部图片<br>4．添加文本 | 3 学时 |
| 第 3 章　编辑图形和文字 | 1．选择对象<br>2．图形的编辑<br>3．编辑文本 | 2 学时 |
| 第 4 章　为图形填充色彩 | 1．用墨水瓶工具填充线条<br>2．用颜料桶工具填充区域<br>3．"颜色"面板的使用<br>4．用渐变变形工具编辑颜色<br>5．滴管工具和刷子工具 | 3 学时 |
| 第 5 章　动画制作基础 | 1．帧的基本操作<br>2．图层的基本操作 | 2 学时 |
| 第 6 章　元件、库和场景 | 1．元件的创建与编辑<br>2．库的使用<br>3．场景的应用 | 2 学时 |
| 第 7 章　制作简单动画 | 1．动画的基本类型<br>2．制作形状补间动画<br>3．制作动作补间动画<br>4．制作逐帧动画 | 4 学时 |
| 第 8 章　制作特殊动画 | 1．制作引导动画<br>2．制作遮罩动画<br>3．制作滤镜动画 | 4 学时 |
| 第 9 章　Actions 常用语句应用 | 1．Actions 概述<br>2．控制场景和帧<br>3．设置影片剪辑属性<br>4．循环和条件语句的使用<br>5．声音控制脚本 | 5 学时 |

| 章　　名 | 操 作 技 能 | 课 时 安 排 |
|---|---|---|
| 第 10 章　制作交互式动画 | 1.　组件简介<br>2.　组件的应用 | 2 学时 |
| 第 11 章　动画测试、优化与发布 | 1.　测试与导出动画<br>2.　优化 Flash 作品<br>3.　发布动画 | 2 学时 |
| 第 12 章　项目设计案例 | 1.　制作网站片头<br>2.　制作小游戏<br>3.　制作童谣 MTV | 5 学时 |

# 目　录

Contents

# 第 1 章　Flash 基础知识

## 学习目标

- ☑ 了解 Flash 动画制作原理、动画制作基本步骤等知识
- ☑ 掌握启动与退出 Flash 的方法
- ☑ 掌握 Flash 的工作界面设置与保存方法
- ☑ 掌握文档的新建、保存、关闭和打开等基本操作

## 目标任务&项目案例

搞笑动画

MTV

动态网页

网站片头

　　很多优秀的 Flash 作品被广泛应用于网站片头、网页广告、MTV 和动画游戏等领域，本章首先介绍 Flash 动画的常识和应用领域等方面的知识，接着介绍 Flash CS3 的基础知识，包括 Flash CS3 的启动与退出、工作界面及文档的基本操作等。

# 1.1　Flash 动画常识

Flash 是美国 Macromedia 公司出品的专业矢量图形编辑和动画创作软件，主要用于网页设计和多媒体创作。Flash CS3 是 2007 年 Adobe 公司在收购 Macromedia 公司之后推出的新版本，该版本在以前版本的基础上不断升级与改进，可应用到更多不同领域中，制作的效果流畅生动，且它对动画制作者的要求不高，简单易学，因此一经推出便得到众多 Flash 专业制作人员和动画爱好者的好评。

## 1.1.1　动画基本原理

以前制作的动画都是通过由一幅幅静止的相关画面快速地移动，使人们在视觉上产生运动感觉而形成。而 Flash 动画由矢量图形组成，通过图形的运动，产生运动变化效果。它以"流"的形式进行播放，在播放的同时自动将后面部分文件下载，实现多媒体的交互。

## 1.1.2　Flash 动画常用领域

在现代信息化的社会中，人们喜欢在网上完成工作、搜集信息与交流。打开任意一个网站，常常会看到各种动画广告条；想听音乐，网上有 Flash 制作的各种 MTV 可供选择；还有电视上的一些广告也是用 Flash 制作的。从搞笑动画到 MTV、从广告到游戏、从动态网页到影视片头，Flash 的身影无处不在。

### 1.　搞笑动画

制作搞笑动画的目的是让观众开怀一笑，心情舒畅。一个好的搞笑动画，制作的角色形象要滑稽有趣、入木三分，而且内容爆笑、幽默。图 1-1 所示就是搞笑动画"小破孩"中的场景。

### 2.　MTV

在网络上观看视频 MTV 常常会因为网速过慢而时断时续，而 Flash 文件相对于视频文件要小很多，因此很多音乐网站上的歌曲都配有由 Flash 制作的 MTV。图 1-2 所示就是根据歌曲"叶子"制作的 MTV 场景。

图 1-1　"小破孩"搞笑动画　　　　　图 1-2　"叶子"MTV

### 3．广告

一个好的网站，其浏览量很大，自然就有了网络广告。用 Flash 制作的网络广告具有直接明了、占用空间小和视觉冲击力强等特点，正好满足在网络这种特殊环境下的要求。图 1-3 所示就是典型的手机广告动画。

### 4．交互游戏

年轻的读者一般都对游戏感兴趣，如俄罗斯方块、魂斗罗、超级玛丽和松鼠大战等游戏都伴随着自己的成长，现在，网络游戏如传奇、仙剑和魔兽等更加受到大家的喜爱，利用 Flash 也可以制作一些简单有趣的游戏。图 1-4 所示就是用 Flash 制作的连连看游戏。

图 1-3　网页广告

图 1-4　连连看游戏

### 5．动态网页

用 Flash 可以制作出个性化的动态网页，相对于平时所看到的网站更具有视觉上的冲击力。虽然功能不如专业网页制作软件齐全，但制作一个数据量不大的个人网站已经足够了。图 1-5 所示就是利用 Flash 制作的一个动态网页。

### 6．片头动画

Flash 还可以为网站、宣传片、电影和光盘制作片头动画。图 1-6 所示就是一个古典风格的网站片头动画。

图 1-5　动态网页

图 1-6　片头动画

## 1.1.3　Flash 动画制作基本步骤

要制作出一个出色的 Flash 动画作品，应该用心把握每个环节，其制作过程大致可分为以下几个步骤。

### 1．前期策划

在制作动画之前，应首先确定制作动画的目的，明确动画应达到什么样的效果和反响，动画的整体风格应该以什么为主及应用什么形式将其体现出来。在制定一套完整的方案后，就可为要制作的动画做初步的策划，包括动画中出现的人物、背景、音乐及动画剧情的设计、动画分镜头的制作手法和动画片段的过渡等构思。

### 2．搜集素材

完成前期策划之后，应开始对动画中所需素材进行搜集与整理。搜集素材时不要盲目地搜集，应根据前期策划的风格、目的和形式有针对性地搜集素材，这样就能有效地节约制作时间。

### 3．制作动画

创作动画中比较关键的步骤就是制作 Flash 动画，前期策划和素材的搜集都是为制作动画而做的准备。要将之前的想法完美地表现出来，就需要作者细致地制作。动画的最终效果很大程度上取决于 Flash 动画的制作过程。

### 4．后期调试与优化

动画制作完毕后，为了使整个动画看起来更加流畅、紧凑，必须对动画进行调试。调试动画主要是针对动画对象的细节、分镜头和动画片段的衔接、声音与动画播放是否同步等进行调整，以保证动画作品的最终效果与质量。

### 5．测试动画

制作与调试完动画后，应对动画的效果、品质等进行检测，即测试动画。因为每个用户的电脑软硬件配置不相同，而 Flash 动画的播放是通过电脑对动画中的各矢量图形、元件等的实时运算来实现的，所以在测试时应尽量在不同配置的电脑上测试动画。然后根据测试后的结果对动画进行调整和修改，使其在不同配置的电脑上都有很好的播放效果。

### 6．发布动画

Flash 动画制作的最后一步就是发布动画，用户可以对动画的格式、画面品质和声音等进行设置。在进行动画发布设置时，应根据动画的用途和使用环境等进行设置，以免增加文件的大小而影响动画的传输。

## 1.1.4  应用举例——在网上观看 Flash 动画

在对 Flash 有了初步了解后，下面就通过在腾讯动画网页上观看 Flash 动画来进一步熟悉 Flash。

操作步骤如下：

（1）打开电脑，双击桌面上的 Internet Explorer 图标，在浏览器地址栏中输入网址"http://flash.qq.com/subclass_navigator_1000020000.htm"，如图 1-7 所示。

图 1-7　输入网址

（2）单击 ➡ 按钮，即可打开如图 1-8 所示的腾讯动画网页。单击不同的超链接即可看到丰富多彩的 Flash 动画。

图 1-8　腾讯动画网页

## 1.2　启动与退出 Flash

在开始学习 Flash 之前，首先要掌握该软件的启动与退出方法。

### 1.2.1　启动 Flash CS3

启动 Flash CS3 主要有以下几种方法：
- 选择"开始/所有程序/Adobe Flash CS3 Professional"命令。
- 双击桌面上的 Adobe Flash CS3 Professional 快捷方式图标 Fl 。
- 通过打开一个 Flash CS3 动画文档，启动 Flash CS3。

### 1.2.2　退出 Flash CS3

在 Flash 中编辑完文件后便可退出 Flash CS3 软件，主要有以下几种方法：
- 在菜单栏中选择"文件/退出"命令。
- 单击 Flash CS3 主界面右上角的 ✕ 按钮。
- 按 Ctrl+Q 键。

### 1.2.3 应用举例——Flash CS3 的启动与退出

下面通过第一次使用 Flash CS3 软件，练习 Flash CS3 的启动与退出方法。

操作步骤如下：

（1）选择"开始/所有程序/Adobe Flash CS3 Professional"命令，启动 Flash CS3。此时，在桌面中将弹出 Flash CS3 的启动界面，在该界面中显示了 Flash CS3 的版本以及正在加载的项目等信息，如图 1-9 所示。

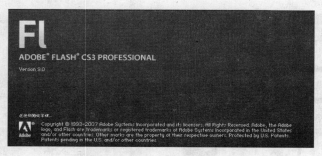

图 1-9　Flash CS3 启动界面

（2）当所有项目加载完毕后，系统将打开 Flash CS3 的界面窗口，在该窗口中出现如图 1-10 所示的起始页，其中显示了"打开最近的项目"、"新建"以及"从模板创建"栏，以及对应的操作选项，选择某一个选项即可进入相关的项目界面。

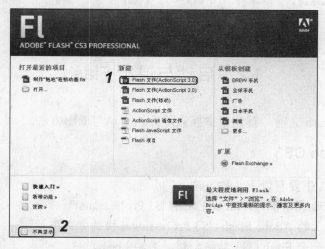

图 1-10　Flash CS3 起始页

注意：

通过选中对话框左下角的 ☑ 不再显示复选框，可使 Flash CS3 在下次启动时，不再显示起始页。

（3）选择"新建"栏中的"Flash 文件(ActionScript 3.0)"选项，新建一个 Flash CS3 空白文档，进入 Flash CS3 的工作界面，完成 Flash CS3 的启动。

（4）查看 Flash CS3 工作界面后，单击右上角的 ☒ 按钮即可退出软件。

# 1.3　熟悉 Flash CS3 的工作界面

启动 Flash CS3 后，将打开其默认的工作界面，主要由菜单栏、工具栏、"时间轴"面板、图层区域、场景、"库"面板、"属性"面板、混色器、"行为"面板和"组件"面板等部分组成，如图 1-11 所示。下面对其中几个部分进行介绍。

图 1-11　Flash CS3 工作界面

## 1.3.1　菜单栏

菜单栏位于标题栏的下方，包括文件、编辑、视图、插入、修改、文本、命令、控制、调试、窗口和帮助等菜单。在制作 Flash 动画时，通过执行相应菜单中的命令即可实现特定的操作。

## 1.3.2　"绘图"工具栏

"绘图"工具栏（如图 1-12 所示）中放置了 Flash 中所有的绘图工具，主要用于矢量图形的绘制和编辑。各工具的具体使用方法将在后面的章节中进行详细讲解。

## 1.3.3　"时间轴"面板

时间轴主要用于创建动画和控制动画的播放进程。"时间轴"面板（如图 1-13 所示）左侧为图层区，用于控制和管理动画中的图层；右侧为帧控制区，由播放指针、帧、时间轴标尺以及时间轴视图等部分组成，用于创建动画并对动画中的帧进行控制和管理。

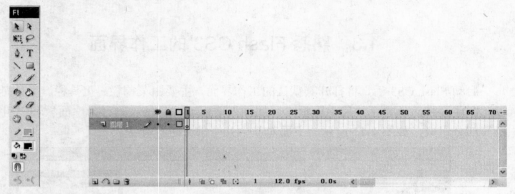

图 1-12 "绘图"工具栏　　　　　　　　　　图 1-13 "时间轴"面板

## 1.3.4　场景

　　场景是 Flash 进行创作的主要区域，在 Flash 中无论是绘制图形，还是编辑动画，都需要在该区域中进行。场景主要由舞台（场景中的白色区域）和工作区（舞台周围的灰色区域）组成，在最终动画中，只显示放置在舞台区域中的图形对象，工作区中的图形对象将不会显示。关于场景的具体应用将在后面章节中进行详细讲解。

## 1.3.5　"属性"面板

　　启动 Flash CS3 后，在工作界面中可看到默认的"属性"面板，如图 1-14 所示。

图 1-14 "属性"面板

　　在默认的"属性"面板中显示了文档的名称、大小、背景色和帧频等信息。在该"属性"面板中单击 550 x 400 像素 按钮，将打开如图 1-15 所示的"文档属性"对话框，在其中可以设置文档的大小、背景颜色和帧频等内容。单击"属性"面板中的 图标，将弹出如图 1-16 所示的颜色列表框，在其中单击某个颜色图标即可为舞台设置相应的背景颜色。而在 帧频：12 fps 文本框中可以设置动画的帧频，帧频数值越大，播放速度越快；帧频数值越小，播放速度越慢，默认的帧频为 12fps。

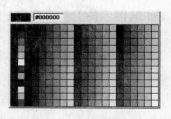

图 1-15 "文档属性"对话框　　　　　　　图 1-16 颜色列表框

◀》提示：

当用户选择不同的工具或对象时，"属性"面板也会随之变化。并且当选择其他工具或帧时，不仅"属性"面板会随着对象的变化而变化，其他面板也会随着所选对象的不同而发生相应变化。

## 1.3.6　"库"面板

"库"面板位于工作界面的右下方（如图 1-17 所示），主要用于存储和管理在 Flash 中创建的各种元件以及导入的各种素材文件（如位图图形、声音文件和视频剪辑等）。此外，在"库"面板中，还可通过建立文件夹来管理库中的项目，查看项目在动画文档中使用的频率，并按类型对项目排序。

图 1-17　"库"面板

## 1.3.7　设置并保存界面布局

在利用 Flash 制作动画的过程中，有时会因为制作的需要或制作者的使用习惯，将 Flash 的基本界面进行相应的更改，并将其保存下来，此时就会用到 Flash 的自定义界面功能。

【例 1-1】　将工作界面进行重新设置，并将其命名为"我的工作界面"。

（1）在 Flash CS3 菜单栏的"窗口"菜单中选择相应的命令，即可在工作界面中打开相应的面板。

（2）要关闭相应的面板，只需单击面板名称栏中的⊠按钮。若暂时不使用面板，可单击面板名称栏中的⊟按钮将面板最小化。在面板最小化时，单击面板名称栏中的⊟按钮，则可将面板恢复到原始大小。

（3）要改变工作界面中面板或界面组件的位置，只需将鼠标移动到面板或界面组件的名称栏中，然后按住鼠标左键并拖动鼠标，当拖动到要放置的新位置后，释放鼠标左键即可改变面板或界面组件在主界面中的位置。

（4）在调整面板和界面组件位置后，选择"窗口/工作区/保存当前"命令（如图 1-18 所示），系统将打开如图 1-19 所示的对话框。在该对话框中将当前工作界面命名为"我的工作界面"，然后单击 确定 按钮，保存当前工作界面设置，并将其设置为 Flash CS3 启动时的默认工作界面。

◀》提示：

若要将工作界面恢复为 Flash CS3 的工作界面设置，只需选择"窗口/工作区/默认"命令即可。通过选择"窗口/工作区/管理"命令，还可在打开的"管理工作区布局"对话框中对保存的工作界面进行重命名和删除操作。

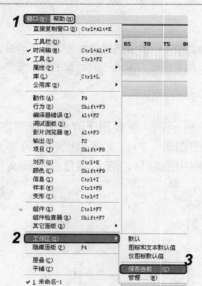

图 1-18　保存当前界面　　　　　　　　　图 1-19　"保存工作区布局"对话框

## 1.3.8　应用举例——定制自己的工作界面

下面对 Flash CS3 的基本界面进行调整，制定个性化工作界面。通过本练习，可熟悉并掌握在 Flash CS3 中设置并保存工作界面的基本方法。

操作步骤如下：

（1）启动 Flash 软件并打开一个 Flash 空白文档。将鼠标移动到"绘图"工具栏上，单击 按钮，将工具栏缩小，如图 1-20 所示。

（2）在基本界面中单击"属性"面板名称栏中的 按钮，将"属性"面板最小化，以便为场景提供更大的编辑区域。

（3）选择"窗口/对齐"命令，打开"对齐"面板。选择"窗口/行为"命令和"窗口/其他面板/场景"命令，分别打开"行为"面板和"场景"面板。

（4）将鼠标移动到"对齐"面板名称栏的左侧，按住鼠标左键并拖动鼠标，将该面板拖动到界面最右侧，将"对齐"面板放置到界面右侧，如图 1-21 所示。

图 1-20　将"绘图"工具栏缩小　　　　　　　图 1-21　打开各面板

（5）选择"窗口/工作区/保存当前"命令，打开"保存工作区布局"对话框，在该对话框中将当前工作界面命名为"个人专用界面"，然后单击 确定 按钮。

# 1.4　文档的基本操作

Flash 中对文档的基本操作主要包括新建、保存、关闭和打开等。下面分别进行讲解。

## 1.4.1　新建 Flash 文档

在制作 Flash 动画之前必须新建一个 Flash 文档。新建 Flash 文档有以下几种方法：

➤ 启动 Flash CS3，在起始页的"新建"栏中选择"Flash 文件(ActionScript 3.0)"选项即可。

➤ 在 Flash 界面选择"文件/新建"命令或按 Ctrl+N 键，在打开的"新建文档"对话框中选择"Flash 文件"选项，再单击 确定 按钮即可，如图 1-22 所示。

➤ 在"新建文档"对话框中选择"模板"选项卡，在打开的如图 1-23 所示对话框的"类别"列表框中选择一个模板类别，然后在右侧对应的模板样式中选择所需模板，再单击 确定 按钮即可新建一个基于模板的 Flash 文档。

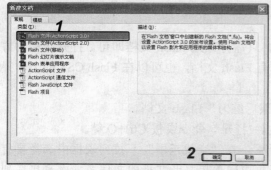

图 1-22　新建动画文档

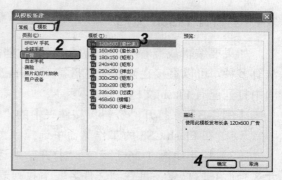

图 1-23　新建模板文档

## 1.4.2　保存 Flash 文档

编辑完 Flash 文档后，应将其保存起来，便于以后使用。保存时只需选择"文件/保存"命令或按 Ctrl+S 键。如果用户之前并未保存过此文档，那么将打开"另存为"对话框，选择保存的位置，为文档命名并选择保存类型后，单击 保存(S) 按钮即可。

【例 1-2】　将新建的文档保存到"第 1 章"文件夹下，并命名为"手机广告"。

（1）新建一个文档，选择"文件/保存"命令，如图 1-24 所示。

（2）打开如图 1-25 所示的"另存为"对话框，在"保存在"下拉列表框中选择文档的保存路径，这里选择 E 盘下的"第 1 章"文件夹。

（3）在"文件名"下拉列表框中输入文档的名称为"手机广告"。

（4）在"保存类型"下拉列表框中选择文档的保存类型，这里选择"Flash CS3 文档

Flash 动画制作（第 2 版）

（\*.fla）"，然后单击 保存(S) 按钮即可。

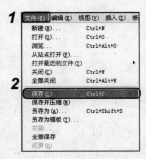

图 1-24　选择"保存"命令

图 1-25　"另存为"对话框

### 1.4.3　关闭 Flash 文档

当不需要使用当前的动画文件时，可以选择"文件/关闭"命令、按 Ctrl+W 键或单击时间轴上方的 × 按钮将其关闭。如果此文档没有保存，将打开 Adobe Flash CS3 对话框让用户确认是否需要保存当前文档，用户可以根据情况单击相应的按钮。

### 1.4.4　打开 Flash 文档

如果要编辑或查看一个已有的 Flash 文档，只需打开此 Flash 文档即可。打开文档的方法有多种，可以直接在硬盘所在盘符下打开已有 Flash 文档，也可以在 Flash CS3 的工作界面中打开已有 Flash 文档。

【例 1-3】　打开"资料"文件夹中的"课后练习"Flash 文档。

（1）在 Flash CS3 的工作界面中选择"文件/打开"命令或按 Ctrl+O 键。

（2）打开如图 1-26 所示的"打开"对话框，在"查找范围"下拉列表框中选择要打开文档所在的位置，再在"文件名"下拉列表框中输入要打开文档的文件名，或直接在列表中选中要打开的文件图标，单击 打开(O) 按钮即可。

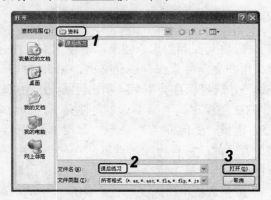

图 1-26　"打开"对话框

### 1.4.5　应用举例——新建并保存文档

利用创建逐帧动画的知识，新建一个名为"我的 Flash"的 Flash 文档，并将其保存在桌面后关闭动画文档和 Flash 软件。

操作步骤如下：

（1）启动 Flash CS3，在起始页的"新建"栏中选择"Flash 文件(ActionScript 3.0)"选项。

（2）在 Flash CS3 工作界面中选择"文件/保存"命令。

（3）打开"另存为"对话框，在"保存在"下拉列表框中选择文档的保存路径，这里选择"桌面"文件夹。

（4）在"文件名"下拉列表框中输入文档名称为"我的 Flash"，单击 保存(S) 按钮，如图 1-27 所示。

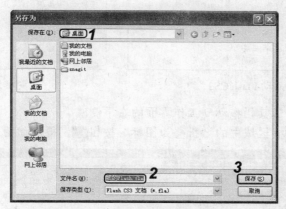

图 1-27　保存文档到桌面

（5）选择"文件/关闭"命令关闭"我的 Flash"动画文档，再单击窗口中的 ⊠ 按钮关闭软件窗口。

## 1.5　上机及项目实训

### 1.5.1　创建"个性动画"文档

本次上机实训将创建一个名为"个性动画"的 Flash 文档，在定制自己的工作界面后，保存该工作界面和文档，然后关闭文档和 Flash 软件。通过创建过程练习定制界面的方法，以及启动与退出 Flash CS3、文档的新建和保存等基本操作，以进一步熟悉 Flash CS3 的基本操作。

操作步骤如下：

（1）启动电脑，选择"开始/所有程序/Adobe Flash CS3 Professional"命令（如图 1-28 所示），启动 Flash 程序。

（2）进入 Flash CS3 的界面窗口，选择"新建"栏中的"Flash 文件(ActionScript 3.0)"

选项（如图 1-29 所示），新建一个 Flash CS3 空白文档，此时即进入 Flash CS3 的工作界面，其默认名称为"未命名-1"。

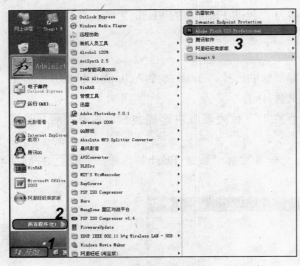

图 1-28　启动 Flash CS3　　　　　　　　　　　　　　　图 1-29　新建文档

（3）将"绘图"工具栏拖动到工作界面的右下侧。

（4）单击右侧面板区域中的"折叠为图标"按钮，得到如图 1-30 所示的效果。

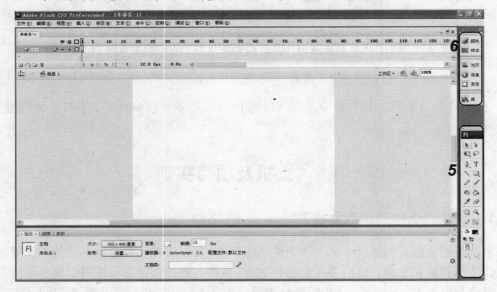

图 1-30　新建文档

（5）选择"窗口/工作区/保存当前"命令，打开如图 1-31 所示的对话框，在该对话框中输入工作布局的名称为"我的个性动画界面"，单击 确定 按钮。

（6）选择"文件/另存为"命令，打开"另存为"对话框。

（7）在"保存在"下拉列表框中选择文档的保存路径为"E:\第 1 章"。

（8）在"文件名"下拉列表框中输入"个性动画"。

（9）在"保存类型"下拉列表框中选择"Flash CS3 文档（*.fla）"类型。

（10）单击 保存(S) 按钮创建一个名为"个性动画"的 Flash 文档，如图 1-32 所示。

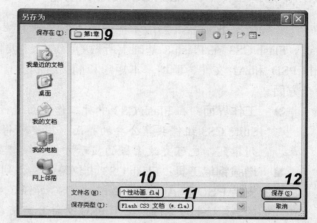

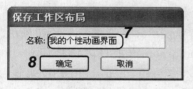

图 1-31　新建文档　　　　　　　　　图 1-32　创建"个性动画"文档

（11）单击 Flash CS3 工作界面右上方的 ☒ 按钮，退出 Flash CS3。

### 1.5.2　打开并欣赏"奥运五环"文档

利用本章所学知识，打开"奥运五环.fla"动画文档并欣赏该动画，该动画的效果如图 1-34 所示（立体化教学:\源文件\第 1 章\奥运五环.fla）。

主要操作步骤如下：

（1）在 Flash CS3 中打开名为"奥运五环"的 Flash 作品。

（2）打开动画后，按 Ctrl+Enter 键欣赏其动画效果，如图 1-33 所示。

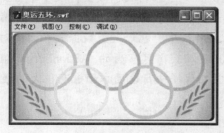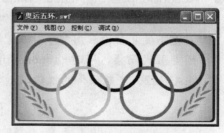

图 1-33　打开并欣赏"奥运五环"动画文档

（3）欣赏完毕后关闭该动画。

## 1.6　练习与提高

（1）启动 Flash CS3，并新建一个名为"无敌超人"的 Flash 文档。

（2）选择"文件/新建"命令，在打开的"新建文档"对话框中新建一个 Flash 文档，然后以"蜉蝣"为名进行保存。

### 经验技巧 Flash CS3 的新增功能

一般情况下，Flash 新版本在旧版本的基础上都会增加一些新功能，并进行适当的改进。Flash CS3 在 Flash 8 基础上所做的改进，主要体现在工作界面、增强钢笔工具、支持.PSD 和.AI 文件、新增基本矩形和椭圆绘制工具、增强视频功能和 ActionScript 3.0 6 个方面。

- **工作界面**：在 Flash CS3 中对工作界面进行了更新，使其与其他 Adobe Creative Suite CS3 组件共享公共的界面。用户可将 Flash CS3 的工具箱切换为单列或双列排列，也可更改面板的显示方式，使其显示为精美的图标。

- **增强钢笔工具**：Flash CS3 中钢笔工具得到了增强，确保了图像绘制的精确度。

- **支持.PSD 和.AI 文件**：在 Flash CS3 加强了对 Photoshop 的.PSD 文件和 Illustrator 的.AI 文件的支持。对于.PSD 文件，可直接导入分层的 Photoshop PSD 文件，并可决定需导入的图层，同时保留图层中的样式、蒙版和智能滤镜等内容的可编辑性；对于.AI 文件，则可保留其所有特性，包括精确的颜色、形状、路径和样式等。

- **新增基本矩形和椭圆绘制工具**：Flash CS3 中新增了基本矩形和基本椭圆两种绘图工具。通过这两种绘图工具，可以方便地绘制出更多基于矩形和椭圆的几何图形（如圆环和扇形等）。

- **增强视频功能**：在 Flash CS3 中增强了对 QuickTime 视频格式的支持，提高了导出的 QuickTime 视频文件的质量，并可将这些视频文件作为视频流或通过 DVD 进行分发，或者将其导入到其他视频编辑应用程序中。

- **ActionScript 3.0**：ActionScript 3.0 提供了更可靠的编程模型，便于掌握面向对象编程基本知识的开发人员进行程序开发。使用 ActionScript 3.0 可以更容易地创建高度复杂的应用程序，用户可在应用程序中包含大型数据集和面向对象的可重用代码集，同时 ActionScript 3.0 可以获得只有新的 ActionScript 虚拟机（AVM2）才能获得的性能改进，并且在代码执行速度方面也有很大的提高。

# 第 2 章　添加图形和文字

## 学习目标

- ☑ 了解设置标尺、网格和辅助线的方法
- ☑ 使用线条工具、铅笔工具和钢笔工具等绘制卡通城堡
- ☑ 使用铅笔工具、线条工具和椭圆工具等绘制卡通人物
- ☑ 使用文本工具输入广告文字

## 目标任务&项目案例

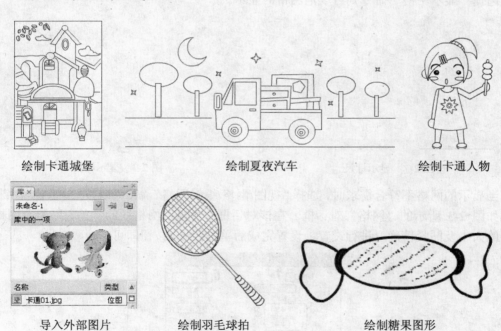

绘制卡通城堡　　　　　绘制夏夜汽车　　　　　绘制卡通人物

导入外部图片　　　　绘制羽毛球拍　　　　绘制糖果图形

在制作动画的过程中，需要绘制动画角色和图形。要使作品具有艺术感和创新感，创作者不但应具有审美修养，还应有熟练的制作技巧，善于使用 Flash 中的各种绘图工具。本章将介绍基本图形绘制工具的具体使用方法，包括线条工具、铅笔工具、钢笔工具、椭圆工具、矩形工具和多角星形工具等，以提高读者的手绘能力。另外还将介绍 Flash 中文本工具的使用，使读者掌握为动画添加文本的方法。

# 2.1 设置绘图环境

绘图环境是指场景大小、背景颜色、标尺、网格和辅助线等绘制 Flash 图形过程中需要设置或使用到的属性和工具等。第 1 章已对场景大小、背景颜色的设置进行了介绍。下面主要介绍标尺和网格的设置方法。

## 2.1.1 设置标尺和网格

在 Flash CS3 中为了准确定位舞台中的图形对象还需要设置标尺和网格等。选择"视图/标尺"命令（或按 Shift+Ctrl+Alt+R 键），可以在场景上方和左方分别显示出水平和垂直标尺，如图 2-1 所示。

选择"视图/网格/显示网格"命令（或按 Ctrl+' 键），即可显示网格，如图 2-2 所示。再次选择"显示网格"命令则可取消网格的显示。

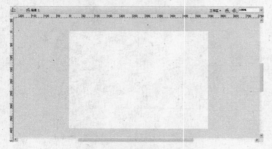

图 2-1　显示标尺　　　　　　　　　　　　图 2-2　显示网格

当显示的网格不符合需求时，选择"视图/网格/编辑网格"命令（或按 Ctrl+Alt+G 键），打开如图 2-3 所示的"网格"对话框。在该对话框中可以对网格线的颜色、贴紧至网格、网格的大小及贴紧精确度进行设置，设置完成后单击 确定 按钮即可。

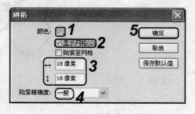

图 2-3　"网格"对话框

## 2.1.2 设置辅助线

辅助线主要与标尺配合使用，其作用除了定位舞台中的图形对象外，还可在用户绘制图形时，提供线条位置和比例参考。选择"视图/辅助线/显示辅助线"命令（或按 Ctrl+；键），使辅助线呈可显示状态，然后在工作区上方标尺中按住鼠标左键向场景中拖动，制作出工作区中的水平辅助线；用同样的方法，在工作区左侧标尺中按住鼠标左键向场景中拖动，可制作出工作区中的垂直辅助线。选择"视图/辅助线/编辑辅助线"命令（或按 Shift+Ctrl+Alt+G 键），打开如图 2-4 所示的对话框，可对辅助线的颜色、贴紧和锁定等属性进行设置。设置完成后单击 确定 按钮即可。

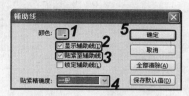

图 2-4　"辅助线"对话框

在同一个工作区中，可根据需要同时制作出多条水平和垂直辅助线，并通过鼠标拖动的方式调整辅助线的位置。若不需要某条辅助线，只需按住鼠标左键将其拖动到工作区外即可清除；若要删除全部辅助线，只需在"辅助线"对话框中单击 全部清除(A) 按钮。

【例 2-1】　在工作区分别绘制 4 条红色辅助线。

（1）新建 Flash 空白文档，选择"视图/标尺"命令为工作区添加标尺。

（2）选择"视图/辅助线/显示辅助线"命令。

（3）再选择"视图/辅助线/编辑辅助线"命令，在打开的如图 2-4 所示对话框中将辅助线的颜色设置为红色，其他选项设置不变，单击 确定 按钮。

（4）在工作区上方标尺中按住鼠标左键向场景中拖动，制作出工作区中的两条水平辅助线。用同样的方法，在工作区左侧标尺中按住鼠标左键向场景中拖动，制作出工作区中的两条垂直辅助线，最终效果如图 2-5 所示。

图 2-5　添加的辅助线效果

## 2.1.3　应用举例——设置标尺及网格

根据本节所学内容在工作区中添加所需标尺与网格，并对其进行设置。

操作步骤如下：

（1）打开一个 Flash 空白文档，选择"视图/标尺"命令，为工作区添加标尺。

（2）选择"视图/网格/显示网格"命令，为工作区添加网格，得到如图 2-6 所示的效果。

（3）选择"视图/网格/编辑网格"命令，在打开的"网格"对话框中将网格颜色设置为红色，水平和垂直距离都设置为 25 像素。

（4）单击 确定 按钮即可得到如图 2-7 所示的效果。

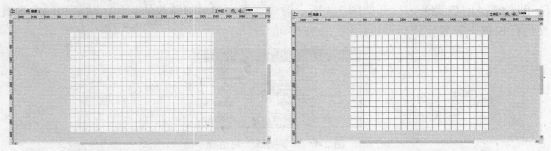

图 2-6　添加标尺和网格　　　　　　　　　　图 2-7　设置网格属性后的效果

# 2.2　绘制线条和基本图形

线条和基本图形的绘制是学好 Flash 的基础，本节将对其进行详细讲解。

## 2.2.1　绘制线条

一幅漂亮的图画，一般是由很多最基本的线条构成的。线条包括直线和曲线，是图形的基础组成部分，因此在绘制图形的过程中有着很重要的作用。不同类型的线条给人的视觉与心理感受也是不同的，直线给人以简明、直率、刚毅和执着的感觉，而曲线给人以轻盈、忧郁、婉转、优雅和生动的感觉。

### 1．线条工具

在 Flash 中，绘制直线的工具有多种，线条工具是最简单的工具，利用它可以直接绘制所需直线。

选择工具栏中的线条工具 ✏，然后将鼠标光标移动到舞台中要绘制直线的位置，这时鼠标光标变为十形状，按住鼠标左键向任意方向拖动，如图 2-8 所示。当线条的长度和位置都达到所需要求时，释放鼠标左键即可绘制出所需直线，如图 2-9 所示。

如果线条的颜色、样式及粗细等不符合要求时，可以通过"属性"面板进行设置。线条工具默认设置是"黑色、实线、1"，其"属性"面板如图 2-10 所示。

图 2-8　拖动鼠标　　图 2-9　直线　　　　　图 2-10　线条工具的"属性"面板

**【例 2-2】**　绘制一条直线，然后在"属性"面板中将线条的颜色设置为红色，线条粗细设为 3，线条样式设为虚线。

（1）选择工具栏中的线条工具 ✏，在场景中按住鼠标左键向右上方拖动，绘制出如

图 2-11 所示的直线。

（2）选择工具栏中的选择工具 ，选中刚才绘制的线条。

（3）在"属性"面板的"宽"和"高"文本框中输入所需数值，这里输入"80"和"20"，以设置线段在水平或垂直方向上的映射长度，如图 2-12 所示。

（4）在 X 和 Y 文本框中输入需要的数值，以设置线条在舞台中的位置，这里分别输入"310"和"170"。

提示：

> 当"宽"和"高"文本框左侧的按钮为 形状时，线条会按比例缩放，即在一个文本框中输入数值后，另一个文本框中的数值会自动按比例放大或缩小。如果按钮为解锁状态 ，可任意设置直线的宽和高。

（5）单击"笔触颜色"按钮  ，在弹出的颜色列表框中设置线条所需颜色，这里选择蓝色，如图 2-13 所示。

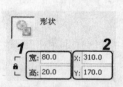

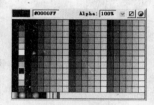

图 2-11　绘制直线　　　　图 2-12　设置宽、高值　　　　图 2-13　设置笔触颜色

（6）在 数值框中输入数值可设置线条的粗细；也可直接单击其右侧的 按钮，在弹出的滑动条中上下拖动滑块，向上拖动时直线加粗，向下拖动时直线变细，这里在数值框中输入"5"。

（7）单击笔触下拉列表框 右侧的 按钮，在弹出的如图 2-14 所示的下拉列表框中选择第 5 种线条样式。

（8）单击 按钮，在打开的"笔触样式"对话框中对笔触样式进行如图 2-15 所示的设置，得到如图 2-16 所示的效果。

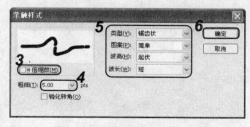

图 2-14　选择笔触样式　　　　图 2-15　"笔触样式"对话框　　　　图 2-16　修改后的线条

## 2. 铅笔工具

选择工具栏中的铅笔工具 ，此时鼠标光标变为 形状，在舞台中按住鼠标左键随意拖动可绘制任意直线或曲线。

在工具栏的选项区域中显示"铅笔模式"按钮，单击该按钮将弹出如图 2-17 所示的下拉列表。在该列表中选择不同的选项，可以绘制出不同效果的矢量线条。各选项的含义和作用分别如下。

- **"直线化"选项**：选择该选项，绘制的曲线效果是比较规则的状态，可利用它绘制一些相对较规则的几何图形（如图 2-18 所示）。
- **"平滑"选项**：选择该选项，绘制的线条效果是流畅自然的状态，可利用它绘制一些相对较柔和、细致的图形（如图 2-19 所示）。
- **"墨水"选项**：选择该选项，绘制的曲线将完全反映鼠标光标绘制的路径，就像用笔划过的痕迹一样（如图 2-20 所示）。

图 2-17　铅笔模式　　　图 2-18　直线化效果　　　图 2-19　平滑效果　　　图 2-20　墨水效果

用铅笔工具绘制线条的设置方法与直线工具相同，这里不再赘述。

**技巧：**

用铅笔工具绘制线条时，按住 Shift 键不放，可以绘制水平或垂直方向上的直线。

### 3. 钢笔工具

钢笔工具可以绘制任意形状的图形，也可作为选取工具使用。

**【例 2-3】**　使用钢笔工具绘制不规则图形。

（1）在工具栏中选择钢笔工具，当鼠标光标移至场景中时将变为形状。

（2）在要绘制图形的位置单击鼠标左键，确定绘制图形的初始点位置，此时初始点以小圆圈显示。拖动鼠标时将出现如图 2-21 所示的调节杆。

（3）用调节杆调整图形的弧度，在确定第 1 点之后，即可开始确定第 2 点，用相同的方法拖动出调节杆，如图 2-22 所示。

图 2-21　拖动调节杆　　　　　　　图 2-22　确定位置点

（4）依次确定图形的其他各点，如图 2-23 所示。

（5）在确定了所有的点之后，将钢笔工具移至起始点，此时钢笔工具侧边将出现一个小圆圈，单击起始点即可封闭图形，效果如图 2-24 所示。

图 2-23 绘制图形轮廓

图 2-24 封闭图形

📢提示：

钢笔工具所绘图形在"属性"面板中的设置与铅笔工具相同。

按住钢笔工具按钮 🖊 不放，将弹出如图 2-25 所示的下拉列表，在下拉列表中选择不同的选项，可得到不同效果图形。各选项的含义和作用分别如下。

➡ **"添加锚点工具"选项**：用于在曲线上增加锚点，以便更好地控制路径，绘制出更加流畅自然的线条（如图 2-26 所示）。

➡ **"删除锚点工具"选项**：用于删除曲线上的锚点，降低曲线的复杂性（如图 2-27 所示）。

图 2-25 钢笔工具下的选项

图 2-26 添加锚点

图 2-27 删除锚点

➡ **"转换锚点工具"选项**：用于将曲线锚点转换为直线锚点，将直线锚点转换为曲线锚点（如图 2-28 所示），并可调整曲线的位置和弧度，其效果如图 2-29 所示。

图 2-28 转换锚点

图 2-29 转换锚点后的效果

在默认情况下，若没有选择附加工具，将钢笔工具定位在曲线上没有锚点的位置时，钢笔工具自动变为添加锚点工具；当将钢笔工具定位在锚点上时，将自动变为删除锚点工具或转换锚点工具。

📢提示：

勾选图形轮廓时，也可将钢笔工具作为选取工具使用。

### 2.2.2　绘制圆和椭圆

　　用工具栏中的椭圆工具 ◯ 和基本椭圆工具 ◯ 都可以绘制出椭圆图形。绘制时，只需在工具栏中选择任一椭圆工具，然后在舞台中按住鼠标左键向任意方向拖动即可。按住 Shift 键，同时按住鼠标左键拖动可绘制圆。

　　椭圆工具可绘制矢量椭圆和圆形，使用工具栏上的选择工具可对其图形进行更改；而基本椭圆工具则用于直接绘制椭圆和圆形图形元件，在其图形上方将出现如图 2-30 所示的方框，且使用基本椭圆工具绘制的图形不能随意更改，需通过如图 2-31 所示的"属性"面板对椭圆和圆形图形元件进行更改。该面板中几个主要选项的含义如下。

图 2-30　椭圆图形元件　　　　　　　　　　　图 2-31　椭圆属性设置

　　➥　**起始角度和结束角度**：用于指定椭圆的开始点和结束点的角度。使用这两个控件可以轻松地将椭圆和圆形的形状修改为扇形、半圆形及其他有创意的形状。

　　➥　**内径**：该下拉列表框用于指定椭圆的内径（即内侧椭圆）。可以在框中输入内径的数值，或单击右侧的按钮，拖动弹出的滑块调整内径的大小。其允许输入的内径数值范围为 0～99。

　　➥　**闭合路径**：该复选框用于指定椭圆的路径（如果指定了内径，则有多个路径）是否闭合。如果指定了一条开放路径，但未对生成的形状应用任何填充，则仅绘制笔触。

　　➥　**[重置]按钮**：该按钮将重置所有基本椭圆工具控件，并将在舞台上绘制的基本椭圆形状恢复为原始大小和形状。

　　在"属性"面板中单击"笔触颜色"按钮 ✎▣，在弹出的颜色列表中单击☑按钮，可绘制一个无边框颜色线条的椭圆；单击"填充颜色"按钮 ◈▣，在弹出的颜色列表中单击☑按钮，即可绘制一个无填充颜色的椭圆线框。

　　【例 2-4】　使用椭圆工具绘制出某些特殊角度的圆弧、圆环。

　　（1）在工具栏中选择椭圆工具◯，在"属性"面板中对笔触颜色和填充颜色进行设置。

　　（2）在"起始角度"文本框中输入一个角度值，用相同的方法设置"结束角度"。

　　（3）在场景中拖到鼠标可绘制所需的圆弧。图 2-32 所示为设置起始角度为 219，结束角度为 309 所得到的圆弧。

　　（4）若要绘制圆环，只需在"属性"面板的"内径"文本框中输入内径圆的大小。图 2-33 所示为设置内径为 47 的圆环效果（此时起始角度和结束角度都为 0）。

　　（5）如图 2-34 所示为设置了起始角度为 219，结束角度为 309，内径为 47 的图形效果。

图 2-32 绘制扇形

图 2-33 绘制圆环

图 2-34 绘制圆弧

### 2.2.3 绘制矩形

用工具栏中的矩形工具█和基本矩形工具█都可以绘制椭圆矩形。绘制时，只需在工具栏中选择任一矩形工具，在舞台中按住鼠标左键向任意方向拖动即可。按住 Shift 键，同时按住鼠标左键拖动可绘制一个正方形。

与椭圆工具和基本椭圆工具相同，使用矩形工具和基本矩形工具所绘的图形也各不相同。矩形工具可绘制矢量矩形和正方形，使用工具栏上的选择工具即可对其图形进行更改；而基本矩形工具则用于直接绘制矩形和正方形图形元件，绘制时在其图形上方将出现如图 2-35 所示的方框，使用基本矩形工具绘制的图形将不能随意更改，需通过如图 2-36 所示的"属性"面板对矩形和正方形图形元件进行更改。此时若要获得圆角矩形效果，只需在图 2-36 所示"属性"面板的矩形边角半径文本框74中输入半径数值，即可得到相应的圆角矩形效果，如图 2-37 所示。

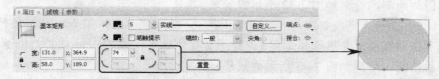

图 2-35 正方形     图 2-36 基本矩形的属性设置     图 2-37 圆角矩形图形元件

### 2.2.4 绘制多边形

选择工具栏中的多角星形工具◯，在舞台中按住鼠标左键向任意方向拖动即可绘制一个多边形。在"属性"面板中单击按钮，在打开的如图 2-38 所示的"工具设置"对话框中可以设置多角星形的属性。该对话框中各选项的含义与作用介绍如下。

➨   "样式"下拉列表框：可设置样式为多边形（如图 2-39 所示）或星形（如图 2-40 所示）。

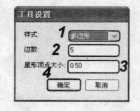

图 2-38 "工具设置"对话框     图 2-39 多边形     图 2-40 星形

➨   "边数"文本框：设置多边形的边数或星形的顶点数。

    ↘   "星形顶点大小"文本框：设置星形的顶点大小。

## 2.2.5 应用举例——绘制卡通城堡

    熟练掌握 Flash 所提供的各种工具是制作优秀 Flash 作品的前提，因此本节将练习绘制卡通城堡，主要用到线条工具、矩形工具、椭圆工具和刷子工具等。卡通城堡的最终效果如图 2-41 所示（立体化教学:\源文件\第 2 章\卡通城堡.fla）。

    操作步骤如下：

    （1）启动 Flash CS3，新建一个 Flash 文档，在"属性"面板中设置文档大小为 230×350 像素，背景颜色为白色。

    （2）在工具栏中选择线条工具／，在"属性"面板中选择线条颜色为紫色，笔触样式为极细，然后在场景中相应的位置绘制直线。

    （3）选择椭圆工具◯，在"属性"面板的填充颜色 图 2-41　最终效果
列表中单击 按钮，使其呈凹陷状，并在场景中的相应位置绘制无填充颜色的椭圆线框。

    （4）选择工具栏中的选择工具，在场景中选择不需要的线条，按 Delete 键将其删除，完成门的绘制，得到如图 2-42 所示的效果。

    （5）分别选择线条工具／、铅笔工具和椭圆工具◯，在场景相应的位置绘制直线、曲线和椭圆线框，并用选择工具选择不需要的线条，按 Delete 键进行删除，完成城楼和城墙的绘制，得到如图 2-43 所示的效果。

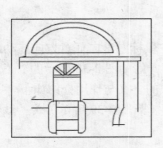

图 2-42　绘制门

图 2-43　绘制城楼和城墙

    （6）选择铅笔工具，并将其设置为"平滑"样式，在场景中左下方绘制曲线，然后选择直线工具将这些曲线连接起来，并将多余线条删除，完成房屋和邮箱的绘制，得到如图 2-44 所示的效果。

    （7）选择直线工具／和铅笔工具，绘制场景中的细节部分，包括中上方的窗户、右边的挂牌和右下方的地灯，如图 2-45 所示。

    （8）选择钢笔工具，在场景上方绘制云朵、叶子和海岸线，效果如图 2-46 所示。

图 2-44　绘制房屋和邮箱

图 2-45　绘制窗户、挂牌和地灯

（9）选择矩形工具 ，在舞台中绘制一个矩形，在"属性"面板的填充颜色 列表中单击 按钮使其呈凹陷状，在场景中为图形绘制一个如图 2-47 所示的矩形线框。完成卡通城堡的绘制，其最终效果如图 2-41 所示。

图 2-46　绘制云朵、叶子和海岸线

图 2-47　绘制矩形线框

# 2.3　导入外部图片

在制作动画时，有的图片是不可或缺的元素之一。下面将介绍在 Flash 文档中导入外部图片的方法。

## 2.3.1　导入位图与矢量图

在 Flash 中导入位图或矢量图的操作方法是相同的，下面进行详细讲解。

【例 2-5】　导入名为"卡通 01"的位图到舞台中（立体化教学:\实例素材\第 2 章\卡通 01.jpg）。

（1）选择"文件/导入/导入到舞台"命令，打开"导入"对话框。

（2）在"查找范围"下拉列表框中选择图片所在位置，在列表框中选中需要导入的图片"卡通 01"，如图 2-48 所示。

（3）单击 按钮，即可将该图片导入到 Flash 场景中，此时在如图 2-49 所示的"库"面板中可查看到新导入图片的详情。

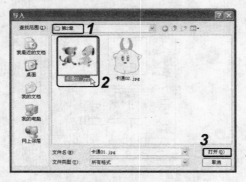

图 2-48 "导入"对话框

图 2-49 导入的图片

📢 提示：

在制作 Flash 时，有时需将位图转换为矢量图。其方法是：选中需转换的图像，选择"修改/位图/转换位图为矢量图"命令，在打开的"转换位图为矢量图"对话框中调整参数即可将其转换为矢量图。

### 2.3.2 应用举例——将位图转换为矢量图

在 Flash 中为了减小文件的大小，通常使用矢量图，因此就需要将位图转换为矢量图。下面以将"卡通 02"位图（立体化教学:\实例素材\第 2 章\卡通 02.jpg）转换为矢量图为例进行讲解。

操作步骤如下：

（1）新建一个文档，导入"卡通 02.jpg"图片，如图 2-50 所示。

（2）选中导入的图片，选择"修改/位图/转换位图为矢量图"命令，打开"转换位图为矢量图"对话框，如图 2-51 所示。

图 2-50 导入图片

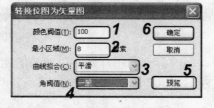

图 2-51 "转换位图为矢量图"对话框

（3）在"颜色阈值"文本框中输入颜色容差值，值越大，文件就越小，但颜色数目也越少，图片质量会下降。图 2-52 和图 2-53 所示分别为将颜色阈值设置为 220 和 10 的效果。

（4）在"最小区域"文本框中输入像素值，数值范围为 1～1000，以确定在转换为矢量图时归于同种颜色的区域所包含像素点的最小值。图 2-54 所示为将最小区域设置为 50 的效果。

（5）在"曲线拟合"下拉列表框中选择适当选项，以确定转换后轮廓曲线的光滑程度。

（6）在"角阈值"下拉列表框中选择所需选项，确定在转换时对边角的处理办法。单击 预览 按钮可查看设置后的效果，设置完成后单击 确定 按钮即可完成，若不满意重新设置即可。

图 2-52 颜色阈值为 220

图 2-53 颜色阈值为 10

图 2-54 最小区域为 50

# 2.4 添加文本

Flash 提供了文本工具来帮助用户添加文字，并可在"属性"面板中编辑文字的属性。下面将详细介绍文本工具的使用方法。

## 2.4.1 用文本工具输入文字

文本工具主要用于输入和设置动画中的文字。

【例 2-6】 在场景中输入文字"添加新的文本"。

（1）选择工具栏中的文本工具 T，将鼠标光标移至舞台中，鼠标光标变为 ⊤ 形状时，按住鼠标左键拖动将出现一个虚线框，如图 2-55 所示。

（2）将虚线框拖至适当大小后，释放鼠标左键将出现一个右上角有小方框的文本框，如图 2-56 所示。

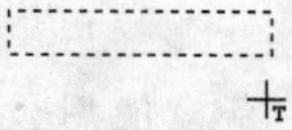

图 2-55 虚线框

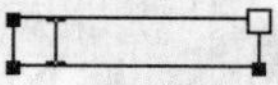

图 2-56 有小方框的文本框

（3）在文本框中输入需要的文字，如果要换行直接按 Enter 键即可。如果不按 Enter键，当文字达到文本框右边缘时会自动换行。这里输入"添加新的文本"，如图 2-57 所示。

📢 提示：

双击文本框右上角的小方框，小方框会变成小圆圈（如图 2-58 所示），表示是无宽度限制的文本框。这时如果在某一行后继续输入文字，文本框会自动变宽，而不会自动换行。

（4）输入完成后，单击文本框外的任意空白处即可完成文字的编辑，此时文本框将消失，效果如图 2-59 所示。

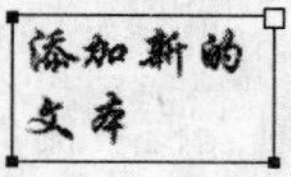

图 2-57 输入文字

图 2-58 更改文本框宽度

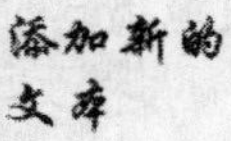

图 2-59 完成输入

（5）若要修改已输入的文本内容，只需将鼠标移动到要修改的文字上选中该文字，如图 2-60 所示，然后重新输入要更改的文本，即可得到如图 2-61 所示的效果。

图 2-60　选中要修改的文字

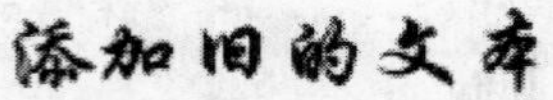

添加旧的文库

图 2-61　修改后的文字效果

### 2.4.2　设置文字属性

选择文本工具后打开"属性"面板，如图 2-62 所示，在其中可以设置文字的各种属性。

图 2-62　文本工具的"属性"面板

"属性"面板中各参数的作用分别如下。

- ▶ A 华文行楷 下拉列表框：单击右侧的 按钮，可在弹出的下拉列表框中选择字体。
- ▶ 12 下拉列表框：单击右侧的 按钮，在弹出的滑动条中拖动滑块可调节字号大小。
- ▶ 对齐栏 ：单击 按钮，选择文字的排列方式。
- ▶ AV 0 下拉列表框：设置字符间距。
- ▶ A¹ 一般 下拉列表框：设置被选择文字的显示方式，有"一般"、"上标"和"下标"3 种字符位置。
- ▶ 可读性消除锯齿 下拉列表框：设置字体呈现方式，有"使用设备字体"、"位图文本（未消除锯齿）"、"动画消除锯齿"、"可读性消除锯齿"、"自定义消除锯齿"几个选项可供选择，其中选择"自定义消除锯齿"选项将打开"自定义消除锯齿"对话框。

### 2.4.3　应用举例——输入广告文字

为了进一步熟悉文本工具的使用和在"属性"面板中对其字体、大小、色彩和排列属性等进行设置，下面输入一段广告文字并对其进行属性设置。

操作步骤如下：

（1）选择文本工具 T，将鼠标光标移至舞台中的合适位置，当其变为 形状时，按住鼠标左键拖出一个文本框，并在文本框中输入一段广告文字。

（2）选择文字，然后在"属性"面板中单击 A 华文行楷 下拉列表框右侧的 按钮，在弹出的下拉列表框中选择字体为"幼圆"。

（3）在 12 下拉列表框中输入"10"，设置后的效果如图 2-63 所示。

（4）单击文本（填充）颜色按钮■右下角的┗按钮，在弹出的颜色列表中选择颜色为深红色，再单击 *I* 按钮，将文字设为倾斜属性，效果如图 2-64 所示。

图 2-63　设置文字的字体和大小　　　　图 2-64　设置文字的颜色和倾斜

（5）单击⬚按钮，在弹出的下拉列表框中可以选择文字的排列方式，这里选择"水平"选项，然后单击▤按钮，得到如图 2-65 所示的效果。

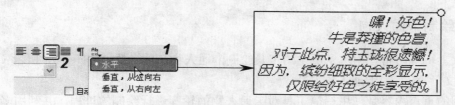

图 2-65　设置文字的排列方式

（6）在⬚文本框中将"嘿！好色！"一排文字的字符间距设置为 15，得到如图 2-66 所示的效果。

（7）选中文字"特玉珑"，将其文字大小设置为 15，文字颜色设置为橘黄色，效果如图 2-67 所示。

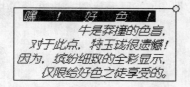

图 2-66　设置文字的字符间距　　　　图 2-67　设置文字的大小和颜色

（8）在"属性"面板中单击"编辑格式选项"按钮¶，打开"格式选项"对话框，按如图 2-68 所示对文字的段落格式进行设置，文本效果如图 2-69 所示。

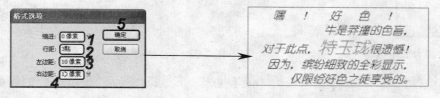

图 2-68　"格式选项"对话框　　　　图 2-69　设置文字的段落格式

（9）用选择工具▸选中文字，在◌图标后的文本框中输入一个网址，即可将选中的文字链接到相应的网站上，这里输入"www.cdu.com"。添加链接后的文字下方会有虚线，如图 2-70 所示（立体化教学:\源文件\第 2 章\广告文字.fla）。

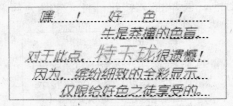

图 2-70　设置文字链接

# 2.5　上机及项目实训

## 2.5.1　绘制卡通人物

本次上机练习将使用本章所学的工具绘制卡通人物，最终效果如图 2-71 所示（立体化教学:\源文件\第 2 章\卡通人物.fla）。

本例的重点内容是使用铅笔工具对卡通人物的轮廓进行绘制的过程，并利用多角星形工具、线条工具、矩形工具以及椭圆工具等绘制花纹和其他部位，读者应熟练掌握这些工具的属性设置方法。读者也可参照本实例，使用这些工具绘制其他图形。

操作步骤如下：

（1）选择"开始/所有程序/Adobe Flash CS3 Professional"命令启动 Flash，新建一个文档，设置背景颜色为白色，大小为 150×260 像素，并将其命名为"卡通人物"。

（2）选择椭圆工具，在"属性"面板中按如图 2-72 所示设置，再在场景中绘制两个相交的椭圆线框，如图 2-73 所示。

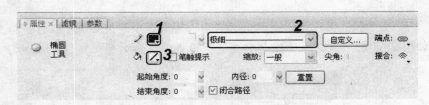

图 2-71　绘制卡通人物　　　　　　　　图 2-72　设置椭圆属性

（3）选择铅笔工具，在工具栏的"铅笔模式"下选择"平滑"选项，绘制线条粗细为 1、颜色为深红色的平滑曲线组成的图形作为头部，如图 2-74 所示。

（4）选择选择工具，将鼠标光标移至不需要的线条旁边，当其变为形状时单击线条，再按 Delete 键将其删除，效果如图 2-75 所示。

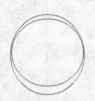

图 2-73　绘制椭圆线框

图 2-74　绘制头部

图 2-75　删除多余线条

（5）选择椭圆工具 ，在场景中的脸部绘制 3 个大小不同的椭圆线框作为嘴和腮红，如图 2-76 所示。

（6）用椭圆工具 绘制两个相交的椭圆，并把下面的部分删除，然后放到脸部的左边位置，并复制一个椭圆放到右边，作为眉毛。再在头发两边各绘制一个圆形线框，将与头发内部相交的地方删除，作为耳朵，如图 2-77 所示。

（7）在脸部内左侧按住 Shift 键用椭圆工具绘制一个填充色和边框颜色都为深红色的圆形，并在其中绘制一个填充色为白色的圆形，然后复制一个椭圆放到右边作为眼睛，如图 2-78 所示。

图 2-76　绘制嘴和腮红

图 2-77　绘制耳朵和眉毛

图 2-78　绘制眼睛

（8）选择线条工具 ，在头部下方绘制裙子和手脚的轮廓，并用选择工具进行调整，如图 2-79 所示。

（9）选择椭圆工具 ，绘制人物的手脚和裙子的领口，如图 2-80 所示。

图 2-79　绘制裙子和手脚轮廓

图 2-80　绘制手脚和裙子的领口

（10）选择多角星形工具 ，在“属性”面板中单击 选项... 按钮，在打开的“工具设置”对话框中设置样式为星形、边数为 9、星形顶点大小为 0.60，如图 2-81 所示。然后在裙子中绘制一个无填充颜色、深红色边框的九边星形，并在其中绘制两个同心圆形，如图 2-82 所示。

图 2-81 "工具设置"对话框

图 2-82 绘制九边星形

（11）选择矩形工具，按照如图 2-83 所示在"属性"面板中将边角半径设置为 4。在头发上面绘制一个圆角矩形，并复制两个，再选择任意变形工具，框选两个矩形，将鼠标光标移至任意一个角上，当其变为 ↰ 形状时，按住鼠标左键拖动，将图形逆时针旋转到合适的位置并放在头发上作为发夹，如图 2-84 所示。

（12）选择椭圆工具 和线条工具 ，为图形右侧的手绘制一串如图 2-85 所示的糖葫芦图形。完成整个图形的绘制，最终效果如图 2-71 所示。

图 2-83 设置边角半径

图 2-84 绘制发夹

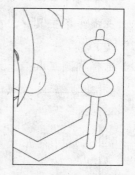

图 2-85 绘制糖葫芦

## 2.5.2 制作"空心字"动画

利用本章所学文本工具知识，制作"空心字.fla"动画，完成后的最终效果如图 2-86 所示（立体化教学:\源文件\第 2 章\空心字.fla）。

主要操作步骤如下：

（1）输入如图 2-87 所示的文本。

（2）连续两次按 Ctrl+B 键，将文本打散。

（3）使用墨水瓶工具对文字进行描边处理（如图 2-88 所示）。

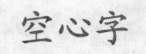
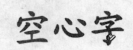

图 2-86　空心字效果　　　　　　图 2-87　输入文本　　　　　　图 2-88　对文字进行描边处理

（4）最后将空心字红色的填充色部分删除即可。

## 2.6　练习与提高

（1）用直线工具和椭圆工具绘制一个羽毛球拍，效果如图 2-89 所示（立体化教学:\源文件\第 2 章\羽毛球拍.fla）。

提示：轮廓线的颜色均为紫色，边缘线条设置为 2，图形中间的网格可用线条工具绘制，按住 Shift 键可绘制倾斜角为 45°的直线。

图 2-89　羽毛球拍

（2）用椭圆工具、铅笔工具和钢笔工具绘制一个糖果图形，效果如图 2-90 所示（立体化教学:\源文件\第 2 章\糖果.fla）。

提示：用铅笔工具绘制糖果中的花纹时，要改变其线条样式为点描。

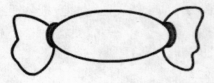

图 2-90　糖果图形

（3）绘制一幅夏夜汽车图形，在绘制时综合应用本章所学的各种绘图工具并设置它们的属性，完成后的效果如图 2-91 所示（立体化教学:\源文件\第 2 章\夏夜汽车.fla）。

提示：本练习可结合立体化教学中的视频演示进行学习（立体化教学:\视频演示\第 2 章\绘制夏夜汽车.swf）。

图 2-91  夏夜汽车

 提高绘制与填充矢量图形的能力

　　要想快速提高绘制与填充矢量图形的能力，除了本章学习的内容外，课后还应下足工夫，在此补充以下几点供大家参考和探索：

- 在 Flash CS3 中，相同的图形可使用不同的工具绘制，其方法也不止一种。读者在绘制图形时，应根据实际情况合理地选择和使用工具。
- 多观察一些著名网站上绘制的经典矢量图片，并模仿这些图片，经过反复练习，就能做到熟能生巧。

# 第 3 章 编辑图形和文字

## 学习目标

- ☑ 使用选择工具、任意变形工具和套索工具等选择对象
- ☑ 使用移动/复制、旋转和缩放图形等编辑操作绘制鼠宝宝
- ☑ 通过文本的打散、复制、移动和旋转等操作制作艺术字
- ☑ 综合利用本章知识制作广告宣传单

## 目标任务&项目案例

绘制鼠宝宝

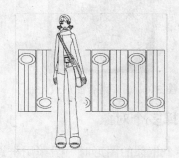

绘制"美少女"人物

绘制广告宣传单

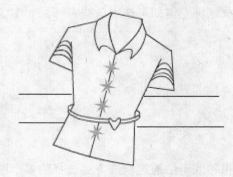

绘制衣服

前面学习了在 Flash 中绘制图形和输入文字的方法。当绘制的对象比较单调或不符合要求时，就需要适当地对图形和文本进行移动、复制、组合、打散、变形和擦除等操作，来达到更为丰富的动画效果。

# 3.1  选  择  对  象

前面学习了利用绘图工具绘制一些简单的图形的知识，但一幅优秀的 Flash 作品，一般需要反复地编辑与调整。要编辑图形首先必须选中这些图形，在 Flash 中，可以选择图形的工具很多，如选择工具、任意变形工具和套索工具等，下面分别进行讲解。

## 3.1.1  选择单个对象

通常情况下使用选择工具 选进行选择。当选择的图形为元件或已组合的图形，单击鼠标左键可将该图形全部选中，如图 3-1 所示；如果图形为未组合的矢量图形，则只会选中鼠标单击的线条或矢量色块，如图 3-2 所示。

图 3-1　选择组合图形或元件　　　　　　图 3-2　选择被打散的对象

## 3.1.2  选择多个对象

选择多个相邻的图形时一般采用框选的方法，在工具箱中选择选择工具，然后将鼠标移动到舞台中要选择的多个图形的左上方，按住鼠标左键并拖动鼠标，将要选取的图形框选，然后释放鼠标左键即可选中这些图形，如图 3-3 所示。

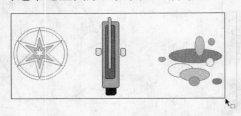

图 3-3　选择多个相邻的对象

选择不相邻或无法通过框选方式选择的多个图形时，在工具箱中选择选择工具，并将鼠标移动到舞台中要选择的图形上，按住 Shift 键，然后依次单击要选择的图形。释放 Shift 键，即可选中这些图形。若不慎选择了不需要的图形，只需在按住 Shift 键时，再次单击该图形即可。使用这种方法，也可选择未组合矢量图形中所需的部分色块和线条。

📢提示：

按 Ctrl+A 键可以选择舞台中的所有对象。

用任意变形工具选择对象的方法和选择工具基本相同，这里不再赘述。

### 3.1.3　选择不规则对象

如果需要编辑的对象不规则，可以用套索工具 ☌ 精确地选择对象。在工具栏中选择套索工具 ☌ ，其选项区域如图 3-4 所示。其中各按钮的作用如下。

- ➥ **魔术棒**：用于沿对象轮廓进行大范围的选取，也可选取色彩范围。
- ➥ **魔术棒设置**：单击该按钮打开"魔术棒设置"对话框，可以设置魔术棒选取的色彩范围。
- ➥ **多边形模式**：用于对不规则图形进行比较精确的选取。

在选项区域中单击 ☌ 按钮，打开如图 3-5 所示的"魔术棒设置"对话框，用于设置魔术棒选取的色彩范围。

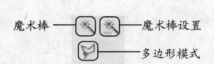

图 3-4　套索工具的选项区域

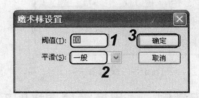

图 3-5　"魔术棒设置"对话框

📢**提示：**

套索工具只能对矢量图形进行选取，如果对象为文字、元件或位图，则需要按 **Ctrl+B** 键将其打散，然后才能利用套索工具进行操作。

"魔术棒设置"对话框中各选项的作用如下。

- ➥ **阈值**：定义选取范围内的颜色与单击处颜色的相近程度。输入的数值越大，选取的相邻区域范围就越大。
- ➥ **平滑**：可以指定选取范围边缘的平滑度，有"像素"、"粗略"、"一般"和"平滑"4 种。

【**例 3-1**】　使用套索工具选取大致范围图形区域。

（1）在工具栏中选择套索工具 ☌ ，将鼠标光标移动到要选取图形的上方，当其变为 ☌ 形状时，按住鼠标左键并拖动鼠标光标，在图形上勾勒出要选择的大致图形范围，如图 3-6 所示。

（2）将选择范围全部勾勒后，释放鼠标左键即可将勾勒的图形范围全部选取，选择的图形区域如图 3-7 所示。

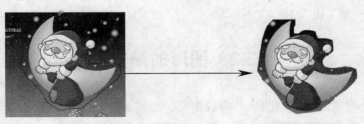

图 3-6　勾勒图形范围　　　　　图 3-7　选择的图形区域

**【例 3-2】** 使用套索工具选择色彩范围。

（1）在场景中选中位图，按 Ctrl+B 键打散图形。在工具栏中选择套索工具 🔲，在选项区域中单击"魔术棒设置"按钮 🖌。

（2）在打开的"魔术棒设置"对话框中对"阈值"和"平滑"参数进行设置，如图 3-8 所示，单击 确定 按钮。

（3）在选项区域中单击"魔术棒"按钮 🖌，并将鼠标光标移动到图形中要选取的色彩上方，当其变为 ※ 形状时单击鼠标左键，即可选取指定颜色及在阈值设置范围内的相近颜色区域，选择的颜色区域如图 3-9 所示。

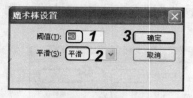

图 3-8　设置参数

图 3-9　选择的色彩范围

### 3.1.4　应用举例——用魔术棒选择图形

使用套索工具精确选取图形区域。

操作步骤如下：

（1）打开"圣诞夜.jpg"图片（立体化教学:\实例素材\第 3 章\圣诞夜.jpg），在工具栏中选择套索工具 🔲，然后单击 🔲 按钮开启套索工具的多边形模式。

（2）将鼠标光标移动到图形中黄色月亮的边缘，当其变为 ▷ 形状时，单击鼠标左键建立一个选择点，将鼠标沿月亮轮廓移动并再次单击鼠标左键，建立第 2 个选择点，然后用同样的方法，建立其他勾勒点，如图 3-10 所示。

（3）将选择范围全部勾勒后，双击鼠标左键封闭选择区域，得到精确勾勒的图形，如图 3-11 所示。

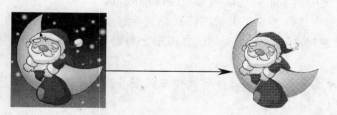

图 3-10　精确勾勒图形　　　　图 3-11　精确勾勒得到的图形

## 3.2　图形的编辑

本节主要介绍移动与复制图形、缩放图形、旋转图形、倾斜图形、翻转图形、扭曲图形、封套图形、组合和打散图形、对齐图形和擦除图形等操作。

### 3.2.1 移动与复制图形

如果绘制的图形或对象在场景中需要变换位置，可以用选择工具移动对象。选择选择工具，在场景中选中要移动的对象，然后按住鼠标左键不放，拖动对象到合适的位置后释放鼠标即可将对象移动，如图 3-12 所示。

图 3-12　移动对象

📢**提示：**

在用选择工具移动图片时，图片四周可能会出现垂直或水平的虚线，通过这些虚线，可以准确地定位图片，使其与原图片准确地在某个方向上对齐。

如果需要绘制的图形和已有图形相同，可以将已有图形进行复制。在 Flash 中，复制图形的方法有如下几种：

- 选择要复制的对象，按 Ctrl+C 键复制，再按 Ctrl+V 键粘贴即可，若按 Shift+Ctrl+V 键可以将对象粘贴到原位置。
- 用选择工具选择对象后，按住 Alt 键不放并拖动鼠标进行复制。
- 用任意变形工具选择对象后，按住 Alt 键不放并拖动鼠标进行复制。

📢**提示：**

如果要删除图形对象，只需用选择工具选择要删除的对象后按 Delete 键。

### 3.2.2 缩放图形

在 Flash 场景中如果图形太小，就不能看清图形内容，并且无法编辑对象的细节；如果图形太大，则难以看到图形的整体，这时可以使用缩放工具来缩放图形以便更好地观察图形内容。选择缩放工具，在选项区域中单击"放大"按钮，再在场景中单击即可放大显示场景；单击"缩小"按钮，再在场景中单击则可缩小显示场景。

✍**技巧：**

按 Alt 键可以在放大和缩小场景之间转换。另外，在缩放工具上双击可以使舞台 100%显示。

### 3.2.3 旋转图形

在 Flash 中一般使用任意变形工具对图形进行旋转操作。

**【例 3-3】**　使用任意变形工具旋转图形。

（1）在工具栏中选择任意变形工具，在场景中选中要旋转的图形，此时图形周围将出现如图 3-13 所示的控制点。

（2）在工具栏中单击"旋转与倾斜"按钮 ，然后将鼠标光标移动到图形四角的控制点上，当其变为 形状时，按住鼠标左键并拖动鼠标光标，即可看到图形旋转的预览效果，如图 3-14 所示。

图 3-13　选中图形

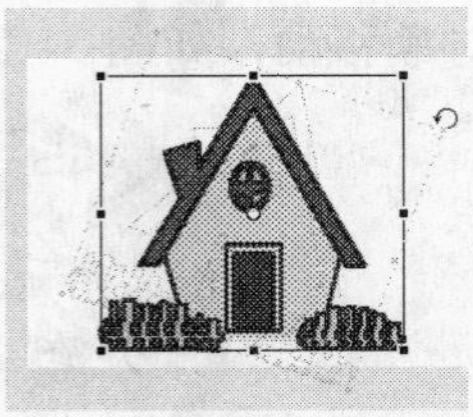

图 3-14　旋转预览效果

（3）旋转到适当角度后，释放鼠标左键即可得到旋转后的效果。

技巧：

> 按住 Shift 键并拖动鼠标光标，可使图形沿中心点做规则角度的旋转（如 45°、90° 等）；按住 Alt 键并拖动鼠标光标，可使图形以鼠标光标拖动的控制点的对角为中心旋转。

### 3.2.4　倾斜图形

在 Flash 中使用任意变形工具还可对图形进行倾斜操作，下面进行详细讲解。

【例 3-4】　使用任意变形工具倾斜图形。

（1）在工具栏中选择任意变形工具 ，在场景中选中要倾斜的图形，此时图形周围将出现相应的控制点。

（2）在工具栏中单击"旋转与倾斜"按钮 ，将鼠标光标移动到要倾斜图形的水平或垂直边缘上，当其变为 形状时，按住 Alt 键，按住鼠标左键拖动鼠标光标，可将图形沿鼠标光标拖动方向倾斜，同时看到图形倾斜的预览效果，如图 3-15 所示。

（3）调整到适当倾斜状态后，释放鼠标左键并在场景空白位置单击鼠标左键，得到如图 3-16 所示的效果。

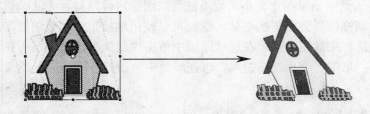

图 3-15　倾斜图形

图 3-16　图形倾斜后的效果

### 3.2.5　翻转图形

下面讲解使用任意变形工具对图形进行水平和垂直翻转的操作知识。

【例 3-5】　使用任意变形工具水平翻转图形。

（1）在工具栏中选择任意变形工具 ，在场景中选中要翻转的图形，此时图形周围将出现相应的控制点。

（2）在工具栏中单击"缩放"按钮 ，将鼠标光标移动到图形水平或垂直平面上的任意一个控制点上，当其变为 或 形状时，按住鼠标左键拖动鼠标光标，此时即可看到图形翻转的预览效果，如图 3-17 所示。

（3）将图形翻转后，释放鼠标左键并在场景任意空白位置单击，即可看到翻转后的效果。在拖动鼠标光标时，若按住 Alt 键，可将图形以其对角点为中心进行对称翻转，效果如图 3-18 所示。

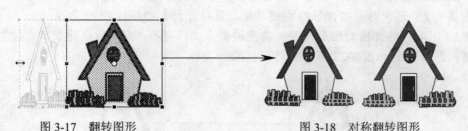

图 3-17　翻转图形　　　　　　　　　　　　图 3-18　对称翻转图形

📢提示：

选择"修改/变形/垂直翻转（或水平翻转）"命令也可直接对图形进行翻转。

## 3.2.6　扭曲图形

下面讲解使用任意变形工具对图形进行扭曲的操作知识。

【例 3-6】　使用任意变形工具扭曲图形。

（1）在工具栏中选择任意变形工具 ，在场景中选中要扭曲的图形，此时图形周围将出现相应的控制点。

（2）在工具栏中单击"扭曲"按钮 ，然后将鼠标光标移动到图形四角的任意一个控制点上，当其变为 形状时，按住鼠标左键并拖动鼠标光标，如图 3-19 所示。

（3）将控制点拖动到适当位置后，释放鼠标左键并在场景空白位置单击鼠标左键，得到如图 3-20 所示的效果。

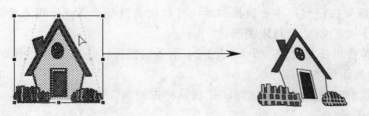

图 3-19　扭曲图形　　　　　　　　　　图 3-20　图形扭曲后的效果

📢提示：

在拖动鼠标光标时，按住 Shift 键，可使拖动控制点的对角点同时进行扭曲操作。另外， 按钮和 按钮只能在所选对象为矢量图像时使用，对于组合图形、文字、元件和位图，则需要将其打散之后才能进行相关操作。

### 3.2.7 封套图形

下面讲解使用任意变形工具对图形进行封套的操作知识。

【例 3-7】 使用任意变形工具封套图形。

（1）在工具栏中选择任意变形工具，在场景中选中要封套的图形，此时图形周围将出现相应的控制点。

（2）在工具栏中单击"封套"按钮，然后将鼠标光标移动到图形的任意一个控制点上，当其变为⊾形状时，按住鼠标左键并拖动鼠标光标，如图 3-21 所示。

（3）用同样的方法对图形周围的其他控制点进行调整，完成后在场景空白位置单击鼠标左键，即可得到如图 3-22 所示的封套效果。

图 3-21 调整控制点　　　　图 3-22 图形封套后的效果

### 3.2.8 调整图形形状

在 Flash CS3 中可以用任意变形工具、部分选取工具和选择工具来使图形变形。通过这些工具来编辑图形，可达到理想的变形效果。

#### 1. 用选择工具变形

在工具栏中选择选择工具后，在工具栏最下方将自动弹出如图 3-23 所示的按钮，单击不同的按钮可对图形进行不同的变形处理。各按钮的作用如下。

- ➥ "贴紧至对象"按钮：单击该按钮后，选择工具具有自动吸附功能，能够自动搜索线条的端点和图形边框。
- ➥ "平滑"按钮：单击该按钮后，可以使曲线趋于平滑。
- ➥ "伸直"按钮：单击该按钮后，可以使曲线趋于直线，用来修饰曲线。

【例 3-8】 绘制一个月牙图形。

（1）在舞台中任意绘制一个如图 3-24 所示的椭圆，选择工具栏中的选择工具，将鼠标光标移动到图形的边缘区域。

（2）当鼠标光标变为⊾形状时，按住鼠标左键向左侧方向拖动鼠标，得到如图 3-25 所示变形后的图形。

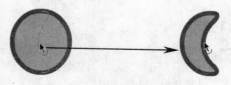

图 3-23 选择工具的选项　　图 3-24 绘制椭圆　　　　图 3-25 改变后的图形

**2．用部分选取工具变形**

用部分选取工具 ↳ 也可改变图形的形状，但它只能作用于打散的矢量图。

【例3-9】 绘制一个啤酒杯的图形（立体化教学:\源文件\第3章\啤酒杯.fla），使用部分选取工具变形绘制杯口和手柄部分。

（1）新建一个文档，在工具栏中选择椭圆工具 ○，在场景中绘制一个边框为深蓝绿色、填充颜色为浅蓝色和蓝绿色的椭圆；选择线条工具 ╱ 在椭圆的两端各绘制一条深蓝绿色的直线，组合成简单的杯子形状，如图3-26所示。

（2）选择部分选取工具 ↳，单击深蓝绿色边框，被选中的边框周围出现许多小节点，如图3-27所示。

（3）单击其中一个节点，节点两侧出现两个调节杆，拖动该节点或旋转调节杆可改变图形形状，如图3-28所示，当到达适当位置后释放鼠标。再用同样的方法调节其他节点，使蓝绿色椭圆变为如图3-29所示形状。

图3-26　绘制杯子　　　　图3-27　用部分选取工具选取边框　　　图3-28　调整节点

（4）绘制两个同心椭圆，将其框选放至杯子的左边，并将与杯子重合的线条删除，再在圆环之间填充蓝绿色，如图3-30所示。

（5）选择部分选取工具 ↳，用前面相同的方法调节手柄，得到如图3-31所示的效果。

图3-29　变形后的杯口　　　图3-30　绘制圆环　　　图3-31　啤酒杯效果图

## 3.2.9　组合与打散图形

在编辑图形的过程中，若其中的多个图形需作为一个整体进行编辑操作，可以通过组合图形的方式将其组合为一个图形，然后再对其进行相应的编辑，这样既可以保证这些图形的相对位置不变，不会影响其他不需要编辑的图形，还能提高编辑效率。

【例3-10】 组合多个图形。

（1）使用选择工具选择要组合的多个图形，如图3-32所示。

（2）选择"修改/组合"命令（或按 Ctrl+G 键），即可将选中的图形进行组合，效果如图3-33所示。

打散图形是指将位图、文字或群组后的图形打散成一个一个的像素点，以便对其中的一部分进行编辑。如要取消对图形的组合，可在选中组合图形的状态下，选择"修改/取消组合"命令（或按 Shift+Ctrl+G 键）。另外，通过按 Ctrl+B 键打散图形的方式，也可取消对图形的组合。

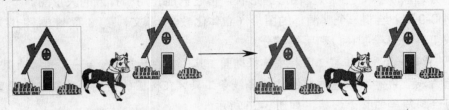

图 3-32 选中要组合的图形　　　　　图 3-33 图形组合后的效果

### 3.2.10 对齐图形

在 Flash CS3 中，一般通过"对齐"面板来对齐图形。选择"窗口/对齐"命令或按 Ctrl+K 键打开"对齐"面板，如图 3-34 所示。

在"对齐"面板中有许多按钮，其作用分别如下。

- ➥ **"相对舞台分布"按钮**回：当该按钮没有按下时，图形对齐是以各个图形的相对位置为标准的。当按下该按钮时，调整图像的位置时将以整个舞台为标准，可使图像相对于舞台左对齐、右对齐或居中对齐等。
- ➥ **"左对齐"按钮**呂：将选取对象左端对齐。
- ➥ **"水平中齐"按钮**呂：将选取对象沿垂直线居中对齐。
- ➥ **"右对齐"按钮**呂：将选取对象右端对齐。
- ➥ **"上对齐"按钮**呕：将选取对象上端对齐。
- ➥ **"垂直中齐"按钮**呕：将选取对象沿水平线居中对齐。
- ➥ **"底对齐"按钮**呕：将选取对象底端对齐。
- ➥ **"顶部分布"按钮**吕：使选取对象在水平方向上上端间距相等。
- ➥ **"垂直居中分布"按钮**吕：使选取对象在水平方向上中心间距相等。
- ➥ **"底部分布"按钮**吕：使选取对象在水平方向上下端间距相等。
- ➥ **"左侧分布"按钮**叫：使选取对象在垂直方向上左端间距相等。
- ➥ **"水平居中分布"按钮**叫：使选取对象在垂直方向上中心间距相等。
- ➥ **"右侧分布"按钮**叫：使选取对象在垂直方向上右端间距相等。
- ➥ **"匹配宽度"按钮**回：以选取对象中最长的宽度为基准，在水平方向等尺寸变形。
- ➥ **"匹配高度"按钮**回：以选取对象中最高的高度为基准，在垂直方向等尺寸变形。
- ➥ **"匹配宽和高"按钮**回：以选取对象中最长和最宽的对象为基准，在水平和垂直方向上同时等尺寸变形。
- ➥ **"垂直平均间隔"按钮**吕：使选取对象在垂直方向上间距相等。
- ➥ **"水平平均间隔"按钮**叫：使选取对象在水平方向上间距相等。

此外，在移动图形时，图形的边缘会出现如图 3-35 所示水平或垂直的虚线，该虚线自动与另一个图形的边缘对齐，便于确定图形的位置，虚线称为辅助线。

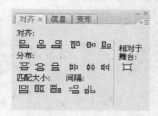

图 3-34 "对齐"面板

图 3-35 移动时出现的辅助线

### 3.2.11 擦除图形

橡皮擦工具 用于擦除整个图形或者图形中不需要的部分,它只能应用于打散后的图形。选中图形后按 Ctrl+B 键打散位图,选择橡皮擦工具 ,工具栏的选项区域中将自动弹出如图 3-36 所示的按钮。从 中选择一种模式,并确认 按钮没有被按下,在对象上拖动鼠标光标进行所需的擦除操作,释放鼠标左键完成擦除操作。图 3-36 中各按钮的含义如下。

➥ **"擦除模式"按钮** :用于选择擦除的模式,单击该按钮将弹出如图 3-37 所示的下拉列表。

图 3-36 橡皮擦工具的选项区域

图 3-37 选择擦除模式

➥ **"水龙头"按钮** :单击该按钮,再单击要擦除色块可快速擦除矢量色块和线段。

➥ **"橡皮擦形状"按钮** :单击该按钮,在弹出的下拉列表中可选择橡皮擦大小和形状。

各种橡皮擦模式的擦除效果如下。

➥ **标准擦除**:可擦除矢量色块和矢量线条,如图 3-38 所示。

➥ **擦除填色**:只擦除填充的矢量色块部分,不能擦除矢量线条,如图 3-39 所示。

图 3-38 标准擦除

图 3-39 擦除填色

➥ **擦除线条**:只擦除矢量线条部分,不能擦除色块,如图 3-40 所示。

➥ **擦除所选填充**:擦除选中的色块区域中的某部分或全部,未选取部分不受影响,如图 3-41 所示。

➥ **内部擦除**:擦除封闭图形内部区域,橡皮擦的起点必须在封闭图形内,否则不能进行该操作,如图 3-42 所示。

图 3-40　擦除线条　　　　　图 3-41　擦除所选填充　　　　图 3-42　内部擦除

### 3.2.12　应用举例——绘制鼠宝宝

下面利用本小节所学图形编辑知识，绘制如图 3-43 所示的鼠宝宝（立体化教学:\源文件\第 3 章\鼠宝宝.fla）。

操作步骤如下：

（1）新建一个 Flash 文档，设置场景大小为 300×200 像素，背景颜色为白色。

（2）选择工具栏中的椭圆工具 ◐，在"属性"面板的"填充颜色" ◔ ■ 列表中单击 ☑ 按钮，使其凹陷，在舞台中绘制两个无填充颜色的椭圆线框作为鼠宝宝的鼻子和身子，再用铅笔工具绘制鼠宝宝的尾巴和胡须，除了胡须笔触粗细设置为 1 外，其他笔触粗细均设置为 2，颜色均设置为深蓝色，如图 3-44 所示。

图 3-43　最终效果

图 3-44　绘制轮廓

（3）选择椭圆工具 ◐，在鼻子上方绘制一大一小笔触粗细为 1 的深蓝色椭圆线框。选择任意变形工具 ▦，框选这两个椭圆线框，周围出现 8 个控制柄，将鼠标光标移到右下角的控制柄上，当其变为 ⤢ 形状时，按住 Alt 键并拖动鼠标进行复制，如图 3-45 所示。

（4）选择任意变形工具 ▦，框选复制出的椭圆线框，周围出现 8 个控制柄，将鼠标光标移到右边中间的控制柄上，当其变为 ↔ 形状时，按住鼠标左键向左拖动翻转图形，效果如图 3-46 所示。

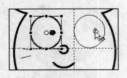

图 3-45　复制眼睛

图 3-46　翻转右眼

（5）将翻转后的椭圆线框移到适当位置，用步骤（4）的相同方法绘制鼠宝宝的两只脚，如图 3-47 所示。

（6）用椭圆工具 ◐ 绘制一个椭圆线框，然后选择任意变形工具将其移动到鼠宝宝身体的左上方，将鼠标光标移到右边下面的控制柄上，当其变为 ⤾ 形状时，向逆时针方向旋转线框，如图 3-48 所示。

（7）按住 Alt 键将线框复制到右边的位置，如图 3-49 所示。然后将鼠标光标移到右下方的控制柄上，当其变为 ⌒ 形状时，向顺时针方向旋转线框，如图 3-50 所示。

（8）将上方两个线框与作为身子的线框相交的线条删除，作为耳朵，如图 3-51 所示。

（9）框选深蓝色线条组成的鼠宝宝图形，然后复制一个并放于右侧。

（10）选择任意变形工具 ，框选复制的图形，将鼠标光标移到右上方，当其变为 ↗ 形状时，按住 Shift 键将图形等比例缩小，并将颜色设置为粉红色，如图 3-52 所示。

图 3-47　绘制脚　　　　图 3-48　逆时针旋转线框　　　　图 3-49　复制线框

图 3-50　顺时针旋转线框　　　　图 3-51　删除线条　　　　图 3-52　缩放图形

（11）将鼠标光标移到左上方的控制柄上，当其变为 ⌒ 形状时，向顺时针方向旋转线框，最终效果如图 3-43 所示。

# 3.3　编　辑　文　本

Flash 文档中，除了图片，文字也是很重要的元素，用于说明对象等作用。文字的编辑主要包括打散、移动、复制、旋转、缩放等操作。下面分别进行介绍。

## 3.3.1　打散文本

Flash 中的文本为了更好地表现其特效，需要对其进行打散处理。其方法很简单，只需选中要打散的文本，如图 3-53 所示，按 Ctrl+B 键即可将文本打散成单个文字，效果如图 3-54 所示，再次按 Ctrl+B 键即可将单个的文字打散成如图 3-55 所示像素点。

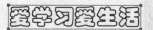

图 3-53　选择文本　　　　图 3-54　打散成单个文字　　　　图 3-55　打散成像素点

## 3.3.2　移动、复制、旋转或缩放文本

为了使 Flash 文档中的文本显示出更加好的效果，就需要对其进行移动、复制、旋转

或缩放操作。下面进行详细讲解。

**【例 3-11】** 复制文本并将文本重新排列。

（1）将图 3-53 所示文本按 Ctrl+B 键打散成单个文本。

（2）选中"爱"字，在工具栏中选择选择工具，按住 Ctrl 键的同时将其复制到"爱"字的左上侧位置，如图 3-56 所示。

（3）用相同的方法复制其他文字到原来文字的上方，然后使用选择工具将文字移动到如图 3-57 所示的位置。

图 3-56　复制文本　　　　　　　　　　　　　　图 3-57　移动文本

（4）选择工具栏中的任意变形工具，将复制的文本进行适当的旋转，得到如图 3-58 所示的效果。

（5）选择文本中的两个"爱"字，在"属性"面板中将其填充为红色。

（6）选择最左侧的"爱"字，按住 Alt 键的同时使用任意变形工具对其进行等比例放大；用相同的方法将另外一个"爱"字进行等比例缩小处理，得到如图 3-59 所示的效果。

图 3-58　旋转文本　　　　　　　　　　　　　　图 3-59　缩放文本

**提示：**

文本的旋转与缩放操作与图片的旋转和缩放相似。

### 3.3.3　应用举例——制作艺术字

下面利用所学的知识，制作一个名为"制作艺术字"的动画，熟练掌握利用文本制作特殊文字动画的方法，最终效果如图 3-60 所示（立体化教学:\源文件\第 3 章\制作艺术字.fla）。

图 3-60　艺术字动画效果

操作步骤如下：

（1）在 Flash CS3 中选择"文件/新建"命令，新建一个空白动画文档，然后在"属性"

面板中将舞台尺寸设置为 400×150 像素，背景颜色设置为黑色。

（2）在工具栏中选择文本工具T，在"属性"面板中将字体设置为华文行楷，字号为 70，颜色为深黄色，如图 3-61 所示。

图 3-61　设置文本属性

（3）将鼠标移动到舞台中，然后输入如图 3-62 所示的文字。

（4）用同样的方法在舞台的其他位置输入相同的文字，然后按两次 Ctrl+B 键将文字打散。

（5）在工具栏中选择颜料桶工具，然后在"颜色"面板中调配出黄色渐变色，如图 3-63 所示，最后对打散的文字进行填充。

图 3-62　输入文本

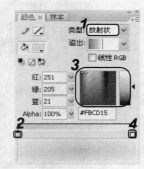

图 3-63　设置渐变色

（6）使用填充变形工具对渐变色填充属性进行适当的调整，按 Ctrl+G 键将文字组合。

（7）在工具栏中选择选择工具，将组合的文字拖动到深黄色文字上方，使其位置出现一定程度的偏差，如图 3-64 所示。

图 3-64　最终字效果

（8）完成设置后，选择"文件/保存"命令，将动画文档保存为"制作艺术字.fla"。

# 3.4　上机及项目实训

## 3.4.1　制作广告宣传单

使用本章所学工具绘制广告宣传单，其最终效果如图 3-65 所示（立体化教学:\源文件\第 3

章\广告宣传单.fla）。本例的重点内容是使用多角星形工具绘制无填充颜色的五角星，并改变其边框线条的样式，然后进行复制、移动和变形，利用文本工具输入文字，再改变其属性。

🔊提示：

本练习中没有学习到的新建图层等操作将在后面的章节中详细讲解，这里读者只需按照书中所述进行操作即可。

操作步骤如下：

（1）启动 Flash CS3，新建一个文档，设置背景颜色为红色，文档大小为 300×400 像素，并命名为"广告宣传单"。

（2）选择"文件/导入/导入到舞台"命令，将"宣传单.jpg"图片（立体化教学:\实例素材\第 3 章\宣传单.jpg）导入到舞台中，并放在场景中间位置，如图 3-66 所示。

图 3-65　广告宣传单

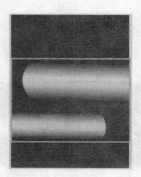

图 3-66　导入图片

（3）在时间轴下方单击 ⬚ 按钮，新建图层 2，选择多角星形工具，在"颜色"区域单击 ◇ ▦ 右下角的 ▾ 按钮，在弹出的颜色列表中单击 ☑ 按钮。

（4）单击 ✏ ▦ 右下角的 ▾ 按钮，选择黄绿色，然后在"属性"面板的 极细 ▼ 下拉列表框中选择样式为虚线，笔触粗细设置为 2，再单击 选项... 按钮，如图 3-67 所示。在打开的"工具设置"对话框中进行如图 3-68 所示的设置，完成后单击 确定 按钮。

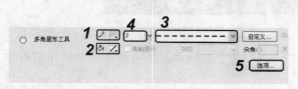

图 3-67　"属性"面板

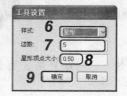

图 3-68　"工具设置"对话框

（5）在场景中绘制一个五角星形，如图 3-69 所示。将其框选，按 Ctrl+C 键复制，再按 Ctrl+V 键粘贴，如图 3-70 所示。

（6）选择任意变形工具 ▦，选择复制出来的五角星形边框，周围出现 8 个控制柄。将鼠标光标移到中间，当鼠标光标变为 形状时，将图形向右下方拖动一定距离，再将鼠标光标移到右上方的控制柄上，当其变为 形状时，按住鼠标左键向逆时针方向拖动即可旋转图形，如图 3-71 所示。然后将鼠标光标移到右上方的控制柄上，当其变为 形状时，按住鼠标左键向左下方拖动，将其缩小到适当大小，如图 3-72 所示。

  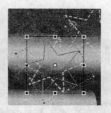

图 3-69　绘制五角星形　　　　图 3-70　复制五角星形　　　　图 3-71　旋转对象

（7）按照步骤（5）和步骤（6）的方法，再粘贴两个五角星形，并用任意变形工具改变它们的大小、倾斜角度和位置，如图 3-73 所示。

 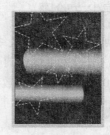

图 3-72　缩小五角星形　　　　　　　图 3-73　编辑好的五角星形

（8）新建图层 3，选择文本工具，"属性"面板的设置如图 3-74 所示。再在场景左上方输入文字"贺"，并进行复制，设置颜色为黄色，用选择工具将其向左上方稍微移动一定距离，组成立体字效果，如图 3-75 所示。

图 3-74　"属性"面板　　　　　　　　　　　　　图 3-75　文字效果

（9）选择文本工具 T，"属性"面板的设置如图 3-76 所示。再在场景右上方输入文字"世纪之星"，并进行复制，设置颜色为黄色，用选择工具将其向左上方稍微移动一定距离，组成立体字的效果，如图 3-77 所示。

图 3-76　"属性"面板

（10）按照前面的方法输入其他文字，效果如图 3-78 所示。

（11）设置文本的字体大小及颜色，完成后的效果如图 3-65 所示。

图 3-77　输入并复制移动文字　　　　　　图 3-78　输入其他文字

### 3.4.2　勾勒美少女轮廓

本例将勾勒美少女轮廓，最终效果如图 3-79 所示（立体化教学:\源文件\第 3 章\勾勒美少女轮廓.fla）。用户也可以提前预习第 4 章的内容，练习为"美少女"图形填色，填色后的效果如图 3-80 所示（立体化教学:\源文件\第 3 章\美少女图形填色效果.jpg）。

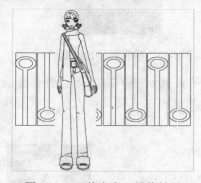

图 3-79　"美少女"最终效果　　　　　　图 3-80　填充颜色后的效果

本例的重点内容是使用铅笔工具和线条工具对美少女轮廓进行绘制，并使用选择工具和任意变形工具等进行调整。在绘制过程中，要注意使用辅助工具，以方便对图形进行细致的绘制，如脸部等。

本练习可结合立体化教学中的视频演示进行学习（立体化教学:\视频演示\第 3 章\绘制美少女.swf）。主要操作步骤如下：

（1）启动 Flash CS3，新建一个文档，设置背景颜色为白色，文档大小为 150×260 像素，并命名为"美少女"。

（2）选择铅笔工具✐并结合椭圆工具◯，绘制如图 3-81 所示少女的脸部和眼睛，以及如图 3-82 所示的头发和刘海。

（3）选择选择工具▶，将绘制完成的部分进行修改，得到如图 3-83 所示的效果。

图 3-81　绘制面部

图 3-82　绘制头发与刘海

图 3-83　修改变形

（4）选择矩形工具 ▦ 和铅笔工具 ✏ 绘制如图 3-84 所示的发束，使用任意变形工具 ▦ 翻转得到少女的另外一边发束，如图 3-85 所示。接着使用铅笔工具在脸部下方绘制两条曲线作为脖子，如图 3-86 所示。

图 3-84　绘制发束

图 3-85　翻转图形

图 3-86　绘制脖子

（5）选择线条工具 ✏ ，在脖子下方绘制人物的胳膊、身体、围巾、腰带和背包，如图 3-87 所示。再使用选择工具将一些直线弯曲变形，如图 3-88 所示。调整后的图形效果如图 3-89 所示。

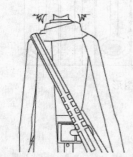
图 3-87　绘制胳膊、身体和背包

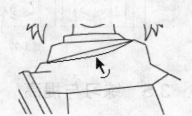
图 3-88　调整线条

图 3-89　调整结果

（6）选择缩放工具 🔍 ，将右手手腕放大；再选择线条工具 ✏ ，在右手手腕处绘制如图 3-90 所示手的轮廓。然后选择部分选取工具 ▶ ，对右手的轮廓进行如图 3-91 所示的调整。

（7）用绘制右手的相同方法绘制如图 3-92 所示的左手。

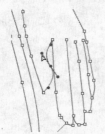
图 3-90　绘制右手

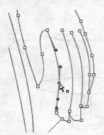
图 3-91　调整线条

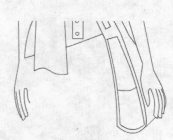
图 3-92　绘制左手

（8）将场景在舞台中的位置进行如图 3-93 所示的调整，然后选择线条工具和铅笔工具，为人物绘制裤子和鞋，并进行调整，完成后的效果如图 3-94 所示。

（9）新建图层 2，选择矩形工具和椭圆工具，在场景中绘制背景图形，并把相交的线条删除，如图 3-95 所示。复制背景图形并对其进行如图 3-96 所示的翻转处理。

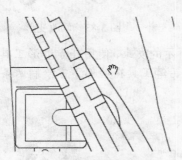　　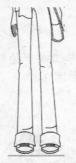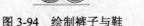　　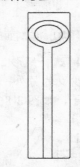

图 3-93　移动显示场景　　　　图 3-94　绘制裤子与鞋　　　图 3-95　绘制背景图形

（10）复制得到如图 3-97 所示的背景图形，最后将图层 2 中遮住美少女轮廓的线条框选并删除，得到如图 3-79 所示的最终效果。

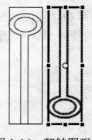　　　　　　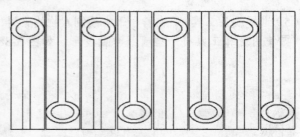

图 3-96　翻转图形　　　　　　　　　　　图 3-97　背景图形

## 3.5　练习与提高

（1）利用直线工具、矩形工具、椭圆工具、任意变形工具和选择工具绘制一个如图 3-98 所示的太阳伞（立体化教学:\源文件\第 3 章\太阳伞.fla）。

图 3-98　太阳伞轮廓

（2）用椭圆工具、线条工具和多角星形工具等绘制茶具图形，并用任意变形工具、选择工具等对图形进行调整，最终效果如图 3-99 所示（立体化教学:\源文件\第 3 章\茶具.fla）。

提示：在绘制时，注意各工具的属性设置，因为设置的属性不同，因此效果也不同。本练习可结合立体化教学中的视频演示进行学习（立体化教学:\视频演示\第 3 章\绘制茶具图形.swf）。

（3）使用钢笔工具、铅笔工具和多角星形工具等绘制一个如图 3-100 所示的衣服图形（立体化教学:\源文件\第 3 章\衣服.fla）。

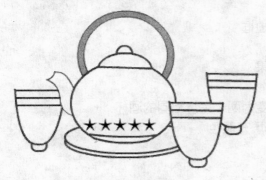

图 3-99　茶具

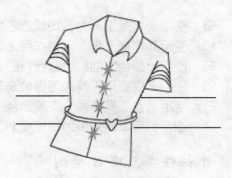

图 3-100　衣服轮廓

 提高编辑矢量图形的能力

要想提高编辑矢量图形的能力，除了本章的学习内容外，课后还应下足工夫，在此补充以下几点供大家参考和探索：

- 对于需要编辑的图形场景，先在草稿纸上罗列出不同场景所需图形放置的位置以及图形的编辑顺序，做到心中有数。
- 编辑场景时多使用不同的方法，然后对比不同方法得到的不同效果，最后总结出适合自己的方法与技巧。
- 多观察一些著名网站上他人编辑的场景，摸索他人编辑图形的顺序和方法，取其精华去其糟粕，合理利用他人好的场景使其最终变为自己有用的素材。

# 第 4 章　为图形填充色彩

## 学习目标

- ☑ 使用墨水瓶工具为公司标志图案添加边框
- ☑ 使用颜料桶工具为人物衣服上色
- ☑ 使用"颜色"面板绘制台灯的光晕效果
- ☑ 使用渐变变形工具为图形填充渐变色
- ☑ 使用滴管工具将两个不同颜色的酒杯变为两个完全相同的酒杯
- ☑ 综合利用本章知识为料理屋 POP 广告填充颜色

## 目标任务&项目案例

勾勒标志线条

添加放射状光晕

相同的酒杯

为舞者填充颜色

料理屋 POP 广告

　　对于一个好的 Flash 作品来说，色彩的应用至关重要。因此，要制作一个好的 Flash 作品，必须掌握为图形填色的方法。本章主要介绍 Flash 中填色工具的使用，包括墨水瓶工具、颜料桶工具和滴管工具等，使读者掌握为图像填充色彩的方法与技巧。

# 4.1 用墨水瓶工具填充线条

Flash CS3 的填色工具很多，如墨水瓶工具、颜料桶工具、滴管工具和"颜色"面板等，利用填充变形工具还可对填充的颜色进行各种编辑。从某种意义上来说，矩形工具和椭圆工具等绘图工具都是填色工具，因为在用它们绘制图形时可以设置其边框色和填充色。

## 4.1.1 墨水瓶工具的使用方法

墨水瓶工具 用于为矢量图形（打散文本）的线条填充颜色。

选择墨水瓶工具 后，其"属性"面板如图 4-1 所示。在其中单击"笔触颜色"按钮 ，在打开的"颜色"列表框中选择某个颜色块作为线条颜色，然后设置线条样式，方法与设置线条样式的方式相同。最后在要填充线条颜色的图形中单击，即可将设置的线条颜色和样式应用到单击的图形线条上。

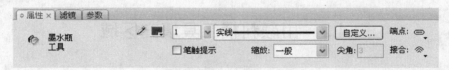

图 4-1 "属性"面板

【例 4-1】 用墨水瓶工具为绿色文本添加一个红色虚线边框。

（1）使用文本工具输入如图 4-2 所示的绿色文字。按两次 Ctrl+B 键将文本进行打散。

（2）在工具栏中选择墨水瓶工具 ，在"属性"面板中单击"笔触颜色"按钮 ，在打开的颜色列表中单击红色色块，将边框颜色设为红色。

（3）在 数值框中设置线宽为 2，在 下拉列表框中选择"虚线"样式，如图 4-3 所示。

（4）将鼠标光标移至舞台的文字中，当其变为 形状时，单击鼠标左键即可为文字添加线宽为 2 的红色虚线，效果如图 4-4 所示。

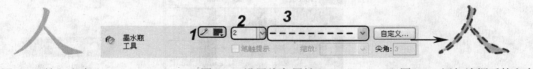

图 4-2 输入文字　　　　图 4-3 设置线条属性　　　　图 4-4 添加边框后的文字

## 4.1.2 应用举例——为标志添加边框

下面为一家公司的标志图案添加边框，要求边框为红色，线宽为 2，线型为实线。

操作步骤如下：

（1）选择"文件/导入/导入到舞台"命令，在打开的"导入"对话框中选择"标志.wmf"图片（立体化教学:\实例素材\第 4 章\标志.wmf），单击 按钮，将其导入舞台中，效果如图 4-5 所示。

（2）按 Ctrl+B 键将该图片打散，选择墨水瓶工具 🖊，在"属性"面板中单击"笔触颜色"按钮 🖊 ■，在打开的颜色列表中选择红色，在 1 ▾ 数值框中输入"2"，在 ----------- ▾ 下拉列表框中选择"实线"样式。

（3）将鼠标光标移至标志上半部分的内部和外部单击，该填充区域的周围即被添加上了红色的边框线，如图 4-6 所示。

（4）此时只有标志的上半部分被填充了边框，而与光标所在填充区域有间隔的下半部分未被填充，将鼠标光标移至下面的实体部分，整个标志都添加上了边框，效果如图 4-7 所示。

图 4-5　导入标志　　　　图 4-6　为上半部添加边框　　　　图 4-7　添加边框后的标志

# 4.2　用颜料桶工具填充区域

墨水瓶工具用于为矢量图填充线条颜色，颜料桶工具则用于为矢量图填充内部区域。下面介绍颜料桶工具在填充图形区域的应用。

## 4.2.1　颜料桶工具的使用方法

使用颜料桶工具填充区域的方法为：选择颜料桶工具 🖊，然后在如图 4-8 所示的"属性"面板中单击"填充颜色"按钮 🖊 ■，在打开的如图 4-9 所示的颜色列表中选择一种填充颜色，最后在需要填充的区域内单击，即可将该颜色应用到单击的区域中。

选择颜料桶工具后在工具栏下方区域将自动弹出"填充模式"按钮 ◎ 和"锁定填充"按钮 ◻（该按钮用于锁定填充）。单击 ◎ 按钮将弹出如图 4-10 所示的下拉菜单。

　　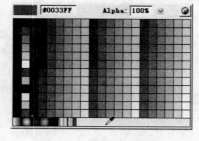　　

图 4-8　"属性"面板　　　　图 4-9　"颜色"列表框　　　　图 4-10　"填充模式"下拉菜单

"填充模式"下拉菜单中 4 种模式的作用分别如下。

➥ ◎**不封闭空隙**：该模式下只有完全封闭的区域才能被填充颜色。

➥ ◎**封闭小空隙**：该模式下颜料桶工具可以忽略较小的缺口，对一些具有小缺口的区域也可以进行填充。

➥ ◉**封闭中等空隙**：该模式下颜料桶工具可以忽略比上

一种模式更大一些的空隙，并对其进行填充。

➥ ◉**封闭大空隙**：该模式下，即使线条之间还有一段

距离，用颜料桶工具也可以填充线条内部的区域。

在"颜色"列表中单击选择亮度渐变填充 ▰▰▰ 或颜
色渐变填充 ▰▮▮ 还可以为图形填充不同特效的色彩效果。如

图 4-11 填充渐变色后的花朵

图 4-11 所示就是为图形填充了渐变颜色后的效果。具体的填
充方法在"颜色"面板将详细讲述。

【**例 4-2**】 用颜料桶工具为一个蝴蝶结填充红色。分别在不同模式下进行填充，观察
有什么不同的效果。

（1）新建一个文件，在舞台中绘制如图 4-12 所示封闭的蝴蝶结轮廓，选择颜料桶工具 ◌ ，
在"属性"面板中单击"填充颜色"按钮 ◌ ▰ ，在打开的颜色列表中选择红色。

（2）在工具栏中单击 ◉ 按钮，在弹出的下拉菜单中选择"不封闭空隙"选项，将鼠
标光标移至舞台中，当其变为 ◌ 形状时，然后依次在各区域中单击，为蝴蝶结填充红色，
效果如图 4-13 所示。

（3）多次按 Ctrl+Z 键取消操作，直到填充颜色全部消失，然后选择橡皮擦工具 ◌ ，
在工具栏下方单击"橡皮擦形状"按钮 ● ，在弹出的下拉列表框中选择最小的一种橡皮擦，
在蝴蝶结的轮廓线上擦除一些小缝隙，如图 4-14 所示。

图 4-12 蝴蝶结轮廓 　　　 图 4-13 填充颜色 　　　 图 4-14 擦除小缝隙

（4）在"填充模式"下拉菜单中选择"封闭中等空隙"选项，单击轮廓内部，为图形
填充红色，如图 4-15 所示。

◀》提示：

> 如果选择"封闭小空隙"选项后不能填充区域是因为擦除的空隙大了一些，Flash 把这种空隙认为是
> 中等空隙，那么只能在"封闭中等空隙"模式下才能填充。

（5）用箭头工具选择轮廓内部的填充色，按 Delete 键删除填充色，然后用橡皮擦工具
将空隙变大，如图 4-16 所示。

（6）在"填充模式"下拉菜单中选择"封闭大空隙"选项，再单击轮廓内的各区域，
得到如图 4-17 所示的效果。

◀》提示：

> 蝴蝶结的右下方不能被填充是因为空隙过大，超出了 Flash 中"大空隙"的范围。

图 4-15　填充效果　　　　图 4-16　使空隙变大　　图 4-17　用"封闭大空隙"填充效果

### 4.2.2　应用举例——为人物衣服上色

下面用颜料桶工具将人物的衣服换成几种漂亮的颜色，要求将左侧女子的裙子换为水红色，将右侧男子的衣服换为橘黄色，裤子换为浅绿色，头发换为橙黄色。改变颜色前的效果如图 4-18 所示。改变颜色后的效果如图 4-19 所示（立体化教学:\源文件\第 4 章\为人物衣服上色.fla）。

图 4-18　改变颜色前　　　　　　　　图 4-19　改变颜色后

操作步骤如下：

（1）选择"文件/导入/导入到舞台"命令，在打开的"导入"对话框中选择"舞者.ai"图片（立体化教学:\实例素材\第 4 章\舞者.ai），单击"打开"按钮，在打开对话框的"将图层转换为"下拉列表框中选择"单一 Flash 图层"选项，将其导入舞台中，如图 4-18 所示。

（2）选择"修改/位图/转换位图为矢量图"命令，将图形转换为矢量图，然后取消选择。

（3）选择颜料桶工具🪣，在"属性"面板中单击🪣▪按钮，在打开的颜色列表中选择水红色。

（4）在工具栏中单击🔵按钮，在"填充模式"下拉菜单中选择"封闭小空隙"选项，然后在女子的裙子上单击，即可将水红色应用到裙子上。由于裙子被线条间隔成了多个区域，因此需要多次单击不同的区域才能将整条裙子填充上水红色。

🔊提示：

选择"封闭小空隙"选项是为了防止一些未封闭的区域无法填充颜色。读者可依次选择其他几种填色模式，试试填充的效果有何不同。

（5）在"属性"面板中单击🪣▪按钮，在打开的颜色列表中选择橘黄色，将鼠标光标移至男子的衣服上单击，将橘黄色应用到男人的衣服上。

（6）用相同的方法为男子的裤子和头发分别填充浅绿色和橙黄色。

🔔注意：

在填充时应注意，必须将鼠标光标🪣移至填充区域上单击，注意不要移到线条上单击，否则可能使其他地方也改变颜色。在填充颜色前，读者可以将场景比例放大，如 200%，这样便于准确地填充。

# 4.3 "颜色"面板的使用

前面所讲的几种填色工具都只能填充纯色或几种有限的线性和放射状渐变色,而利用"颜色"面板还可以为选择的图形填充任意一种颜色,其填充模式包括纯色、线性、放射状和位图,极大地加强了 Flash CS3 的填色功能。

在 Flash CS3 界面右侧一般会显示默认的"颜色"面板,如果该面板没有打开,也可通过选择"窗口/颜色"命令或按 Shift+F9 键打开如图 4-20 所示的面板。在该面板的"类型"下拉列表框中(如图 4-21 所示)通过选择不同的类型,可以为图形填充不同效果的颜色。

图 4-20 "颜色"面板

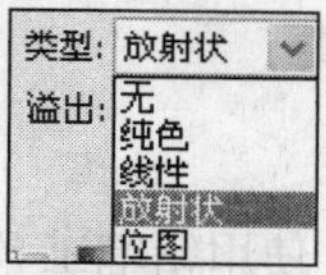

图 4-21 "类型"下拉列表框

## 4.3.1 填充纯色

在"颜色"面板的"类型"下拉列表框中选择"纯色"选项,可以为图形内部填充一种纯色,面板如图 4-22 所示。选择要填充颜色的矢量图形,然后在"颜色"面板中可以进行如下操作:

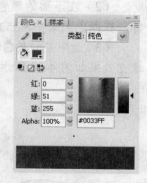

- ➥ 单击 ✎ ■ 按钮,在弹出的颜色列表中选择图形的线条颜色;单击 ◇ ■ 按钮,在弹出的颜色列表中选择图形的填充颜色。
- ➥ 单击 ⬚ 按钮,可交换线条和填充区域的颜色;单击 ☐ 按钮将不填充颜色;单击 ■ 按钮可将图形设置为黑白色。
- ➥ 选择"纯色"类型后,在其下方的颜色列表中单击要选择的大致颜色范围,然后在右边的竖条形方框中精确选择要设置的颜色即可将其应用于图形。

图 4-22 "纯色"面板

## 4.3.2 填充线性渐变色

在"颜色"面板的"类型"下拉列表框中选择"线性"选项,面板如图 4-23 所示。可以为图形内部填充从一种颜色到另一种颜色的线性过渡渐变色。选中要填充颜色的矢量图形后,可在"颜色"面板中进行如下操作:

- ➥ 在 ▭▭▭ 中单击其中的一个 ⬚ 图标,在下方的颜色列表中单击需要的基本色，将其应用于该图标。

➥ 若要扩大或缩小某种颜色的应用范围，将其对应的🔲图标向左或向右拖动即可。

➥ 若要填充多种渐变色，在▭▭▭▭▭中间单击一次可增加一个🔲图标，再在下面的颜色框中选中需要的颜色，将其应用于该图标，此时▭▭▭▭▭上将出现 3 种颜色的渐变模式▭▭▭▭▭。用同样的方法可添加更多颜色渐变。

➥ 若要删除某种颜色，将其对应的🔲图标向左或向右拖动直至消失即可。

➥ 若要改变颜色的渐变方向，只需将颜色对应的🔲图标向相反方向拖动即可。

图 4-23　"线性"面板

【例 4-3】　　使用铅笔工具和椭圆工具绘制一个西瓜的轮廓，然后使用"颜色"面板的"线性"填充模式为西瓜填充由绿到白的线性渐变色，最终效果如图 4-24 所示。

（1）选择工具栏中的椭圆工具◯，在舞台中绘制一个边框为黑色、填充色为绿色的椭圆，选中椭圆内部，在打开的"颜色"面板的"类型"下拉列表框中选择"线性"选项。

（2）在下面的颜色条中选中左边的🔲图标，在颜色列表中单击绿色；选中右边的🔲图标，在颜色列表中单击白色。

（3）选中左边的🔲图标，按住鼠标左键向右拖动，以增加绿色的范围，如图 4-25 所示。填充效果如图 4-26 所示。

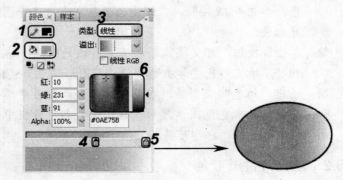

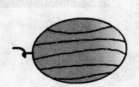

图 4-24　最终效果　　　　图 4-25　设置线性渐变颜色　　　　图 4-26　填充颜色后的椭圆

（4）下面为西瓜添加纹理。选择工具栏中的铅笔工具✏，在"属性"面板中将笔触高度设置为 1，在"笔触样式"下拉列表框中选择第 5 种样式，如图 4-27 所示。

（5）用铅笔工具在椭圆中绘制如图 4-28 所示的纹理。

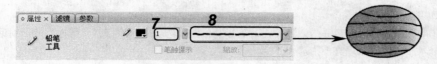

图 4-27　"属性"面板　　　　图 4-28　绘制西瓜的纹理

（6）在工具栏的"铅笔模式"下拉菜单中选择"平滑"选项，在"属性"面板中将其样式改为"实线"，在椭圆的左边绘制一条曲线，完成整个西瓜的绘制，最终效果如图 4-24 所示。

### 4.3.3　填充放射状渐变色

填充模式为放射渐变时，颜色从中间向周围呈放射状分布，其调节方法与线性填充完全相同。

【例 4-4】　在"颜色"面板中选择"放射状"渐变填充模式，编辑成由白到紫的渐变色，然后在舞台中绘制一串葡萄，最终效果如图 4-29 所示。

（1）选择工具栏中的椭圆工具 ，在"属性"面板中将其边框线条的颜色设为无。

（2）在"颜色"面板的"类型"下拉列表框中选择"放射状"选项，在下面的颜色条中将左边的 图标设置为白色，将右边的 图标设置为紫色，如图 4-30 所示。

（3）在舞台中绘制一个椭圆，得到一颗葡萄，如图 4-31 所示。

（4）继续在原椭圆的旁边不断绘制大小不同的椭圆，得到一串葡萄，如图 4-32 所示。

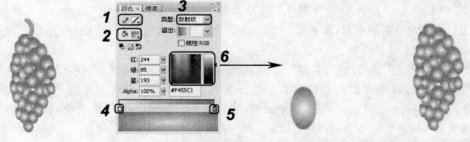

图 4-29　葡萄　　　图 4-30　"颜色"面板　　图 4-31　绘制一颗葡萄　　图 4-32　绘制葡萄串

（5）用铅笔工具在葡萄上方绘制一条弯曲的深绿色曲线，最终效果如图 4-29 所示。

**提示：**

使用"颜色"面板填充颜色时既可以先绘制图形，然后在"颜色"面板中设置颜色；也可以先在"颜色"面板中设置颜色，然后再绘制图形。

### 4.3.4　填充位图

在 Flash CS3 中，除了可以填充颜色外，还可以将位图填充到区域中。当文档的"库"面板中有外部导入的位图文件时，在"类型"下拉列表框中选择"位图"选项，将把导入的位图文件作为用于填充的位图。

**提示：**

> 如果"库"面板中没有事先导入的位图，选择"位图"选项时，将打开"导入到库"对话框，要求用户导入一张位图来填充图形。

填充位图的方法为：首先将要填充的位图导入到舞台中，然后在"颜色"面板的"类型"下拉列表框中选择"位图"选项，如图 4-33 所示。其中包括了以前曾经导入过的图片，在其中选择一张位图，然后在舞台中绘制矢量图形，其内部将会自动填充选择的位图，如图 4-34 所示。

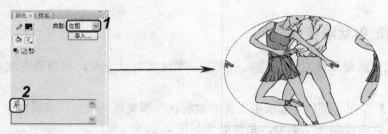

图 4-33　位图"颜色"面板　　　　　　图 4-34　用位图填充图形

### 4.3.5　应用举例——绘制光晕效果

利用"颜色"面板可以制作很多特殊的效果。下面以制作如图 4-35 所示台灯的淡黄色光晕效果为例，介绍利用"颜色"面板制作光晕效果的方法。

操作步骤如下：

（1）将舞台背景颜色设置为黑色，选择"文件/导入/导入到舞台"命令，导入"台灯.ai"图片（立体化教学:\实例素材\第 4 章\台灯.ai），导入时设置为"单一 Flash"图层，如图 4-36 所示。

（2）在"颜色"面板的"类型"下拉列表框中选择"放射状"选项，选中左边的滑块 ⬠，再单击 ■ 按钮，在弹出的颜色列表中选择黄色，将右边的滑块设为黄色。

（3）选中右边的滑块，单击 Alpha 选项后面的 ⌄ 按钮，将右边滑块向下拖动，直到 Alpha 值变为 0%为止，如图 4-37 所示。

  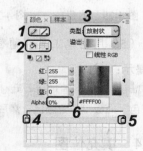

图 4-35　最终效果　　　　　　　图 4-36　台灯　　　　　　　图 4-37　调整色彩

（4）选择椭圆工具 ⬭，将笔触颜色设为无，在舞台空白处绘制一个适当大小的圆形，然后将台灯移动到圆形上，即可看到制作的光晕效果，最终效果如图 4-35 所示（立体化教学:\源文件\第 4 章\绘制光晕效果.jpg）。

# 4.4　用渐变变形工具编辑颜色

渐变变形工具📧是为了使填充的渐变色彩更丰富而设置的，利用该工具可以对所填颜色的范围、方向和角度等进行设置，以获得丰富的特殊效果。

渐变色彩可以分为线性渐变和放射状渐变两种，对于不同的渐变方式，渐变变形工具📧有不同的处理方法。

## 4.4.1　调整线性渐变的颜色

使用渐变变形工具可以对线性渐变色彩的填充方向、渐变色中各纯色之间的距离以及填充位置等进行设置。

用渐变变形工具调整线性渐变颜色的方法为：选中渐变变形工具后，在选中填充了线性渐变色彩的填充色块周围将出现两个控制手柄、一个旋转中心和两条青色的竖线，如图 4-38 所示。其中，旋转圆形的控制手柄可以改变渐变色彩的方向（如图 4-39 所示）；拖动方形的控制手柄可以控制两条线之间的距离，以调整各种颜色间的距离；拖动旋转中心可以改变色彩的位置。

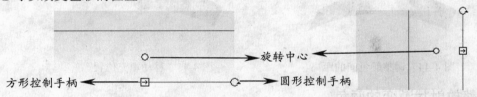

图 4-38　调整线性渐变　　　　　　　　　　图 4-39　改变渐变色方向

【例 4-5】　绘制彩虹，并在其内部填充红-橙-黄-绿-青-蓝-紫的线性渐变，然后练习使用渐变变形工具调整其色彩。

（1）新建一个文件，选择渐变变形工具📧，在"属性"面板中设置线条为无，再单击🖉▇按钮，在弹出的颜色列表中单击▇▇按钮，如图 4-40 所示。

📢提示：

这里也可在"颜色"面板中设置矩形内部的填充颜色，读者可使用这种方法来巩固"颜色"面板的使用方法。

（2）在舞台中绘制一个线性状态填充的矩形，然后单击任意变形工具中的"扭曲"按钮🖉将矩形进行变形，形成彩虹的形状，得到如图 4-41 所示的效果。

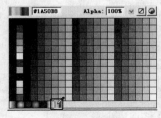 

图 4-40　选择填充颜色　　　　　　　　　　图 4-41　变形后的效果

（3）在工具栏中选择渐变变形工具 🔲，在矩形内部单击，此时图形周围出现两个控制手柄、一个旋转中心和两条竖线。

（4）将鼠标光标移到矩形右侧竖线的圆圈上，光标变成如图 4-42 所示的形状，按住该手柄拖动，颜色的渐变方向也随着手柄的移动而改变，如图 4-43 所示。

图 4-42　将鼠标光标移至圆形控制柄上　　　　图 4-43　旋转渐变方向

（5）将光标移动到小方块上并按住鼠标光标拖动，此时鼠标光标形状为双向箭头。按住鼠标左键左右拖动，当到达适当位置后释放即可调整各种颜色间的距离，效果如图 4-44 所示。

（6）将鼠标光标移动到矩形中心的小圆圈上，此时光标变为 ✛ 形状，按住鼠标左键拖动即可改变渐变色的填充位置，如图 4-45 所示。

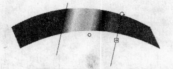

图 4-44　调整颜色间的距离　　　　　图 4-45　移动填充位置

## 4.4.2　调整放射状渐变的颜色

使用渐变变形工具可以对放射状渐变色彩的填充方向、缩放渐变范围及填充位置等进行设置。

用渐变变形工具调整放射状渐变颜色的方法为：选择渐变变形工具后，在选中填充了放射状渐变色彩的填充色块周围将出现两个圆形的控制手柄、一个方形的控制手柄和一个旋转中心，如图 4-46 所示。其中，旋转最下方的圆形控制手柄可以改变渐变色彩的方向；拖动中间的圆形控制手柄可以缩放渐变范围；拖动方形控制手柄可以扩张或收缩填充色彩；拖动旋转中心可以改变填充色彩的位置。

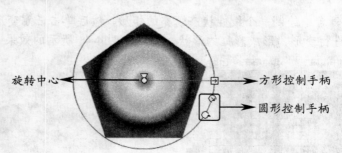

图 4-46　调整放射状渐变色彩

### 4.4.3  应用举例——为图形填充渐变色

下面将绘制一个五边形，并在其内部填充红-橙-黄-绿-青-蓝-紫的放射状渐变，练习使用渐变变形工具调整其色彩的方法。

操作步骤如下：

（1）新建一个文件，选择多边形工具，在"属性"面板中将笔触颜色设置为无，单击 按钮，在弹出的颜色列表中单击 按钮，在"颜色"面板的"类型"下拉列表框中选择"放射状"选项，然后在舞台中绘制出一个无边框的五边形。

（2）在工具栏中选择渐变变形工具，在五边形内部单击鼠标，此时图形周围出现两个圆形的控制手柄、一个方形的控制手柄以及一个旋转中心。

（3）将鼠标光标移到方形控制手柄上，当其变为双向箭头时按住鼠标左键向内拖动，移至适当的位置时释放鼠标，填充的渐变色将向内收紧，效果如图 4-47 所示。

📣**提示：**

如果将方形控制手柄向外拖动，将使渐变色向外扩展，读者可以动手试试。

（4）将鼠标光标移到下面的圆形手柄上，鼠标光标变为形状时，向上方移动鼠标，改变渐变填充色的方向，效果如图 4-48 所示。

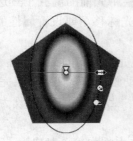
图 4-47  收紧渐变色

图 4-48  改变渐变填充色的方向

（5）将鼠标光标移至中间的圆形控制手柄，当其变为形状时，按住鼠标左键向外拖动扩展颜色渐变范围，效果如图 4-49 所示。

📣**提示：**

如果将中间的圆形控制手柄向内拖动，将使渐变色向内收缩。

（6）将鼠标光标移动到圆心的小圆圈上，当其变为形状时，按住鼠标左键拖动改变渐变色的填充位置，效果如图 4-50 所示。

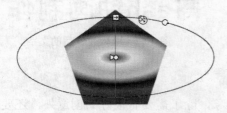
图 4-49  扩展颜色范围

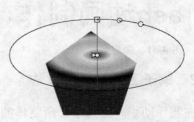
图 4-50  改变渐变色的填充位置

# 4.5　滴管工具和刷子工具

使用滴管工具 ◢ 可以将舞台中已有图形或文字的色彩和线条样式等属性应用于其他对象。使用刷子工具 ◢ 可创建填充区域颜色，并绘制出任意大小、形状和颜色的填充区域。下面将对这两个工具进行详细的讲解。

## 4.5.1　滴管工具的使用方法

使用滴管工具 ◢ 可以将舞台中已有图形或文字的色彩和线条样式等属性应用于其他对象。如果想将两个对象设置成相同的属性，可以只设置一个对象的属性，再用滴管工具将该对象的属性吸取到另一个对象，这样可提高工作效率。

使用滴管工具可以获取以下几种属性：矢量线条的属性、矢量填充色块的属性、位图和文字属性。但滴管工具只能对场景中已打散的矢量图形进行采样，对于组合的对象不能进行吸取颜色操作。

使用滴管工具的方法为：选择滴管工具 ◢ 后，将光标移到源对象的目标位置上（光标此时变为 ◢ 形状），单击鼠标左键吸取属性，此时工具栏中先前的滴管工具选中状态将变成墨水瓶工具选中状态，光标形状变为 ◢，然后将鼠标光标移至要设置属性的其他对象上单击，即可将吸取的属性应用到其他对象上。

【例 4-6】　使用滴管工具将两种字体、字号和颜色完全不同的文字属性设置成完全相同。要求将"基础 实例 上机"的属性设置为和"Flash 动画制作"文字效果完全相同。

（1）新建一个文件，在舞台中输入文字"基础 实例 上机"，并将其设为"楷体、32、深灰色、加粗"。

（2）在舞台的空白区域再次单击鼠标，在出现的文本框中输入"Flash 动画制作"，并将其设为"黑体、50、蓝色、加粗"，如图 4-51 所示。

（3）用选择工具选中"基础 实例 上机"。

（4）选择滴管工具 ◢，将鼠标光标移到"Flash 动画制作"上，当其变为 ◢ 形状时单击鼠标左键，即可将"Flash 动画制作"的文字属性应用到"基础 实例 上机"上，效果如图 4-52 所示。

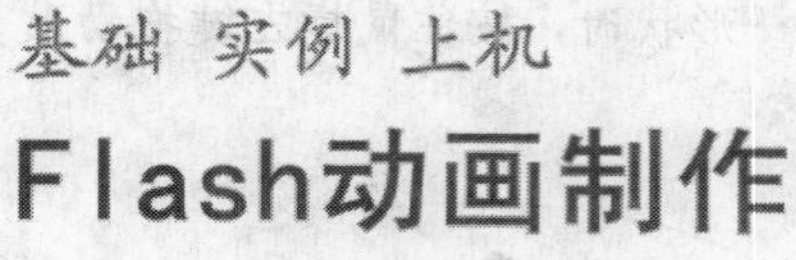

基础 实例 上机

Flash动画制作

图 4-51　吸取属性前的文字

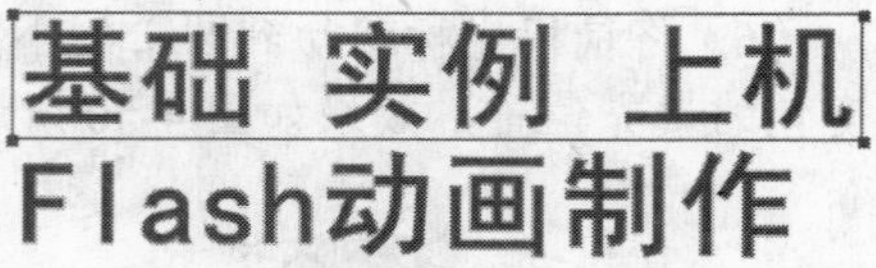

基础 实例 上机

Flash动画制作

图 4-52　吸取属性后的文字

## 4.5.2　刷子工具的使用方法

在制作动画时，为了让所制作的作品生动形象，除了需要有很好的创意外，还要熟练使用 Flash 中的绘图工具。在 Flash 中，刷子工具所绘制的效果具有变化多样、灵活的特点，是为 Flash 动画添加艺术效果的得力工具。

刷子工具 🖌 用于创建填充区域颜色，可以绘制任意大小、形状和颜色的填充区域。选择工具栏中的刷子工具 🖌，工具栏将自动弹出如图 4-53 所示的选项区域。该选项区域中各按钮的作用分别如下。

➥ ⊖：用于对刷子工具的刷子模式进行设置。单击该按钮，弹出如图 4-54 所示的下拉菜单，包含"标准绘画"、"颜料填充"、"后面绘画"、"颜料选择"和"内部绘画" 5 个选项，选择其中所需模式即可。

➥ ●：用于设置刷子工具的刷子大小，单击该按钮，将弹出如图 4-55 所示的下拉列表，选择相应的画笔大小后，即可在场景中进行绘画。

➥ ╱：用于选择刷子工具的刷子形状，单击该按钮，然后在弹出如图 4-56 所示的下拉列表中选择一种笔刷形状即可。

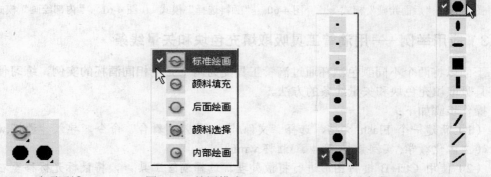

图 4-53　选项区域　　　　图 4-54　绘图模式　　　　图 4-55　刷子大小　　图 4-56　刷子形状

【例 4-7】　使用刷子工具在绘制的图形上运用几种不同的刷子模式。

（1）新建一个文件，在舞台中使用椭圆工具绘制 4 个相交的椭圆。

（2）在工具栏中选择刷子工具，在刷子大小中选择第 4 种刷子，在刷子形状中选择第 1 个圆形刷子。在"属性"面板中将刷子的填充色设置为浅绿色。

（3）在刷子模式中选择"标准绘画"模式，然后使用刷子工具在相交的椭圆中绘画，此时绘制的图形将完全覆盖所经过的矢量图形线段和矢量色块，效果如图 4-57 所示。

（4）取消前面的操作，在刷子模式中选择"颜料填充"模式，然后使用刷子工具在相交的椭圆中绘画，此时绘制的图形将只覆盖矢量色块而不覆盖矢量线段，如图 4-58 所示。

　　　　　　　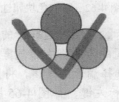

图 4-57　"标准绘画"模式　　　　　　图 4-58　"颜料填充"模式

（5）取消前面的操作，在刷子模式中选择"后面绘画"模式，然后使用刷子工具在相交的椭圆中绘画，此时绘制的图形将从图形的后面穿过，不会对原矢量图形造成影响，如

图 4-59 所示。

（6）取消前面的操作，在刷子模式中选择"颜料选择"模式，在此模式下，只有在选取的矢量色块的填充区域内才适用，绘制后将得到如图 4-60 所示的效果。如果没有选择任何区域，刷子工具将不能直接在矢量图形上进行绘画。

（7）取消前面的操作，在刷子模式中选择"内部绘画"模式，在此模式下，只适合在封闭的区域里填色，并且起点必须在矢量图内部，绘制后将得到如图 4-61 所示的效果。

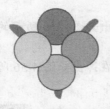  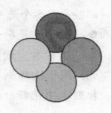

图 4-59 "后面绘画"模式　　图 4-60 "颜料选择"模式　　图 4-61 "内部绘画"模式

### 4.5.3 应用举例——用滴管工具吸取填充色块和矢量线条

下面以将两个不同颜色酒杯通过滴管工具变为两个完全相同酒杯的实例，练习使用滴管工具吸取填充色块和矢量线条的方法。

操作步骤如下：

（1）新建一个 Flash 文档，选择"文件/导入/导入到舞台"命令，导入"酒杯.wmf"图片（立体化教学:\实例素材\第 4 章\酒杯.wmf）。

（2）使用 Ctrl+B 键将图形进行打散处理。选择滴管工具 ，将鼠标光标移至右边酒杯的填充色块上，鼠标光标变为 形状，如图 4-62 所示。

（3）单击目标色块，获取滴管工具所在位置色块的属性，鼠标光标变为 形状。

（4）单击需要填充的区域，这里单击左边酒杯中间的填充色块，效果如图 4-63 所示。

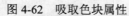

图 4-62 吸取色块属性　　　　　　图 4-63 应用属性到目标位置

（5）将光标 移到左边杯子的其他填充色块单击，将该颜色应用到单击的色块中。

（6）用相同的方法将右边气雾的颜色应用到左边的图片上，效果如图 4-64 所示。

（7）再次选择滴管工具 ，将鼠标光标移至右边酒杯的边框线条上，当鼠标光标变为 形状时单击鼠标左键，如图 4-65 所示。

🔊提示：

选择滴管工具后，将鼠标光标移至不同的地方，其形状也会不同。移到填充色块和打散的位图上时为 ，移到矢量线条上时为 ，移到文字上时为 。

图 4-64 应用气雾的颜色

图 4-65 吸取线条属性

（8）此时鼠标光标自动变为 形状，将鼠标光标移至左边酒杯的边缘上单击，即可将右边酒杯的线条样式应用到左边酒杯上，如图 4-66 所示。

（9）继续单击左边酒杯的其他色块，使所有色块的轮廓线条均变为与右边酒杯相同的样式，最终效果如图 4-67 所示（立体化教学:\源文件\第 4 章\酒杯.fla）。

图 4-66 应用线条属性

图 4-67 最终效果

提示：

用滴管工具吸取位图属性的方法与吸取填充色块和矢量线条的方法相同，需要注意的是，必须先将位图打散后才能吸取位图属性。

# 4.6 上机及项目实训

## 4.6.1 为料理屋 POP 广告填充颜色

本次上机练习为一家名为"味美古屋"的料理屋 POP 广告填充颜色，填色前的效果如图 4-68 所示（立体化教学:\实例素材\第 4 章\填色前效果.fla）。填色后的最终效果如图 4-69 所示（立体化教学:\源文件\第 4 章\填色后效果.fla）。

由于这是个食品类的广告，淡黄色系列容易使人联想到香味可口的食品，设计食品方面的广告多以此为主色调。因此将整个 POP 广告的背景色设为黄色到白色的渐变色（主要通过"颜色"面板来实现），然后用墨水瓶工具为其填充橙色的线条；文字采用红色；左上角的小方块填充为橙色；左下角的叉子填充为由白到黑的放射状渐变，体现不锈钢的效果；为叉柄填充由褐色到白色的线性渐变填充，并通过填充变形工具调整颜色渐变方向；为三角形桌布的 3 个填充区域分别填充白色到褐色的放射状渐变，最后为下部的颜色块填充不同的颜色并为其勾勒出橙色线条。

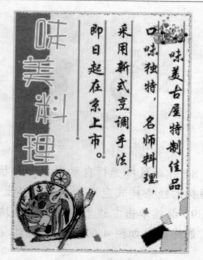

图 4-68　填充颜色前的 POP 广告　　　　　图 4-69　填充颜色后的 POP 广告

操作步骤如下：

（1）打开"填色前效果.fla"文档将其另存为"填色后效果.fla"。选中广告中的图片，按 Ctrl+B 键，将其打散。

（2）选中广告的白色底纹，在"颜色"面板的"类型"下拉列表框中选择"线性"选项，双击左边的 🔲 图标，在弹出的颜色列表中选择黄色；双击颜色条右边的 🔲 图标，在弹出的颜色列表中选择白色，将白色底纹改为黄-白渐变的颜色，如图 4-70 所示。

（3）选择墨水瓶工具 🖋，在"属性"面板中单击 🖋 █ 按钮，在弹出的颜色列表中选择橙色，在 ⌷ 数值框中输入"2"，在"线条样式"下拉列表框中选择第 5 种样式，即点描线，如图 4-71 所示。

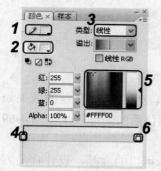

图 4-70　设置黄-白渐变　　　　　　　　图 4-71　轮廓线的设置

（4）将鼠标光标 🖋 移至底纹上单击，然后再单击左上方的填充色块，为底纹周围添加橙色的边框，如图 4-72 所示。

（5）选中左上方的黑色填充色块，在"属性"面板中单击 🔲 █ 按钮，在弹出的颜色列表中选择橙色，如图 4-73 所示，将左上方的色块更改为橙色。

图 4-72　添加边框

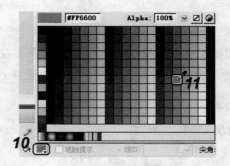

图 4-73　设置填充颜色

（6）按住 Shift 键依次选择右边的几行文字，在"属性"面板中单击■按钮，在弹出的颜色列表中选择红色，如图 4-74 所示。此时文字全部变为红色，如图 4-75 所示。

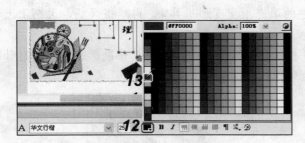

图 4-74　设置文字颜色

图 4-75　设置文字颜色后的效果

（7）选中画面左下角的叉子，在"属性"面板中单击 ♦ ■按钮，在弹出的颜色列表中选择由白到黑的放射状渐变图标■，如图 4-76 所示。设置颜色前后的效果如图 4-77 所示。

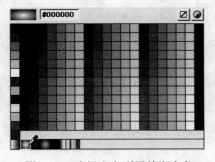

图 4-76　选择由白到黑的渐变色

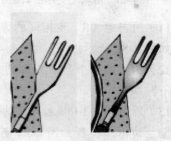

图 4-77　设置颜色前后的效果

✎ 技巧：

在选择叉子的上半部分时可以将舞台的比例放大到200%，这样便于精确选取。填充颜色时也可以在"颜色"面板中进行设置。

（8）选择叉柄，在"颜色"面板的"类型"下拉列表框中选择"线性"选项，双击左边的■图标，将颜色设为白色，双击颜色条右边的■图标，将颜色设为褐色，如图4-78所示。叉柄变为由白到褐色的渐变色，设置颜色前后的效果如图4-79所示。

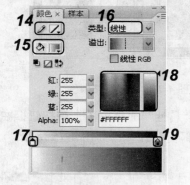

图4-78 选择由白到褐色的渐变色

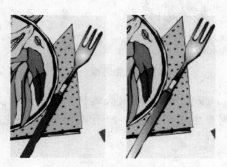

图4-79 设置颜色前后的效果

（9）从图4-79所示的右图可以看出颜色渐变的方法不正确，下面通过渐变变形工具来改变颜色的填充方向。选择工具栏中的填充渐变变形工具，再单击叉柄，叉柄上出现几个控制手柄，如图4-80所示。

（10）将鼠标光标移至圆形控制手柄上，当其变为形状时按住鼠标左键向逆时针方向旋转，当褐色位于叉柄的左方时释放鼠标即可，如图4-81所示。

图4-80 用填充变形工具选中叉柄

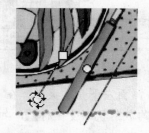

图4-81 调整颜色渐变方向

（11）用与第（8）步相同的方法填充三角形桌布3个填充区域的颜色，其"颜色"面板设置如图4-82所示。

（12）为了使整个画面布局更为美观，再将下部的7个小填充区域分别填充如图4-83所示的不同颜色。

（13）用与第（3）步相同的方法为三角形桌布、左上侧橙色色块、菜肴、小填充区域等添加橙色边框，得到如图4-84所示的效果。

（14）按Ctrl+G键组合更改的图形。选择"文件/保存"命令保存该文档。

图 4-82　设置三角形颜色

图 4-83　填充细部颜色

图 4-84　勾勒细部轮廓线

### 4.6.2　绘制小牛并填充颜色

　　下面将绘制"小牛.fla"图形，并对绘制好的小牛进行填色，最终效果如图 4-85 所示（立体化教学:\源文件\第 4 章\小牛.fla）。

　　本练习可结合立体化教学中的视频演示进行学习（立体化教学:\视频演示\第 4 章\绘制小牛.swf）。主要操作步骤如下：

　　（1）新建一个 Flash 文档，设置其大小为 500×300 像素，背景颜色为浅绿色。

　　（2）使用铅笔工具和椭圆工具等绘图工具绘制如图 4-86 所示的小牛轮廓。

图 4-85　填充颜色后的小牛

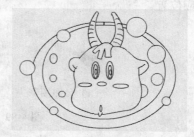

图 4-86　绘制小牛轮廓

　　（3）使用填色工具为小牛的脸部和角填充适当的颜色，然后将多余的线条删除，得到如图 4-87 所示的效果。

　　（4）使用填充工具为小牛周边的装饰物填充适当的颜色，并将周围泡沫的外框颜色更改为浅绿色，将环绕小牛的椭圆外框颜色更改为橘黄色，得到如图 4-85 所示的最终效果。

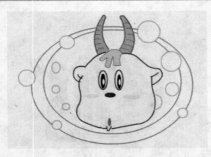

图 4-87　填充小牛脸部和角的颜色

# 4.7　练习与提高

（1）在如图 4-88（a）所示图形的基础上，使用墨水瓶工具改变各填充色块的轮廓线，改变后的效果如图 4-88（b）所示（立体化教学:\源文件\第 4 章\轮廓线.fla）。

提示：轮廓线的颜色均为深蓝色，从内至外各填充色块的轮廓线粗细及样式依次为"2、斑马线"、"3、虚线"、"2、斑马线"、"4、点状线"、"4、点状线"。

（a）改变前　　　　　　　　　　（b）改变后

图 4-88　用黑水瓶工具改变轮廓线

（2）将如图 4-89（a）所示图形中的颜色和边框应用到如图 4-89（b）所示的图形中，使两个图形完全相同（立体化教学:\源文件\第 4 章\箭.fla）。

提示：可以用滴管工具分别吸取图 4-89（a）中的矢量线条和颜色，将其应用到图 4-89（b）中的相应位置。

（a）参照图形　　　　　　　　　（b）源图形

图 4-89　用滴管工具吸取属性

（3）使用钢笔工具、铅笔工具、颜料桶工具和"颜色"面板绘制一个如图 4-90 所示的红苹果（立体化教学:\源文件\第 4 章\红苹果.fla）。

（4）综合使用绘图工具、编辑工具和填色工具绘制如图 4-91 所示的可爱小鼠（立体化教学:\源文件\第 4 章\可爱小鼠.fla）。

提示：本练习可结合立体化教学中的视频演示进行学习（立体化教学:\视频演示\第 4

章\绘制可爱小鼠.swf）。

（5）绘制风筝图形并填充如图 4-92 所示的颜色（立体化教学:\源文件\第 4 章\风筝.fla）。

图 4-90 红苹果

图 4-91 可爱小鼠

图 4-92 风筝

 合理的配色方法

　　把握色彩表达的技巧，归根结底在于协调好色彩的对比与调和关系。自然界中景物的冷暖、明暗、强弱、光影、灰艳等色彩的变化和相互关系，都是有秩序、有节奏并且非常和谐的。由于人们生活在自然中，因此来自自然色调的配合和连续性，就成为人们对色彩的审美习惯。

　　在 Flash 动画的制作过程中，合理的配色可以使 Flash 作品增色不少。下面介绍一些配色原则及方法。

- **同类调和**：同类调和是最基本的调和法则，凡是同类色的配色都很容易达成调和。如红色、鲜红、浅红几种同属红色系的颜色搭配可以达到和谐。
- **近似调和**：近似调和是指在相邻的色相范围内的颜色相搭配能获得色彩调和。与同类调和相比，近似调和除了明度和纯度的变化外，还有小范围的色相变化。如红色和黄色、橙色属于邻近的颜色，它们的搭配使用通常都比较和谐。同类色虽容易达成调和，但掌握不好会显得单调平淡。近似调和有色相的变化，而这种变化只在近似色中产生，不会造成过分的视觉跳跃，因此用近似调和不但可以丰富画面，对治理画面色彩的散乱和把握画面中的非主题对比也比较有效。
- **同一调和**：同一调和就是在相互对立的两色中共同添加某一颜色作为媒介色，来减弱原有色彩的对比强度，达成调和的目的。使用同一调和有可能使互不相容的对比色彩协调到一起。同一调和使色彩调和的范围从同类色、近似色扩展到包括互补色在内的所有色彩。如在强烈刺激的两种色彩之间混入白色，可以使其明度提高，纯度降低，刺激力减弱，混入的白色越多调和感越强。另外，还可以在对比强烈的两种色彩之间加黑色、混入同一原色来调和色彩。
- **面积调和**：面积调和指通过增减对立色各自占有的面积，造成一方面积占较大优势，并以它为主色调来控制画面，达成调和。在同纯度情况下，大面积处于主导地位；在大面积灰色中，小面积的纯色处于主导地位，因为灰色无色相；面积等量时，其纯度差应加大。采用补色时，应用一间色来缓解其冲突，或降低其中一色的纯度，使其处于被引导的地位。

# 第 5 章　动画制作基础

## 学习目标

- ☑ 通过对帧的移动、复制、翻转等基本操作制作"变幻的水果"动画
- ☑ 通过对图层的移动、重命名、隐藏和锁定等基本操作制作"窗外的风景"动画
- ☑ 利用帧和图层的操作知识制作"元宵贺卡"动画
- ☑ 综合利用本章知识制作"霓虹灯"动画

## 目标任务&项目案例

变幻的水果

窗外的风景　　　　　　　　　　　　　元宵贺卡

前面学习了 Flash 动画的基础知识和图形、文字的编辑与修改等内容，在掌握了这些知识后便可开始学习制作各种动画。在制作动画时，帧和图层是最基本的元素，也是学习动画制作的基础。本章将介绍 Flash 动画中帧的作用、类型和操作方法，以及 Flash 中图层的作用、类型和操作方法，是读者掌握动画制作前的必要基础知识。

# 5.1　帧的基本操作

帧是组成 Flash 动画最基本的单位，通过在不同的帧中放置相应的动画元素（如位图、文字、矢量图、应用声音或视频等），完成动画的基本编辑，然后通过对这些帧进行连续的播放，实现 Flash 动画效果。

## 5.1.1　帧的作用和类型

在介绍帧的系列基本操作之前，下面先对帧的作用和类型进行初步了解。

### 1．帧的作用

如每一格电影胶片画面在电影中所起的作用一样，帧在 Flash 动画中也起着类似的作用。帧在动画中可以表现动画画面的内容，并且特定的帧还能够添加帧标签或 Actions 语句，用来对 Flash 动画进行运算和控制。

### 2．帧的类型

在 Flash CS3 中，根据帧的不同功能和含义，可将帧分为空白关键帧、关键帧和普通帧 3 种，如图 5-1 所示。

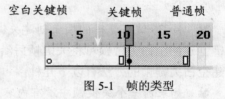

图 5-1　帧的类型

- ↪ **空白关键帧**：在时间轴中以一个空心圆表示（），表示该关键帧中没有任何内容，这种帧主要用于结束前一个关键帧的内容或用于分隔两个相连的补间动画。

- ↪ **关键帧**：在时间轴中以一个黑色实心圆表示（），关键帧是指在动画播放过程中，表现关键性动作或关键性内容变化的帧。关键帧定义了动画的变化环节，一般的动画元素都必须在关键帧中进行编辑。

- ↪ **普通帧**：在时间轴中以一个灰色方块表示（），通常处于关键帧的后方。普通帧只是作为关键帧之间的过渡，用于延长关键帧中动画的播放时间，因此不能对普通帧中的图形进行编辑。一个关键帧后面的普通帧越多，该关键帧的播放时间越长。

**提示：**

> 如果将关键帧中的内容全部删除，就可以将关键帧转换为空白关键帧。同样，如果在空白关键帧中添加内容，就可将空白关键帧转换为关键帧。

## 5.1.2　创建帧

若要对帧进行编辑和操作，首先要了解创建帧的方法。创建普通帧的方法有以下几种：

- ↪ 选择"插入/时间轴/帧"命令，如图 5-2 所示。插入的普通帧中有前一个关键帧的内容。

- ↪ 选择任意帧，单击鼠标右键，在弹出的快捷菜单中选择"插入帧"命令即可，如图 5-3 所示。

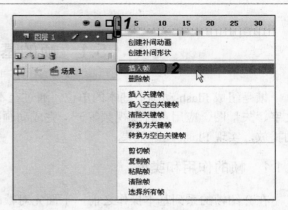

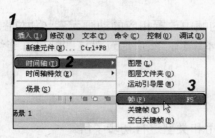

图 5-2 插入普通帧                   图 5-3 快捷菜单

❧ 按 F5 键在选择的帧上创建普通帧。

创建关键帧的方法有以下几种：

❧ 选择"插入/时间轴/关键帧"命令，插入的关键帧中有前一关键帧的内容。

❧ 选择需要创建关键帧的帧，单击鼠标右键，在弹出的快捷菜单中选择"插入关键帧"命令。

❧ 按 F6 键在选择的帧上创建关键帧。

创建的空白关键帧可将关键帧后沿用帧中的内容清除，或对两个补间动画进行分隔。

创建空白关键帧的方法有以下几种：

❧ 如果前一个关键帧中没有内容，直接插入关键帧即可得到空白关键帧。

❧ 如果前一个关键帧中有内容，选择需要创建空白关键帧的帧，然后选择"插入/时间轴/空白关键帧"命令。

❧ 选择需要创建空白关键帧的帧，单击鼠标右键，在弹出的快捷菜单中选择"插入空白关键帧"命令。

❧ 按 F7 键在选择的帧上创建空白关键帧。

### 5.1.3 选择帧

选择帧是对帧进行编辑和操作的前提，在 Flash CS3 中选择帧的方法主要有以下几种。

❧ **选中单个帧**：若要选中单个帧，只需使用鼠标左键在时间轴中单击该帧（如图 5-4 所示）。

❧ **选择不连续的多个帧**：若要选择不连续的多个帧，只需按住 Ctrl 键，然后依次单击要选择的帧（如图 5-5 所示）。

❧ **选择连续的多个帧**：若要选择连续的多个帧，只需按住 Shift 键，然后分别单击连续帧中的第 1 帧和最后一帧（如图 5-6 所示）。

📢提示：

若要选择某个图层中的所有帧，只需在图层区中单击该图层即可。

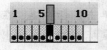

图 5-4　选中单个帧

图 5-5　选择不连续的多个帧

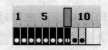

图 5-6　选择连续的多个帧

### 5.1.4　删除帧

在制作动画的过程中，当所创建的帧不需要使用或不符合要求时，可以将其删除。删除帧用于将选中的帧从时间轴中完全清除，执行删除帧操作后，被删除帧后方的帧会自动前移并填补被删除帧所占的位置。其方法是：在时间轴中选中要删除的帧，然后单击鼠标右键，在弹出的快捷菜单中选择"删除帧"命令，如图 5-7 所示。

图 5-7　删除帧

### 5.1.5　清除帧

清除帧用于将选中帧中的所有内容清除，但继续保留该帧在时间轴中所占用的位置。其方法是：在时间轴中选中要清除的帧，然后单击鼠标右键，在弹出的快捷菜单中选择"清除帧"命令。图 5-8 所示为清除帧及其效果。

 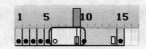

图 5-8　清除帧及其效果

### 5.1.6　移动帧

在 Flash CS3 中移动帧的方法主要有以下几种。

➥ **通过拖动移动帧**：在时间轴中选中要移动的帧，按住鼠标左键将其拖动到要移动到的位置，如图 5-9 所示。

图 5-9　拖动方式移动帧

➡ **利用快捷菜单移动帧**：在时间轴中选中要移动的帧，单击鼠标右键，在弹出的快捷菜单中选择"剪切帧"命令，然后在目标位置单击鼠标右键，在弹出的快捷菜单中选择"粘贴帧"命令。

### 5.1.7 复制帧

在制作动画的过程中，若动画中需要使用多个内容完全相同的帧，为了提高工作效率，可根据需要对已创建的帧直接进行复制。复制帧的方法有以下几种。

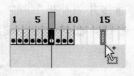

➡ **通过拖动方式复制帧**：在时间轴中选中要复制的帧，按住 Alt 键将其拖动到目标位置，如图 5-10 所示。

➡ **利用快捷菜单复制帧**：在时间轴中选中要复制的帧，单击鼠标右键，在弹出的快捷菜单中选择"复制帧"命令，然后在目标位置单击鼠标右键，在弹出的快捷菜单中选择"粘贴帧"命令。

图 5-10　复制帧

🔔**注意：**

复制帧时，无论复制的是普通帧还是关键帧，复制后的目标帧都为关键帧。

【**例 5-1**】　复制文件中的第 10 帧，再将其粘贴到第 20 帧。

（1）选择要复制的第 10 帧，单击鼠标右键，在弹出的快捷菜单中选择"复制帧"命令，如图 5-11 所示。

（2）在时间轴上用鼠标右键单击需要粘贴帧的目标位置，这里选择第 20 帧，在弹出的快捷菜单中选择"粘贴帧"命令，即可将复制的帧及其内容复制到目标位置第 20 帧中，复制后的帧以关键帧的形式显示，如图 5-12 所示。

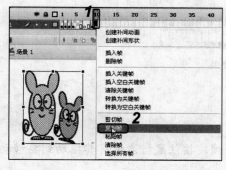

图 5-11　选择并复制帧

图 5-12　粘贴帧

### 5.1.8 翻转帧

使用"翻转帧"命令可以将选中的多个帧的播放顺序进行翻转。

【**例 5-2**】　选中文件中的第 6～20 帧，然后将它们进行翻转。

（1）在时间轴中选择要翻转的第 6～20 帧，如图 5-13 所示。

（2）单击鼠标右键，在弹出的快捷菜单中选择"翻转帧"命令，将选择帧的播放顺序进行翻转，如图 5-14 所示。

图 5-13　执行"翻转帧"命令

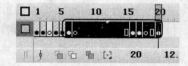

图 5-14　翻转帧的效果

### 5.1.9　添加帧标签

在制作动画的过程中，若需要注释帧的含义、为帧标记或使 Action 脚本能够调用特定的帧，就需要为该帧添加帧标签。其方法是：在时间轴中选中要添加标签的帧，在其"属性"面板的"帧"文本框中输入帧的标签名称，然后在"标签类型"下拉列表框中选择一种标签类型，随后即可为选中的帧添加相应的标签，如图 5-15 所示。

图 5-15　添加帧标签及其效果

### 5.1.10　设置帧的显示状态

帧的默认状态是窄小的单元格，根据需要可以控制单元格的大小和单元格的色彩。其方法是：单击时间轴右上方的"帧视图"按钮，在弹出的下拉菜单中选择所需选项即可控制帧的显示状态。下拉菜单中各命令的含义分别如下。

➥ **"位置"选项**：选择"位置"选项，将弹出如图 5-16 所示的子菜单，在该子菜单中选择相应选项可确定时间轴在文档中的具体位置。例如选择"文档左侧"选项，时间轴将显示在工作区左侧，如图 5-17 所示。

图 5-16　"位置"子菜单

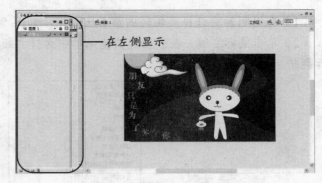

图 5-17　时间轴在文档左侧的效果

❧ "很小"、"小"、"标准"、"中"、"大"和"彩色显示帧"选项："小"
状态可使各帧之间的行距变短，如图 5-18 所示，"大"状态用于显示声音的细节
波形（如图 5-19 所示）。其他选项除"较短"选项更改帧单元格的高度外，其余
选项用于调整帧单元格的宽度。

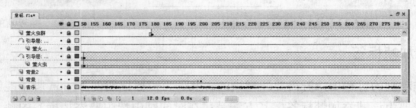

图 5-18　更改行距

图 5-19　显示声音细节波形

❧ "预览"选项：以缩略图的形式显示每一帧的状态，便于浏览和查看动画中形状
的变化，但会占用较多的屏幕空间。图 5-20 所示就是选择"预览"方式后的时间
轴效果。

图 5-20　选择"预览"方式后的效果

❧ "关联预览"选项：可以显示对象在各帧场景中的位置，便于观察对象在整个动
画过程中位置的变化，一般显示的图像比"预览"选项显示的图像小一些。

## 5.1.11　设置帧频

在 Flash 中，将每一秒钟播放的帧数称为帧频。帧频是动画播放的速度，其单位是 fps。默认情况下，Flash CS3 的帧频是 12 帧/秒，即每一秒钟可以播放 12 帧画面。以每秒播放的帧数为度量，帧频太慢会使动画看起来不连贯，帧频太快会使动画的细节变得模糊。设置帧频用于控制动画的播放速度，帧频越大，播放速度越快，帧频越小，播放速度越慢。

设置帧频的方法很简单，只需双击"属性"面板中的 大小 [ 550 x 400 像素 ] 按钮，在打开的"文档属性"对话框的"帧频"文本框中输入新的帧频数值即可。

【例 5-3】　在时间轴中将帧频设置为 26fps。

（1）在时间轴状态栏上双击 **12.0 fps** 图标，如图 5-21 所示。打开如图 5-22 所示的"文档属性"对话框。

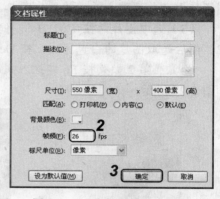

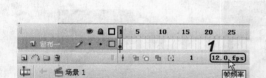

图 5-21　双击图标　　　　　　　　　　　图 5-22　"文档属性"对话框

（2）在"帧频"文本框中可以看到系统默认帧频为 12，在该文本框中输入需要设置的帧频即可改变动画的播放速度，这里输入"26"。

（3）帧频设置完成后单击 [ 确定 ] 按钮，即可看到如图 5-23 所示的更改结果。

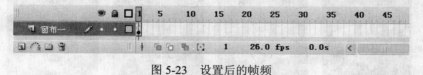

图 5-23　设置后的帧频

## 5.1.12　应用举例——制作变幻的水果

下面以制作一个水果旋转变幻效果为例，介绍利用帧的操作知识制作简单动画效果的方法，最终效果如图 5-24 所示（立体化教学:\源文件\第 5 章\变幻的水果.fla）。

操作步骤如下：

（1）新建一个 Flash 文档，设置舞台大小为 400×400 像素，舞台背景颜色为黑色，并保存为"变幻的水果.fla"。

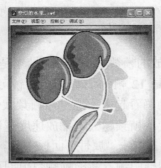

图 5-24  "变幻的水果"最终效果

（2）选择"文件/导入/导入到库"命令，导入"水果.jpg"、"光晕.jpg"图片（立体化教学：\实例素材\第 5 章\水果.jpg、光晕.jpg），将"库"面板中的"水果.jpg"图片拖动到场景中，并调整大小，效果如图 5-25 所示。

（3）选中图片，按 Ctrl+B 键将其打散，并选择套索工具 ，单击选项区域中的 按钮，然后选取图片的白色区域，按 Delete 键将其删除，得到如图 5-26 所示的图形。

（4）在第 2 帧处按 F6 键插入关键帧，使用任意变形工具将图形向逆时针方向旋转，如图 5-27 所示。

图 5-25  导入图片　　　图 5-26  编辑图片　　　图 5-27  旋转图形

（5）使用相同的方法在第 3～8 帧处插入关键帧并旋转。在第 9 帧处按 F7 键插入空白关键帧，选择第 1 帧，将其复制到第 9 帧，完成后的第 3～9 帧的图形如图 5-28 所示。

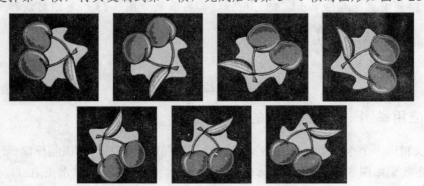

图 5-28  第 3～9 帧的图形

（6）选择第 1～9 帧，单击鼠标右键，在弹出的快捷菜单中选择"复制帧"命令，如图 5-29 所示，再在第 10 帧处单击鼠标右键，在弹出的快捷菜单中选择"粘贴帧"命令。

此时时间轴如图 5-30 所示。

图 5-29　复制帧　　　　　　　　　　　　　　图 5-30　时间轴显示效果

（7）选择第 10～18 帧，单击鼠标右键，在弹出的快捷菜单中选择"翻转帧"命令，如图 5-31 所示。

（8）双击时间轴下方的**12.0 fps**图标，在打开的"文档属性"对话框中将帧频设置为 15，单击 [　确定　] 按钮，如图 5-32 所示。

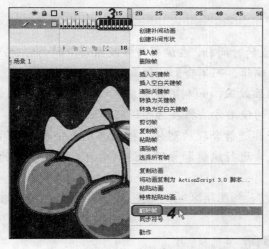

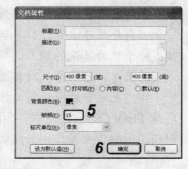

图 5-31　翻转帧　　　　　　　　　　　　　　图 5-32　"文档属性"对话框

（9）单击时间轴左下方的 ◻ 按钮，新建图层 2，将"库"面板中的"光晕.jpg"图片拖动到场景中，并调整大小，效果如图 5-33 所示。

（10）按住鼠标左键将图层 2 拖到图层 1 的下方，如图 5-34 所示。

（11）按 Ctrl+Enter 键测试动画，可以看到水果旋转变幻的动画效果，最终效果如图 5-24 所示。

图 5-33　调整光晕图片

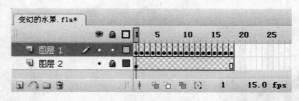

图 5-34　调整图层

# 5.2　图层的基本操作

在 Flash 动画中，图层的作用就像许多透明的胶片，每一张胶片上面可以绘制不同的对象，将这些胶片重叠在一起就能组成一幅完整的画面。位于最上面胶片中的内容，可以遮住下面胶片中相对应位置的内容，但如果上面一张胶片的一些区域没有内容，透过这些区域就可以看到下面一张胶片相同位置的内容。通过调整胶片的上下位置，还可以改变胶片中图形的上下层次关系。

## 5.2.1　图层的作用和类型

在进行图层的基本操作前，先对图层的作用和类型进行了解。

### 1．图层的作用

图层的作用主要有以下几个方面：

➥ 在 Flash CS3 中每个图层都拥有独立的时间轴，在编辑与修改图层中的内容时，可以对单独图层中的对象进行修改与编辑，而不会影响到其他图层中的内容。

➥ 利用特殊的图层可以制作特殊的动画效果，如利用遮罩层可以制作遮罩动画，利用引导层可以制作引导动画，它们的使用方法将在后面进行详细讲解。

➥ 对于较为复杂的动画，用户可以将其进行合理的划分，把动画元素分布在不同的图层中，然后分别对各图层中的元素进行编辑和管理，这样既可以简化繁琐的工作，也可有效地提高工作效率。

启动 Flash CS3，在工作界面的上方可以看到图层区域，如图 5-35 所示。图层区域中各按钮和图标的含义及作用分别如下。

图 5-35　图层区域

➥ ●按钮：该按钮用于隐藏或显示所有图层，单击该按钮即可在隐藏和显示状态之间进行切换。单击该按钮下方的·图标可隐藏·图标对应的图层，图层隐藏后会在该图标的位置上出现 ✕ 图标。

- □按钮：单击该按钮可用图层的线框模式显示所有图层中的内容，单击该按钮下方的■图标，将以线框模式显示■图标对应图层中的内容。

- ▯图标：表示当前图层的属性。图标为▯时表示图层是普通图层；图标为⋮⋮时表示图层是引导层；图标为▨时表示图层是遮罩层；图标为▨时表示图层是被遮罩层。

- ▣按钮：该按钮用于锁定所有图层，防止用户对图层中的对象进行误操作，再次单击该按钮可解锁图层。单击该按钮下方的•图标可锁定该图标对应的图层，锁定后会在•图标的位置出现▣图标。

- 图层 1图标：表示当前图层的名称，双击可对图层名称进行更改。

- ✏图标：表示该图层为正处于编辑状态的当前图层。

- ▯按钮：单击该按钮可新建一个普通图层。

- ⋮按钮：单击该按钮可新建一个引导层。

- ▭按钮：单击该按钮可新建图层文件夹。

- ▯按钮：单击该按钮可删除选中的图层。

**2．图层的类型**

图层主要分为普通图层、引导层、遮罩层和被遮罩层 4 种类型，如图 5-36 所示，各类型的含义与作用分别如下。

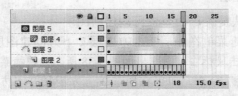

图 5-36　图层类型

- **普通图层**▯：普通图层是 Flash CS3 中最常见的图层，默认情况下，启动 Flash CS3 后，只有一个普通图层，主要用于放置动画中所需的动画元素。

- **引导层**⋮：引导层是 Flash CS3 中的特殊图层之一，在引导层中可绘制作为运动路径的线条，然后在引导层与普通图层建立链接关系，使普通图层中动作补间动画中的对象沿绘制的路径运动。

- **遮罩层**▨：遮罩层是 Flash CS3 中的另一种特殊图层，在遮罩层中用户可绘制任意形状的图形或创建动画，实现特定的遮罩效果。

- **被遮罩层**▨：被遮罩层通常位于遮罩层下方，主要用于放置需要被遮罩层遮罩的图形或动画。

## 5.2.2　新建图层

一个新创建的 Flash 文档，在默认情况下只有一个图层。为了便于在文档中组织图形、动画和其他元素，可添加其他图层。创建的图层不会增加发布的 SWF 文件的大小，只受计算机内存的限制。系统默认的图层为"图层 1"，通过▯按钮、菜单命令或快捷菜单命令可创建新的图层。

**1. 用 ⏹ 按钮创建图层**

单击图层区左下方的 ⏹ 按钮，即可在图层 1 上方新建一个图层，系统将自动命名为"图层 2"，并变为当前图层。

**2. 用菜单命令创建图层**

在 Flash CS3 中使用菜单命令也可创建新图层。

【例 5-4】 利用菜单命令在图层 1 上方创建图层 2。

（1）选中图层 1。

（2）选择"插入/时间轴/图层"命令，即可在图层 1 上方插入一个新图层"图层 2"，且图层 2 变为当前层，如图 5-37 所示。

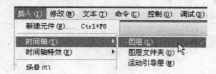

图 5-37　新建"图层 2"

**3. 用快捷菜单创建图层**

在 Flash CS3 中使用快捷菜单命令也可创建新图层。

【例 5-5】 利用快捷菜单在图层 1 上方图层 2 下方创建图层 3。

（1）选中图层 1，单击鼠标右键，弹出如图 5-38 所示的快捷菜单。

（2）选择"插入图层"命令，即可在图层 1 上方图层 2 下方插入一个新图层，且图层 3 变为当前层，如图 5-39 所示。

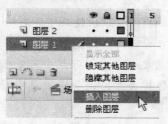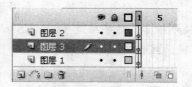

图 5-38　快捷菜单　　　　　　　　　图 5-39　新建"图层 3"

### 5.2.3　删除图层

如果不需要某个图层上的内容，可以删除该图层。删除图层有以下几种方法。

- ➥ **通过 🗑 按钮删除**：选中要删除的图层，然后单击图层区中的 🗑 按钮。
- ➥ **通过菜单命令删除**：选中要删除的图层，单击鼠标右键，在弹出的快捷菜单中选择"删除图层"命令。
- ➥ **通过拖动删除**：选中要删除的图层，按住鼠标左键不放，将其拖动到图层区中的 🗑 图标上，即可将该图层删除。

### 5.2.4　选取图层

在制作动画的过程中，常常需要对图层进行新建、删除、移动、重命名和隐藏等操作，在操作图层之前，首先需要选择图层。选择图层时可以选择单个图层，也可以同时选择多个图层。

选取单个图层的方法有以下几种：

- ➥　单击时间轴中的一个帧格即可选择该帧格所在的图层。
- ➥　在图层区域中单击需要编辑的图层。
- ➥　在场景中选择要编辑的对象即可选中该对象所在的图层。

选取多个图层有以下几种方法：

- ➥　先单击要选择的第一个图层，然后按住 Shift 键，单击要选择的最后一个图层可选择两个图层间的所有图层，如图 5-40 所示。
- ➥　先单击要选取的任意一个图层，然后按住 Ctrl 键，再单击其他需要选择的图层可选取不相邻的多个图层，如图 5-41 所示。

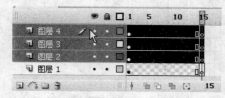　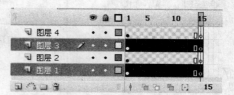

图 5-40　选择相邻的多个图层　　　　图 5-41　选择不相邻的多个图层

### 5.2.5　移动图层

移动图层是指对图层的顺序进行调整，以改变场景中各对象的叠放次序。其方法是：在图层区中选中要移动的图层，按住鼠标左键不放将其拖动到要移动到的新位置，然后释放鼠标左键，如图 5-42 所示。

图 5-42　移动图层及其效果

### 5.2.6　重命名图层

Flash 生成的图层默认的名称为"图层 1"、"图层 2"等，为了易于识别各层放置的内容，可为各图层取一个直观易记的名称，即为图层进行重命名操作。命名图层有两种方法，可以直接为图层命名，也可以在"图层属性"对话框中命名图层。

直接命名是指在时间轴的图层区域中双击要重命名的图层，使其进入编辑状态，然后在文本框中输入新的名称后单击其他图层或按 Enter 键确认即可，如图 5-43 所示。

 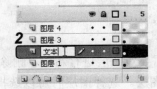 

图 5-43　重命名图层

【例 5-6】　在"图层属性"对话框中将图层 3 重命名为"动画"。

（1）在需要命名的图层 3 中双击图标，打开"图层属性"对话框。

（2）在"名称"文本框中输入新名称"动画"，单击 确定 按钮，如图 5-44 所示。

 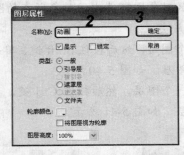 

图 5-44　在"图层属性"对话框中重命名图层

## 5.2.7　图层的隐藏

为了便于在舞台中对当前图层中的内容进行编辑，并防止其他图层中的显示内容对当前图层造成干扰，可将这些暂时不需要进行操作的图层进行隐藏。隐藏图层主要有以下几种方式。

➥　隐藏所有图层：在图层区中单击 👁 按钮，可将动画中的所有图层隐藏，并在所有被隐藏的图层中显示 ✕ 图标，如图 5-45 所示。

➥　隐藏指定图层：在要隐藏的图层中，单击与 👁 按钮对应的 • 图标，即可将该图层隐藏，并将 • 图标显示为 ✕ 图标，如图 5-46 所示。

图 5-45　隐藏所有图层　　　　　　　　　　图 5-46　隐藏指定图层

## 5.2.8　图层的锁定

为了防止对未编辑图层中的内容进行误操作，便于对当前图层中的内容进行编辑，除了隐藏图标，也可将这些图层进行锁定。锁定图层主要有以下几种方式。

➥　锁定所有图层：在图层区中单击 🔒 按钮，即可将动画中的所有图层锁定，并在被锁定图层中显示🔒图标，如图 5-47 所示。

➡ **锁定指定图层**：在要锁定的图层中，单击与🔒按钮对应的•图标，即可将该图层锁定，并将•图标显示为🔒图标，如图 5-48 所示。

图 5-47　锁定所有图层

图 5-48　锁定指定图层

## 5.2.9　图层的显示属性的设置

对图层的显示属性进行设置，可使图层中的内容以正常方式或轮廓方式显示。

在 Flash CS3 中设置图层显示属性的方法是：在要设置为轮廓显示方式的图层中，单击🔳图标，可将该图层以轮廓方式显示（此时🔳图标会显示为☐图标，此时将以灰色的轮廓显示出图层效果，如图 5-49 所示）；若要将图层恢复正常方式显示，只需再次单击☐图标。若要将动画中的所有图层以轮廓方式显示，只需在图层区单击☐按钮。

图 5-49　显示轮廓

## 5.2.10　设置图层属性

除了通过图层区中的相应按钮对图层进行隐藏、锁定和显示属性设置外，在 Flash CS3 中还可通过"图层属性"对话框，对图层的更多属性（如设置图层名称、显示与锁定、图层类型、对象轮廓的颜色以及图层的高度等）进行设置和更改。其设置方法为：选中任意一个图层，单击鼠标右键，在弹出的快捷菜单中选择"属性"命令，如图 5-50 所示，在打开的如图 5-51 所示的"图层属性"对话框中进行相应设置后，单击 确定 按钮即可。

"图层属性"对话框中各选项的作用如下：

➡ 在"名称"文本框中修改图层名称。

➡ 选中☑显示 复选框可显示该图层，取消选中该复选框可隐藏该图层。

➡ 选中☑锁定 复选框可锁定该图层，取消选中该复选框可解锁该图层。

➡ 在"轮廓颜色"选项右侧单击■按钮，在弹出的颜色列表中可以设定该图层中线框模式的线框颜色。

➡ 选中☑将图层视为轮廓复选框可将该图层内容以线框方式显示。

图 5-50　选择命令

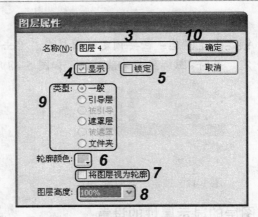

图 5-51　"图层属性"对话框

➡ 在"图层高度"下拉列表框中选取不同的数值可以调整图层区中每个图层的高度。

➡ 在"类型"栏中选中所需的单选按钮可以设置图层的相应属性。各单选按钮的含义分别如下。

    ➣ ⊙一般 单选按钮：选中后可将当前图层设为普通图层。

    ➣ ⊙引导层 单选按钮：选中后可将当前图层设为引导层，图层前将出现一个 ⬃ 图标。

    ➣ ⊙被引导 单选按钮：该单选按钮只有在选中引导图层下方的图层时才可用。选中后可使该图层与引导层建立路径链接关系，成为被引导层，同时引导层的 ⬃ 图标变为 ⬃ 图标。

    ➣ ⊙遮罩层 单选按钮：可将当前图层设定为遮罩层。

    ➣ ⊙被遮罩 单选按钮：该单选按钮只有在选中遮罩层下方图层时才可用。选中后可将该图层与其前面的遮罩层建立链接关系，成为被遮罩层，同时该图层的图标变为 ⬛ 图标。

    ➣ ⊙文件夹 单选按钮：可将普通图层转换为图层文件夹，用于管理图层，其功能与在图层区域单击 ▢ 按钮相同，但选中该单选按钮后，系统将自动弹出如图 5-52 所示的提示框，提示若将此图层更改为文件夹会删除图层的内容，因此应谨慎使用。

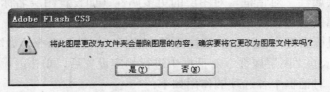

图 5-52　提示框

## 5.2.11　利用图层文件夹管理图层

如果动画中应用了较多的图层，就可利用图层文件夹对动画中的图层进行分类和管理。

【例 5-7】　在"图层属性"对话框中新建"背景"文件夹，并将图层 1 和图层 3 放置在该文件夹下。

（1）选中图层 1，在图层区域单击█按钮，新建一个空白图层文件夹，将其命名为"背景"文件夹，如图 5-53 所示。

（2）选中图层 3，按住鼠标左键不放将其拖动到"背景"文件夹下，释放鼠标左键即可将该图层放置到该图层文件夹中，如图 5-54 所示。

图 5-53　新建文件夹

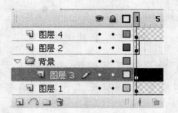

图 5-54　管理图层

**提示：**

若要将图层移出图层文件夹，只需选中该图层，然后按住鼠标左键将其拖动到图层文件夹外即可；在对图层文件夹中的图层进行编辑后，单击▽ 📁按钮可将图层文件夹关闭，以便在图层区域中显示更多的图层。

## 5.2.12　应用举例——制作窗外的风景

下面制作一个名为"窗外的风景"的动画，其最终效果如图 5-55 所示（立体化教学:\源文件\第 5 章\窗外的风景.fla、窗外的风景.swf）。

操作步骤如下：

（1）新建一个 Flash 文档，设置舞台大小为 600×300 像素，背景颜色为深蓝色，并保存为"窗外的风景.fla"。

（2）选择"文件/导入/导入到库"命令，导入"海景.jpg"图片（立体化教学:\实例素材\第 5 章\海景.jpg），将"库"面板中的"海景.jpg"图片拖动到场景中，调整大小，得到如图 5-56 所示的效果。

图 5-55　最终效果

图 5-56　导入图片

（3）在图层区域中单击🗇按钮新建一个图层 2，如图 5-57 所示。

（4）双击图层区域的🗀图层 1图标，使其进入可编辑状态，输入"海景"进行重命名，如图 5-58 所示。

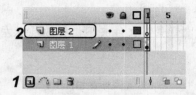

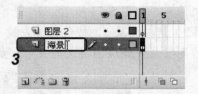

图 5-57　新建图层　　　　　　　　　　　　图 5-58　重命名图层

（5）单击图层区域中 按钮下方"海景"图层对应的 图标，使 图标变为 图标，同时 图标变为 图标，此时"海景"图层被隐藏，不能对该图层进行编辑，如图 5-59 所示。

（6）将图层 2 重命名为"窗子"，并在图层中绘制窗子的图形，如图 5-60 所示。

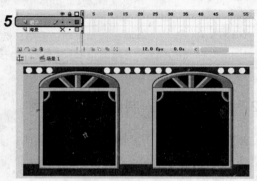

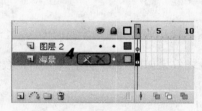

图 5-59　隐藏图层　　　　　　　　　　　　图 5-60　绘制窗子图形

（7）新建图层 3，然后按住鼠标左键不放将其拖动到"窗子"图层下方，如图 5-61 所示。

（8）在"窗子"图层中单击 图标，此时该层以线型方式显示，效果如图 5-62 所示。

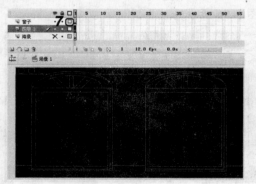

图 5-61　新建并拖动图层　　　　　　　　　图 5-62　线框模式

（9）在图层 3 中绘制如图 5-63 所示的海鸥图形。

（10）分别在"海景"图层、"窗子"图层中单击 图标和 图标，显示这两个图层。

时间轴及其工作区如图 5-64 所示。

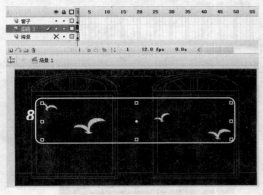

图 5-63　绘制海鸥图形　　　　　　　　　　　图 5-64　显示图层

（11）按 Ctrl+Enter 键测试动画，即可看到窗子风景的画面效果，如图 5-55 所示。

# 5.3　上机及项目实训

## 5.3.1　制作"元宵贺卡"动画

本次上机练习将制作一个带简单动态效果的"元宵贺卡"，最终效果如图 5-65 所示（立体化教学:\源文件\第 5 章\元宵贺卡.fla）。

由于这是个节日贺卡，所以选用了红色与黄色作为主色调来表现喜庆的效果。首先将整个贺卡的背景色设置为不同明度的红色，然后在各图层中制作相应的图形与文字。在制作时应正确运用帧和图层，以提高动画制作的质量与速度。

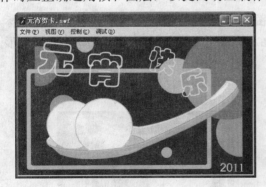

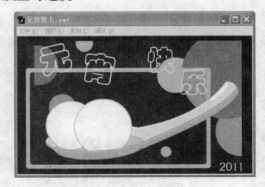

图 5-65　"元宵贺卡"最终效果

操作步骤如下：

（1）新建一个 Flash 文档，设置背景颜色为深红色，大小为 500×300 像素，并命名为"元宵贺卡"，其"属性"面板设置如图 5-66 所示。

（2）双击图层区的  图标，使其进入可编辑状态，输入"背景"，如图 5-67 所示。

图 5-66 "属性"面板

（3）在"背景"图层中选择矩形工具和椭圆工具，绘制如图 5-68 所示的背景图形。

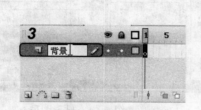

图 5-67 重命名图层

图 5-68 绘制背景图形

（4）新建图层 2，并命名为"勺子"，如图 5-69 所示。单击 ● 图标下方该图层对应的
● 图标，锁定该图层。然后在"勺子"图层中绘制一个如图 5-70 所示的勺子图形。

图 5-69 重命名图层

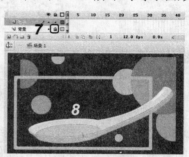

图 5-70 绘制勺子图形并锁定背景图层

（5）新建图层 3，并命名为"汤圆"，如图 5-71 所示。在"勺子"图层中单击 ■ 图标，
此时该图层以线型方式显示，并将其锁定。然后在图层中绘制如图 5-72 所示的两个汤圆图形。

图 5-71 重命名图层

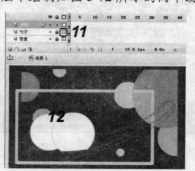

图 5-72 绘制汤圆图形

（6）在"汤圆"图层中单击 ■ 图标，此时该图层以线型方式显示，并将其锁定。新建
图层 4，并命名为"文字"。选择文本工具，在"属性"面板中进行如图 5-73 所示设置，

然后输入"元宵快乐"字样，并在右下角输入字号为 25 的年号，如图 5-74 所示。

图 5-73  设置文本属性

（7）在"背景"图层的第 5 帧处按 F5 键插入普通帧，在"勺子"图层的第 3 帧处按 F6 键插入关键帧，再在第 5 帧处按 F5 键插入普通帧，如图 5-75 所示。

（8）在"汤圆"图层的第 3 帧处按 F6 键插入关键帧，再在第 5 帧处按 F5 键插入普通帧，如图 5-76 所示。

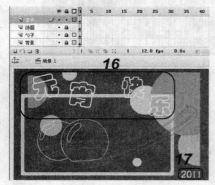

图 5-74  输入文字          图 5-75  "勺子"图层帧操作  图 5-76  "汤圆"图层帧操作

（9）将"文字"图层锁定，再将"勺子"和"汤圆"图层解锁并取消轮廓显示，然后在场景中框选第 3 帧中的勺子和汤圆图形，并向上稍微移动，效果如图 5-77 所示。

（10）将"文字"图层解锁，在第 3 帧处插入关键帧，再在第 5 帧处插入普通帧，将"勺子"和"汤圆"图层锁定，选中第 3 帧中的文字将其进行如图 5-78 所示的变形缩放。

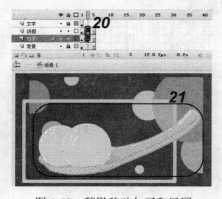

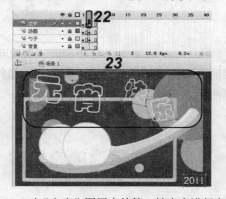

图 5-77  稍微移动勺子和汤圆          图 5-78  对"文字"图层中的第 3 帧内容进行变形

（11）按 Ctrl+Enter 键测试动画，其最终效果如图 5-65 所示。

### 5.3.2 制作"霓虹灯"动画

本实训将应用本章所学的知识，制作一个霓虹灯动画效果，完成后的最终效果如图 5-79 所示（立体化教学:\源文件\第 5 章\霓虹灯.fla）。通过本实训的练习，使读者熟练掌握在 Flash CS3 中对帧和图层进行操作的基本方法和技巧。

图 5-79 "霓虹灯"动画效果

本练习可结合立体化教学中的视频演示进行学习（立体化教学:\视频演示\第 5 章\制作霓虹灯效果.swf）。主要操作步骤如下：

（1）新建一个 Flash 文档，设置背景颜色为黑色，大小为 430×300 像素，将其命名为"霓虹灯"，并导入"店铺.jpg"图片（立体化教学:\实例素材\第 5 章\店铺.jpg）。

（2）利用导入的图片素材制作"夜景"图层，接着在"文字"图层中输入白色文字，并将文字打散。

（3）使用墨水瓶工具为文字添加彩色的边框。

（4）新建"霓虹灯框"图层，将彩色边框剪切到该图层中，在图层中插入适当数量的关键帧，并对帧中的内容进行编辑。完成制作后保存动画。

## 5.4 练习与提高

（1）使用文本工具、椭圆工具和颜料桶工具输入文字和绘制花图形，再使用插入关键帧的方法将各帧中的文字色彩改变，最终效果如图 5-80 所示（立体化教学:\源文件\第 5 章\许愿池的希腊少女.fla）。

图 5-80 "许愿池的希腊少女"动画效果

（2）参照本章学习的帧和层的使用方法，制作一个"晕头转向"的动画（立体化教学:\实例素材\第 5 章\26.jpg），然后对组成该动画的所有帧作"翻转帧"操作，最终效果如图 5-81 所示（立体化教学:\源文件\第 5 章\晕头转向.fla）。

提示：可以将绘制的图形和文字单独放在一个图层中，然后新建一个图层，绘制螺旋图形，再插入关键帧，将各关键帧中的图形进行移动，即可制作出简单的移动效果。

图 5-81  "晕头转向"动画效果

（3）根据本章学习的图层知识，在不同的图层中绘制卡通图像，最终效果如图 5-82 所示（立体化教学:\源文件\第 5 章\小妖精.fla）。

提示：在不同的图层中绘制小妖精的图形，再新建一个图层，将其拖至最底层，在其中绘制不同大小的六角星形。本练习可结合立体化教学中的视频演示进行学习（立体化教学:\视频演示\第 5 章\绘制卡通图像.swf）。

图 5-82  最终效果

 总结帧与图层的应用技巧

帧和图层的应用，是制作 Flash 动画的基础，也是本章学习的重点，读者应通过有针对的练习熟练掌握。

➥ 即使简单的动画也要多加练习，以便早日熟练掌握帧和图层的基本操作。

➥ 对帧进行操作时看是否能用不同的方法进行实际操作，并总结出最简便的方法。

➥ 对于网络上已有的动画源文件，可以将其下载到自己的电脑中，观察其他人对图层的运用，并将好的方法运用到自己的动画作品当中。

# 第 6 章  元件、库和场景

**学习目标**

- ☑ 通过创建与编辑元件的方法制作"公园风标"动画
- ☑ 使用"库"面板制作"家庭影院"动画
- ☑ 通过场景的创建与编辑方法制作"变换场景"动画
- ☑ 综合运用本章所学知识制作"音乐贺卡"动画

**目标任务&项目案例**

公园风标

家庭影院

变换场景

音乐贺卡

　　前面学习了动画图形的绘制方法和动画的制作基础，要想制作出比较复杂的动画，还需要进一步使用 Flash 提供的强大功能来对动画进行设置与制作。本章将介绍场景在动画中的作用和使用方法以及元件、素材和库的概念、设置与使用方法，使读者能综合地应用前面所学知识制作出复杂的动画。

# 6.1　元件的创建与编辑

在制作 Flash 动画的过程中，经常会重复使用一些相同的素材和动画片段。如果总是重复地制作相同的动画和素材，不但会降低工作效率，还会使动画的数据过大，在浏览和上传时容易造成速度过慢等问题。在 Flash CS3 中，使用"元件"可以改善或解决这些问题。下面开始学习元件的概念、类型和创建方法。

## 6.1.1　元件概述和类型

元件实际上就是一个小的动画片段，它是可以在整个文档或其他文档中重复使用的一个小部件，并可以独立于主动画进行播放。

元件是构成动画的基础，可以重复使用。每个元件都有一个单独的时间轴、舞台和图层。Flash 中的元件包括图形元件、影片剪辑元件和按钮元件 3 种类型，下面分别对其进行介绍。

### 1．图形元件

图形元件▣是制作动画的基本元素之一，用于创建可反复使用的图形或连接到主时间轴的动画片段。它可以是静止的图片，也可以是由多个帧组成的动画。

### 2．影片剪辑元件

影片剪辑元件▣是动画的一个组成部分，使用影片剪辑元件能创建可重复使用的动画片段，并可独立播放，拥有独立的多帧时间轴。影片剪辑元件可以被看作是主时间轴内嵌入的时间轴，它们可以包含交互组件、图形、声音或其他影片剪辑实例。当播放主动画时，影片剪辑元件也在循环播放。

📢提示：

> 可以将影片剪辑元件实例放在按钮元件的时间轴内，以此来创建动态按钮。

### 3．按钮元件

按钮元件▣用于创建动画的交互控制按钮，并响应鼠标事件，如滑过、按下或其他动作。按钮元件包括"弹起"、"指针经过"、"按下"和"点击"4 种状态，在按钮元件的不同状态上创建不同的内容，可以使按钮对鼠标操作进行相应的响应。也可以为按钮添加事件的交互动作，使按钮具有交互功能，还可以定义与各种按钮状态关联的图形，然后将动作指定给按钮。

📢提示：

> 图形元件不能添加交互行为和声音控制，而影片剪辑元件和按钮元件可以。

## 6.1.2　创建元件

创建元件时，应先选择要创建的元件类型，而不同类型元件的创建方法是相同的。创建元件的方法有以下几种：

➥ 选择"插入/新建元件"命令或按 Ctrl+F8 键，打开"创建新元件"对话框，如图 6-1 所示。在"名称"文本框中为元件命名，在"类型"栏中选择元件类型，单击 确定 按钮即可新建一个空白元件，然后在元件编辑区中创建元件内容。

➥ 选中需要转换成元件的对象，按 F8 键在打开的"转换为元件"对话框中将场景中的对象转换成元件，如图 6-2 所示。

图 6-1 "创建新元件"对话框

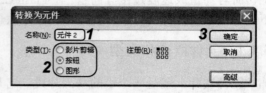

图 6-2 "转换为元件"对话框

➥ 选中需要转换成元件的对象，按住鼠标左键将选取的对象直接拖入"库"面板中，在打开的"转换为元件"对话框中进行设置即可。

➥ 制作好一段动画后，在时间轴中选中所有帧，然后单击鼠标右键，在弹出的快捷菜单中选择"复制帧"命令，如图 6-3 所示。然后按 Ctrl+F8 键打开"创建新元件"对话框，新建一个元件，在元件编辑区的时间轴中单击鼠标右键，在弹出的快捷菜单中选择"粘贴帧"命令，如图 6-4 所示，即可将动画转换成元件。

图 6-3 复制帧

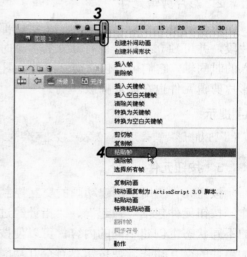

图 6-4 粘贴帧

## 1．创建图形元件

当需要重复使用某个图形时，为了避免每次都重新绘制或导入图形，可以将其创建为图形元件。

【例 6-1】 创建一个名为"小小狗儿"的图形元件。

（1）选择"插入/新建元件"命令，或按 Ctrl+F8 键打开"创建新元件"对话框。

（2）在"名称"文本框中输入要创建的元件名"小小狗儿"，在"类型"栏中选中 ◉图形单选按钮，如图6-5所示。

（3）单击 确定 按钮，即可创建一个名称为"小小狗儿"的图形元件。这时Flash将自动进入图形元件的编辑状态，在元件编辑区的左上方出现一个图形元件图标，如图6-6所示。

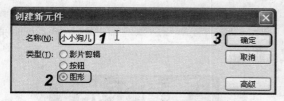

图6-5 "创建新元件"对话框

图6-6 图形元件编辑状态

（4）在图形元件编辑区中编辑导入的位图或绘制需要的图形，即可将导入的位图或绘制的图形作为一个图形元件。

提示：

> 创建图形元件时，除了可以用单独的图形外，还可以用由多个关键帧组成的逐帧动画。创建由多个帧组成的逐帧动画后，选中在场景中包含这个图形元件的图层，在其中添加与图形元件相应的帧即可。在播放时，即可看到这个逐帧动画，否则只能显示图形元件中的第1帧。

### 2．创建按钮元件

按钮元件可响应鼠标事件，用于创建动画的交互控制按钮，如动画中的"开始"按钮、"继续"按钮、"重新播放"按钮和"结束"按钮等都是按钮元件。按钮元件中包括"弹起"、"指针经过"、"按下"和"点击"4个帧，创建按钮元件的过程实际就是编辑这4个帧的过程。

【例6-2】 创建一个名为"重新开始"的按钮元件。

（1）新建一个Flash文档，按Ctrl+F8键打开"创建新元件"对话框。

（2）在"名称"文本框中输入元件的名称"重新开始"，在"类型"栏中选中 ⊙按钮 单选按钮，如图6-7所示。

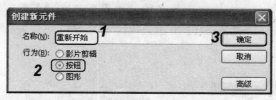

图6-7 "创建新元件"对话框

（3）单击 确定 按钮，进入按钮元件编辑区。元件编辑区的时间轴如图6-8所示。

图6-8 按钮元件编辑区的时间轴

📢 **提示：**

在按钮元件编辑区的时间轴中，第 1 帧是"弹起"状态，表示指针没有经过按钮时该按钮的状态；第 2 帧是"指针经过"状态，表示当指针滑过按钮时该按钮的外观状态；第 3 帧是"按下"状态，表示单击按钮时该按钮的外观状态；第 4 帧是"点击"状态，表示定义响应鼠标单击的区域，此区域在 SWF 文件中不会显示出来。

（4）在"弹起"、"指针经过"、"按下"和"点击"帧中分别绘制如图 6-9 所示的按钮状态图形（注意每一帧中的图形位置应相同）。

图 6-9　"重新开始"按钮的各帧状态

（5）在元件编辑区的左上方单击 ⬜️ 场景 1 图标，回到场景中，按 F11 键打开"库"面板，可以看到创建的"重新开始"按钮元件出现在"库"面板中。

**3．创建影片剪辑元件**

影片剪辑元件可以创建可反复使用的动画片段，且可独立播放。为了减小文件的大小，可将一些重复使用的动画片段放入影片剪辑元件中。

【**例 6-3**】　使用"转换为元件"对话框的方法创建一个名为"水果"的影片剪辑元件。

（1）新建一个 Flash 文档，在工具栏中选择铅笔工具和椭圆工具，然后在场景中绘制水果图形，如图 6-10 所示。

（2）在场景中选中水果图形，按 F8 键打开"转换为元件"对话框。

（3）在"名称"文本框中输入元件名称"水果"，在"类型"栏中选中 ◉影片剪辑 单选按钮，单击 ⬜确定 按钮，如图 6-11 所示。

图 6-10　绘制水果图形　　　　　图 6-11　"转换为元件"对话框

（4）此时在"库"面板中将出现一个名为"水果"的影片剪辑元件，双击该元件图标 🖼️，即可进入如图 6-12 所示的元件编辑区。

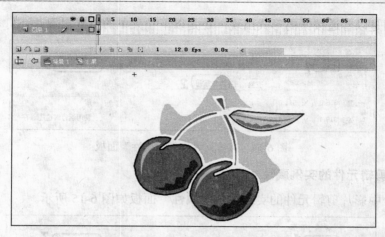

图 6-12　影片剪辑元件编辑区

## 6.1.3　编辑元件

将元件从库中拖放到场景中，称为建立了该元件的一个"实例"或"实例引用"。实例实质上是元件的一个复制品，一个元件可以在舞台中建立多个实例，将元件拖放到场景中后，元件本身仍位于图库中。通过"属性"面板，可以调整实例的亮度、色彩、透明度、实例名称和循环次数等属性，但改变场景中实例的属性，并不会改变库中元件的属性，而改变元件的属性，该元件的所有实例属性都将随之变化。

不同的实例可以进行不同的属性设置，下面分别进行讲解。

### 1．图形元件的实例属性

选择舞台中图形元件的实例，其"属性"面板如图 6-13 所示。在"属性"面板的"第一帧"文本框中可以设置实例中的动画从第几帧开始播放；在 循环 ▼ 下拉列表框中可以选择实例中动画的循环情况，其中各选项的含义分别如下。

图 6-13　图形元件实例"属性"面板

- ➡ 循环：播放方式为无限循环。
- ➡ 播放一次：在舞台中播放一次。
- ➡ 单帧：设置当用户选择实例中的某一帧时，实例中的动画效果无效。

### 2．按钮元件的实例属性

选择舞台中按钮元件的实例，其"属性"面板如图 6-14 所示。在"属性"面板中有一个 当作按钮 ▼ 下拉列表框，其中的选项包括"当作按钮"和"当作菜单项"两个选项，用以定义实例是以普通按钮的形式出现，还是以下拉菜单的形式出现。

图 6-14　按钮元件实例"属性"面板

### 3．影片剪辑元件的实例属性

选择舞台中影片剪辑元件的实例，其"属性"面板如图 6-15 所示。

图 6-15　影片剪辑元件实例"属性"面板

其实，在这 3 种元件实例的"属性"面板中都包括 交换... 按钮、 <实例名称> 文本框和"颜色"下拉列表框，即它们为通用的属性，其含义和作用分别如下。

➥ 在 <实例名称> 文本框中为不同的实例命名。

➥ 单击 交换... 按钮可以打开"交换元件"对话框，如图 6-16 所示。在其中可以改变实例的表现方式，单击对话框中的 按钮，将打开如图 6-17 所示的"直接复制元件"对话框。在对话框中可以为复制的元件重新命名，利用它可以新建一个实例。

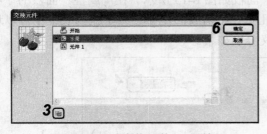

图 6-16　"交换元件"对话框

图 6-17　"直接复制元件"对话框

➥ 在"颜色"下拉列表框中包括 5 个选项（如图 6-18 所示），分别是"无"、"亮度"、"色调"、Alpha 和"高级"选项，各选项的功能分别如下。

　　↳ 无：系统默认的选项为"无"，指对实例不进行任何处理。

🔊提示：

当用户对实例设置的变化效果不满意时，可以选择"无"选项取消设置，然后进行修改。

　　↳ 亮度：调整实例对象的亮度，可以在-100%～100%之间进行取值，值越大，实例对象越亮，直到白色；值越小，实例对象越暗，直到黑色，如图 6-19

所示。

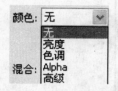

图 6-18 "颜色"列表框　　　　　　　图 6-19 "亮度"选项

⇨ **色调**：调整实例对象的色调，可以在色彩选择框中选择相应的色彩来改变实例对象原来的色调，也可以调整 R、G、B 的数值来改变色相。在色彩选择框右边的 50% 中，可以设置新选择的色彩对实例对象的改变程度。数值越大，改变程度越明显；当数值为 0 时，没有任何改变，如图 6-20 所示。

⇨ **Alpha**：调整实例对象的透明度，可以在 0%～100% 之间进行取值，从而在不透明和完全透明之间进行变化，如图 6-21 所示。

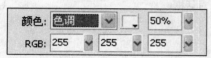

图 6-20 "色调"选项　　　　　　图 6-21 Alpha 选项

⇨ **高级**：对实例对象的色彩、明度和透明度进行综合调整。单击 设置... 按钮，如图 6-22 所示，在打开的"高级效果"对话框中可以根据需要进行详细的设置，如图 6-23 所示。

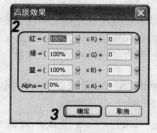

图 6-22 "高级"选项　　　　　　图 6-23 "高级效果"对话框

【**例 6-4**】 在"库"面板中更改元件属性。

（1）在"库"面板中选中要修改属性的元件，然后单击 ⓔ 按钮，打开"元件属性"对话框。

（2）在"名称"文本框中输入元件的新名称，在"类型"栏中选中要更改类型对应的单选按钮。

（3）单击 高级 按钮，将打开"链接"和"源"栏（如图 6-24 所示），在其中可为元件添加链接等高级属性，以便 Action 脚本调用该元件。

（4）单击 编辑(E) 按钮，可直接进入元件的编辑界面对其进行编辑。

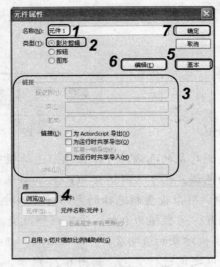

图 6-24    "元件属性"对话框

### 6.1.4    元件的混合模式

在 Flash CS3 中通过为元件使用混合模式，可改变两个或两个以上重叠元件的透明度和相互之间的颜色关系，从而获得特殊的画面效果。在 Flash CS3 中为元件添加混合模式的方法是：在舞台中将要添加混合模式的影片剪辑，放置到要叠加的图形上方（或下方）。选中影片剪辑，在"属性"面板的"混合"下拉列表框中选择一种混合模式即可。

📢 **提示：**

> 可以将影片剪辑元件实例放在按钮元件的时间轴内，以此来创建动态按钮。混合模式只能应用于影片剪辑和按钮元件，对于图形元件、文字、矢量图形和图片则不能应用该模式。另外，若要取消添加的混合模式，只需在"混合"下拉列表框中选择"一般"选项即可。

Flash CS3 共提供了 14 种混合模式（如图 6-25 所示），各模式的具体功能和含义分别如下。

- ❧ **一般**：正常模式，即没有应用混合模式的效果。
- ❧ **图层**：用于层叠各元件，且不影响元件的颜色。
- ❧ **变暗**：用于替换元件中比混合颜色亮的颜色区域，比混合颜色暗的区域不变。
- ❧ **色彩增殖**：用于将叠加对象的颜色混合从而产生较暗的颜色。
- ❧ **变亮**：用于替换比混合颜色暗的像素，比混合颜色亮的像素颜色不变。
- ❧ **萤幕**：用于将混合颜色的反色与基准颜色混色，从而产生漂白颜色效果。

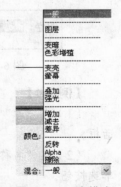

图 6-25    混合模式

- ❧ **叠加**：用于对色彩进行增值或滤色，具体情况取决于对象的基准颜色。
- ❧ **强光**：用于对色彩进行增值或滤色，类似于用点光源照射对象的效果，具体情况取决于对象的混合颜色。

- **增加**：用于将叠加对象中相同的颜色相加，从而产生同一颜色加深的效果。
- **减去**：用于将叠加对象中相同的颜色相减，从而产生除去该颜色后的效果。
- **差异**：用于从对象的基准颜色中减去混合的颜色，或从混合的颜色减去基准颜色，该效果类似于彩色底片，具体情况取决于对象中亮度值较大的颜色。
- **反转**：用于获得对象基准颜色的反色。
- **Alpha**：用于为对象应用透明效果。
- **擦除**：用于删除对象中所有基准颜色像素，包括背景图像中的基准颜色像素。

## 6.1.5 应用举例——制作"公园风标"动画

下面将制作一个名为"公园风标"的 Flash 动画（立体化教学:\源文件\第 6 章\公园风标.fla），通过实例掌握影片剪辑元件的灵活运用。本例中运用的动作补间动画方法将在第 7 章中介绍，在此读者只需按步骤进行操作即可。

操作步骤如下：

（1）新建文档，设置场景大小为 400×225 像素，背景颜色为白色，帧频为 12fps，并将其保存为"公园风标.fla"。

（2）选择"文件/导入/导入到库"命令，将"公园.jpg"图片（立体化教学:\实例素材\第 6 章\公园.jpg）导入"库"面板中。拖动"库"面板中的"公园.jpg"图片到场景中，缩放其大小得到的效果如图 6-26 所示。

（3）选择"插入/新建元件"命令，在打开的如图 6-27 所示对话框中新建"风标"影片剪辑。

图 6-26 放置背景图片

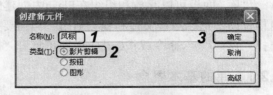

图 6-27 "创建新元件"对话框

（4）在"风标"影片剪辑元件场景中使用绘图工具绘制如图 6-28 所示的风标。

（5）在影片剪辑元件场景的第 80 帧插入关键帧，然后将该帧中的图片进行如图 6-29 所示调整。

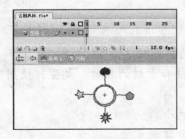

图 6-28 绘制风标

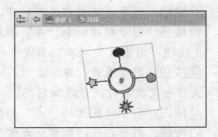

图 6-29 调整第 80 帧中的风标

（6）在影片剪辑元件场景的第 1 帧单击鼠标右键，在弹出的快捷菜单中选择"创建补间动画"命令，其时间轴状态如图 6-30 所示。

图 6-30　时间轴状态

（7）单击■场景 1 图标，返回主场景，然后将"库"面板中的"风标"影片剪辑元件拖动到场景中如图 6-31 所示位置。

（8）按 Ctrl+Enter 键即可看到如图 6-32 所示旋转的风标效果。

图 6-31　放置影片剪辑元件

图 6-32　最终动画效果

# 6.2　库 的 使 用

"库"面板可以存放和组织在 Flash 中创建的各种元件，还可以存储和组织导入的文件，包括位图图形、声音文件和视频剪辑，当需要元件时，直接从库中调用即可。在 Flash 中，选择"窗口/库"命令或按 Ctrl+L 键即可打开"库"面板。

## 6.2.1　库的基本概念

每个 Flash 文件都含有一个元件库，用于存放动画中的元件、图片、声音和视频等文件。由于每个动画使用的素材和元件都不相同，因此"库"面板中的内容也不相同。

在"库"面板中选中一个元件时，在元件库预览窗口中将显示元件的内容，如图 6-33 所示。"库"面板中的各按钮功能及含义分别如下。

➥ 按钮：用于固定当前选定的库。

➥ 按钮：用于新建一个"库"面板。

➥ 按钮：用于改变"库"面板中元件和素材的排列顺序。

➥ 按钮：用于展开"库"面板，以便显示元件和素材的名称、类型、使用次数和最后一次改动时间等详细信息。

➥ 按钮：用于将展开的"库"面板恢复到原大小。

➥ 按钮：用于打开"创建新元件"对话框，创建新元件。

- ▶ ▢按钮：用于在"库"面板中新建文件夹，对元件和素材进行分类和管理。
- ▶ ❶按钮：用于查看选中元件或素材的属性。
- ▶ 🗑按钮：用于删除选中的元件、素材或文件夹。

图 6-33　"库"面板

## 6.2.2　素材简介

在讲解库的基本操作之前，下面先对素材的类型和应用进行介绍。

### 1．Flash CS3 的素材类型

根据素材文件自身的特点及其在 Flash 动画中的用途，可将 Flash CS3 支持的素材文件分为图片素材、声音素材和视频素材三大类。

- ▶ **图片素材**：图片素材主要指利用 Flash CS3 矢量绘制工具无法绘制和创建的位图图片，以及导入到动画中的矢量图形，利用图片素材可以弥补动画在颜色过渡、画面精美程度以及笔触感觉等方面的不足。Flash CS3 支持的图片素材格式主要有 eps、ai、psd、bmp、emf、gif、jpg、png、swf 和 wmf 等。
- ▶ **声音素材**：声音素材是指所有被导入并应用到 Flash 动画中，并为动画提供音效和背景音乐的音频文件。Flash CS3 支持的音频格式主要有 wav、mp3、aif、au、asf 和 wmv 等。
- ▶ **视频素材**：视频素材是指被导入并应用到动画中的各类视频文件，利用视频素材可以为 Flash 动画提供其无法制作的视频播放效果，以增加其表现内容和动画的丰富程度。Flash CS3 支持的视频格式主要有 mov、avi、mpg、mpeg、dv、dvi 和 flv 等。

若计算机中安装了 QuickTime 4 或以上版本，Flash CS3 还将支持 pntg、pct、pci、qtif、sgi、tga 和 tif 等格式的图片素材。

🔊提示：

在 Flash CS3 中，可导入分层的 psd 文件，并可决定需导入的图层和方式，同时保留图层中的样式、蒙版和智能滤镜等内容的可编辑性。对于导入的 ai 文件，则可保留其所有特性，包括精确的颜色、形状、路径和样式等。

### 2. 应用声音素材

导入图片和声音素材的方法很简单，只需选择"文件/导入/导入到库（或导入到舞台）"命令，在弹出的对话框中选择需要的图片和声音素材，然后按照提示进行操作即可。

在 Flash CS3 中对声音素材的应用方法主要有以下几种。

➜ **通过"库"面板应用**：将声音素材导入后，在时间轴中选中需要添加声音的关键帧，然后在"库"面板中选择声音素材，按住鼠标左键将其拖动到场景中，即可将声音素材应用到该关键帧中。

➜ **通过"属性"面板应用**：将声音素材导入后，在时间轴中选择需要添加声音的关键帧，在"属性"面板的"声音"下拉列表框中选择要添加的声音素材（如图 6-34 所示），即可将声音素材应用到选择的关键帧中。

图 6-34　在"属性"面板中调用声音

### 3. 编辑声音素材

在 Flash CS3 中对声音素材的编辑，主要包括编辑音量大小、声音起始位置、声音长度以及声道切换效果等方面。

编辑声音素材的方法是：声音素材应用后，选中声音素材所在的关键帧，然后在"属性"面板中单击 编辑 按钮，打开"编辑封套"对话框，其中可进行如下操作：

➜ 在"编辑封套"对话框中显示了声音的波形，其中位于上方和下方的波形分别代表声音的左右声道，在两个声道波形之间的标尺表示声音的长度，如图 6-35 所示。

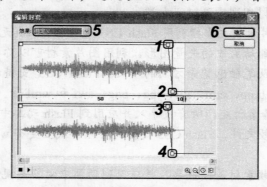

图 6-35　"编辑封套"对话框

🔊**提示：**

> 如果"编辑封套"对话框中的▦按钮为选中状态，则表示声音长度的刻度单位是帧；如果⊙按钮为选中状态，则表示声音长度的刻度是秒。另外，单击⊕和⊖按钮可以放大和缩小显示的刻度，便于用户对声音进行查看和编辑。

➜ 拖动标尺中的滑块可设定声音的起始位置，拖动音量控制线的位置，可以调整左右声道中声音的音量大小（音量控制线的位置越低，该声道的音量越小），通过在音量控制线上单击鼠标左键，增加控制句柄，通过调节句柄位置，对音量的起伏进行更细致的调节。

➼ 若只需对音量大小进行淡入或淡出等编辑，可在"效果"下拉列表框中选择一种音量控制效果，如果选择了特定的音量控制效果，则会将用户自定义的音量控制设置覆盖。

➼ 对声音进行适当编辑后，单击▶按钮可预览编辑效果。若编辑无误，单击 确定 按钮确认对声音的编辑，并关闭"编辑封套"对话框。

### 4. 设置声音的播放属性

在"属性"面板的"同步"下拉列表框中可对声音的播放属性进行设置。其方法是：在"属性"面板的"同步"下拉列表框中选择一种声音的播放方式。"同步"下拉列表框中各选项的功能及含义如下。

➼ **事件**：将声音作为事件处理。当动画播放到声音所在的关键帧时，将声音作为事件音频独立于时间轴播放，即使动画停止了，声音也将继续播放直至播放完毕。

➼ **开始**：当播放到声音所在的关键帧时，开始播放该声音。

➼ **停止**：停止播放指定的声音。

➼ **数据流**：Flash 自动调整动画和音频，使其同步播放，在输出动画时，数据流式音频混合在动画中一起输出。

### 5. 导入视频素材

在 Flash CS3 中导入视频素材与导入其他素材稍微有些不同。下面进行详细讲解。

【例 6-5】　在 Flash CS3 中导入视频素材。

（1）选择"文件/导入/导入视频"命令，打开"导入视频"对话框的"选择视频"页面，如图 6-36 所示，选中 在您的计算机上: 单选按钮后单击 浏览... 按钮。

图 6-36　"选择视频"页面

（2）在打开的"打开"对话框中选择视频素材所在的路径，再选中要导入的视频文件，单击 打开(O) 按钮，返回"选择视频"页面。

（3）此时该页面中列出了视频文件的路径和名称，单击 下一个> 按钮进入"部署"页面，如图 6-37 所示。在该页面中选中相应的单选按钮后，单击 下一个> 按钮，这里选中 在 SWF 中嵌入视频并在时间轴上播放 单选按钮。

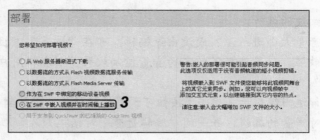

图 6-37 "部署"页面

（4）打开如图 6-38 所示的页面，在"符号类型"下拉列表框中选择"嵌入的视频"选项（主要包括"嵌入的视频"、"影片剪辑"和"图形"3 个选项。选择"嵌入的视频"选项，Flash CS3 会将视频素材作为视频处理，选择"影片剪辑"和"图形"选项，则将视频素材作为元件处理）。在"音频轨道"下拉列表框中选择"集成"选项，然后选中 嵌入整个视频 单选按钮。

📢提示：

> 若不需对视频文件进行编辑，只需在"嵌入"页面中选中"嵌入整个视频"单选按钮即可，此时将跳过"拆分视频"页面中的操作，直接进入"编码"页面。

（5）单击 下一个> 按钮进入如图 6-39 所示的"编码"页面，使用鼠标拖动 ▽ 滑块对视频进行预览。

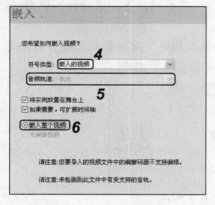

图 6-38 "嵌入"页面

图 6-39 "编码"页面

📢提示：

> 若要将视频素材同时导入到舞台和库中，可在"嵌入"页面中选中 ☑将实例放置在舞台上 复选框。若只将视频素材导入库中，只需取消选中该复选框即可。

（6）若对 Flash CS3 提供的视频编码配置文件不满意，可通过"视频"、"音频"和"裁切与调整大小"选项卡对视频的编码器、品质、音频格式、数据速率以及视频的大小进行设置。设置完成后单击 下一个> 按钮。

（7）在"完成视频导入"页面中单击 完成 按钮，打开如图 6-40 所示的"Flash 视频编码进度"对话框，在该对话框中列出了视频文件路径、编解码器、音频数据速率以及预计处理时间等信息，并显示出当前的视频导入进度。

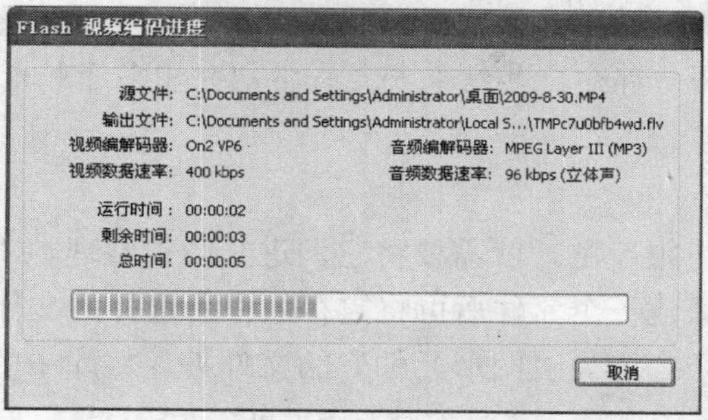

图 6-40　"Flash 视频编码进度"对话框

（8）当进度条完成后，即将视频素材导入到 Flash 中。

在"部署"页面中各视频部署方式的具体功能及含义分别如下。

➡ ○从 Web 服务器渐进式下载　**单选按钮**：使用这种视频部署方式，用户可以首先把视频文件上传到相应的 Web 服务器上，然后通过渐进式的视频传递方式，在 Flash 中使用 HTTP 视频流播放该视频。这种方式需要 Flash Player 7 或更高的播放器版本的支持。

➡ ○以数据流的方式从 Flash 视频数据流服务传输　**单选按钮**：使用这种视频部署方式，用户需要拥有支持 Flash Communication Server 服务的服务商所提供的账户，并将视频上传到该账户中，然后才能使用这种方式配置视频组件并播放视频。这种方式需要 Flash Player 7 以上播放器版本的支持。

➡ ○以数据流的方式从 Flash Media Server 传输　**单选按钮**：使用这种视频部署方式，用户可以将视频上传到托管的 Flash Communication Server 中，该方式自动转换用户导入的视频文件，并配置相应的视频组件以播放视频。这种方式需要 Flash Player 7 或更高的播放器版本的支持。

➡ ○作为在 SWF 中绑定的移动设备视频　**单选按钮**：使用这种视频部署方式，可以将视频导入，并将其作为与 SWF 绑定的移动设备中的视频使用。

➡ ◎在 SWF 中嵌入视频并在时间轴上播放　**单选按钮**：使用这种视频部署方式，可将视频文件嵌入到 Flash 动画中，并使视频与动画的其他元素同步。这种方式会大幅增加文件的大小，通常只应用于短小视频文件。

➡ 用于发布到 QuickTimer 的已链接的 QuickTime 视频　**单选按钮**：这种视频部署方式需要在计算机中安装了 QuickTime 才能应用，并可以将发布到 QuickTimer 的 QuickTime 视频文件链接到 Flash 动画中。

## 6．编辑视频素材

在 Flash CS3 中对视频素材的编辑，主要包括调整视频基本属性和调整视频播放长度两种方式。

➡ **调整视频基本属性**：在 Flash CS3 中利用选择工具和任意变形工具，可对视频在舞台中的位置、大小、倾斜以及旋转等属性进行调整，调整方法与利用任意变形工具调整图片素材的方法类似。

➘ **调整视频播放长度**：如果在动画中只需播放视频的前半部分，可在时间轴中选中超过所需视频长度的所有帧，然后将其删除即可（使用这种方法，无论删除视频所对应帧中的哪一部分，其结果都是去掉视频中多于帧长度的部分）。

### 6.2.3 库的基本操作

如果库中的元件显得很凌乱，就需要将它们进行归类整理。"库"面板中的文件夹可管理元件库中的元件。新建一个元件后可将它存放在所选择的文件夹中。

**【例 6-6】** 新建一个名为"图形元件"的文件夹，将库中的图形元件全部移到该文件夹中。

（1）在"库"面板中单击 📁 按钮新建一个文件夹，在库中会出现一个提示文本框，在文本框中输入新文件夹名称"图形元件"，如图 6-41 所示。

（2）使用鼠标将"酒杯"图形元件拖动到"图形元件"文件夹上方后释放鼠标即可将该元件拖动到文件夹内，用相同的方法拖动其他几个图形元件到该文件夹中，双击"图形元件"文件夹即可看到如图 6-42 所示效果。

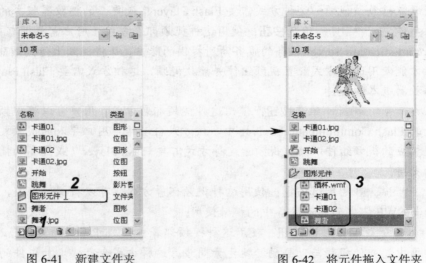

图 6-41　新建文件夹　　　　　　　图 6-42　将元件拖入文件夹

📢提示：

对于动画文档中不再需要的元件、素材和文件夹，选中后单击面板中的 🗑 按钮即可将其删除。

### 6.2.4 公用库的使用

在 Flash CS3 中，对于一些常用的按钮、学习交互和类等项目，可直接通过 Flash CS3 中的公用库调用，而不必自行创建。公用库中的内容都直接嵌入在 Flash CS3 中，即使是新建的空白动画文档，也包含了这些公用库项目，因此在动画制作过程中，如无特殊要求，可尽量使用公用库中的相关项目，避免重复制作，以提高动画制作的效率。Flash CS3 中的公用库主要有学习交互、按钮和类 3 种，通过选择"窗口/公用库"下的相应命令，即可打开相应的公用库（如图 6-43～图 6-45 所示）。

图 6-43 "学习交互"公用库　　图 6-44 "按钮"公用库　　图 6-45 "类"公用库

在公用库中调用项目的方法与在"库"面板中调用素材和元件的方法类似，只需将其拖动到场景中，然后对其进行适当的调整即可。但在公用库中不能执行新建项目、新建文件夹、更改属性以及删除操作。

## 6.2.5 应用举例——制作"家庭影院"动画

下面将利用库中的图片素材和新建的元件，制作"家庭影院"动画，通过本实例掌握库的灵活使用以及制作各种元件的方法与技巧，完成后的最终效果如图 6-46 所示（立体化教学:\源文件\第 6 章\家庭影院.fla）。

图 6-46 家庭影院

操作步骤如下：

（1）新建一个大小为 550×400 像素，背景颜色为白色，帧频为 12fps，名为"家庭影院.fla"的 Flash 文档。

（2）选择"文件/导入/导入到库"命令，分别将"家庭影院.jpg"、"动画短片.avi"

素材（立体化教学:\实例素材\第 6 章\家庭影院.jpg、动画短片.avi）导入到库中。

（3）选择"插入/新建元件"命令，在打开的对话框中进行如图 6-47 所示的设置，单击 确定 按钮。

（4）在"播放"按钮场景的"弹起"帧中选择工具栏中的椭圆工具○，在场景中央绘制一个填充色为浅灰的正圆。

（5）选择多角星形工具，用相同的方法在正圆中央绘制填充色为蓝色的三角形，得到的效果如图 6-48 所示。

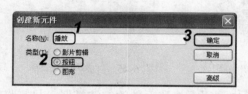

图 6-47 "创建新元件"对话框

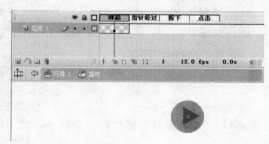

图 6-48 绘制按钮

（6）在"点击"帧上单击鼠标右键，在弹出的快捷菜单中选择"插入帧"命令。

（7）选择"插入/新建元件"命令，打开"创建新元件"对话框，在"名称"文本框中输入"动画"，在"类型"栏中选中◉**影片剪辑** 单选按钮，单击 确定 按钮。

（8）将"库"面板中的 IceClimbing.avi 拖动到"动画"影片剪辑场景中央，此时系统将打开如图 6-49 所示的提示对话框，单击 是 按钮。

（9）在该场景新建图层 2，在该图层第 1 帧中按 F9 键，在打开的"动作-帧"面板中输入如图 6-50 所示脚本语句。

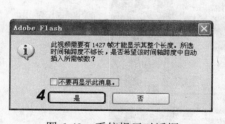

图 6-49 系统提示对话框

图 6-50 输入语句

（10）在该图层第 2 帧中插入普通帧，完成元件的创建。

（11）单击 场景 按钮，返回主场景，将图层 1 命名为"背景"图层。

（12）将"库"面板中的"家庭影院.jpg"图片拖动到场景中央，调整其大小使其覆盖整个场景，得到如图 6-51 所示的效果。

（13）新建"动画"图层，将"库"面板中的"动画"影片剪辑拖动到场景中，调整其大小和位置，得到如图 6-52 所示的效果。

图 6-51　设置背景

图 6-52　放置影片剪辑元件

（14）新建"播放"图层，将"库"面板中的 按钮拖到场景中最下方的位置，得到如图 6-53 所示效果。

（15）在该图层第 1 帧按 F9 键，在打开的"动作-帧"面板中输入如图 6-54 所示脚本语句。

图 6-53　放置按钮元件

图 6-54　输入语句

（16）按 Ctrl+S 键保存该动画，完成本动画的创建，其时间轴状态如图 6-55 所示，按 Ctrl+Enter 键后单击 按钮即可预览创建的动画效果。

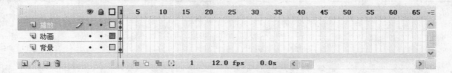

图 6-55　时间轴状态

## 6.3　场景的应用

在制作动画的过程中，可以使用场景来按照主题组织文档。如使用单独的场景来介绍出现的消息以及片头片尾字幕等。如果发布包含多个场景的 Flash 文档时，文档中的场景将按照它们在 Flash 文档"场景"面板中的排列顺序进行播放。文档中的帧都是按场景顺序连续编号的。

## 6.3.1 创建场景

在制作动画的过程中，有时需要换为其他画面作为背景，这时可以创建其他场景。创建新的场景有以下几种方法：

- 选择"窗口/其他面板/场景"命令（或按 Shift+F2 键），打开如图 6-56 所示的"场景"面板，在该面板中单击"添加场景"按钮 ＋ 即可新建一个场景。
- 选择"插入/场景"命令，如图 6-57 所示，可插入新的场景并同时进入其相应场景编辑区。

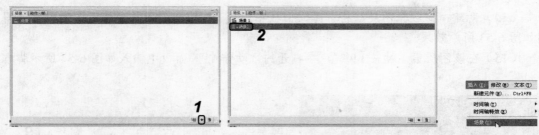

图 6-56　新建场景　　　　　　　　　　　　　　　　图 6-57　插入场景

## 6.3.2 编辑场景

在"场景"面板中可以对创建的场景进行修改或对其属性进行编辑，如删除场景、更改场景名称、重制场景和更改场景在文档中的播放顺序。

- 要更改场景的名称，只需在"场景"面板中双击场景名称，然后输入新的名称即可，如图 6-58 所示。
- 要复制场景，只需先选中要复制的场景，然后单击"场景"面板中的"直接复制场景"按钮 即可，如图 6-59 所示。

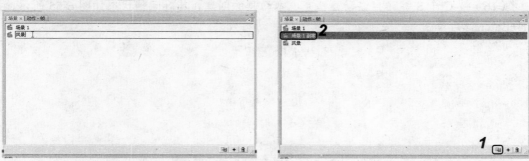

图 6-58　更改场景名称　　　　　　　　　　　　　　图 6-59　复制场景

- 要更改场景在文档中的播放顺序，只需在"场景"面板中将场景拖到不同的位置进行排列，如图 6-60 所示。

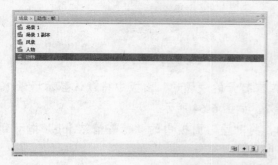 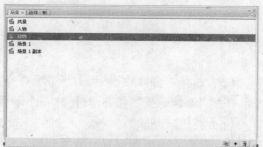

图 6-60 更改场景顺序及其结果

> 如果不需要某个场景，可以选择"窗口/其他面板/场景"命令，打开"场景"面板，选中要删除的场景，再单击"场景"面板中的"删除场景"按钮 回 即可。

### 6.3.3 应用举例——制作变换场景效果

下面制作一个名为"变换场景"的动画，进一步掌握创建新场景并在不同场景间切换的方法。"变换场景"的最终效果如图 6-61 所示（立体化教学:\源文件\第 6 章\变换场景.fla）。

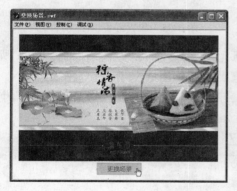 

图 6-61 "变换场景"最终效果

📢 提示：

本例涉及的语句将在后面章节中详细讲解，为了效果的需要，读者只需按步骤进行操作即可。

操作步骤如下：

（1）新建一个 Flash 文档，设置场景大小为 550×400 像素，背景颜色为白色，并命名为"变换场景"。

（2）选择"文件/导入/导入到库"命令，分别将"粽香情浓.jpg"、"粽香情浓 2.jpg"图片（立体化教学:\实例素材\第 6 章\粽香情浓.jpg、粽香情浓 2.jpg）导入到库中。

（3）选择"插入/新建元件"命令，新建一个名为"更换场景"的按钮元件。在该元件编辑区的"弹起"帧使用矩形工具和文本工具绘制出如图 6-62 所示的按钮。

（4）将"弹起"帧复制到"指针经过"帧，选中该帧中的文字，将其颜色更改为红色，如图 6-63 所示。然后在"点击"帧插入空白关键帧。

图 6-62　新建场景　　　　　　　　　　　图 6-63　插入场景

（5）选择"窗口/其他面板/场景"命令，在打开的"场景"面板中将默认显示场景 1，然后单击"添加场景"按钮 **+** 新建一个场景 2，如图 6-64 所示。

（6）关闭"场景"面板，来到主场景 1，将"库"面板中的"粽香情浓.jpg"拖动到场景中，调整其大小和位置，效果如图 6-65 所示。

图 6-64　新建场景 2

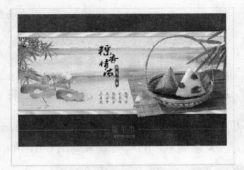

图 6-65　放置粽香情浓图片

（7）将"库"面板中的"更换场景"按钮元件拖动到场景中，并按如图 6-66 所示进行设置，为其增加实例名称 GH，按钮元件放置的位置如图 6-67 所示。

（8）选中图层中的帧，按 F9 键，在打开的"动作-帧"面板中输入如图 6-68 所示的语句。

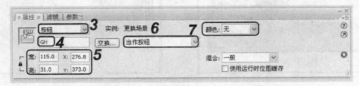

图 6-66　设置场景 1 中的更换场景元件

图 6-67　在 scane1 放置按钮元件

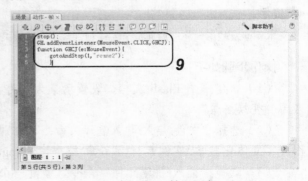

图 6-68　输入语句

（9）在编辑场景下拉列表框中选择"场景 2"选项，如图 6-69 所示，进入场景 2 编辑区。

（10）将"库"面板中的"粽香情浓 2.jpg"图片拖动到场景 2 中，调整其大小和位置，效果如图 6-70 所示。

（11）将"库"面板中的"更换场景"按钮元件拖动到场景 2 中，其放置位置如图 6-71 所示。然后再将该按钮元件进行如图 6-72 所示设置，为其增加实例名称 HF。

图 6-69　选择场景 2　　　图 6-70　放置"粽香情浓 2"图片　　图 6-71　在场景 2 放置按钮元件

图 6-72　设置场景 2 中的"更换场景"按钮元件

（12）选中图层中的帧，再按 F9 键，在打开的"动作-帧"面板中输入如图 6-73 所示的语句。

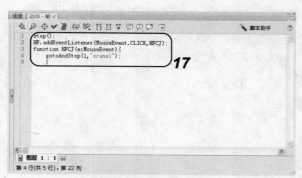

图 6-73　输入语句

（13）按 Ctrl+S 键保存该动画，完成本动画的创建，按 Ctrl+Enter 键后单击 更换场景 按钮即可预览创建的动画效果。

# 6.4　上机及项目实训

## 6.4.1　制作"音乐贺卡"动画

本次上机实训练习制作音乐贺卡，其最终效果如图 6-74 所示（立体化教学:\源文件\第

6 章\音乐贺卡.fla）。

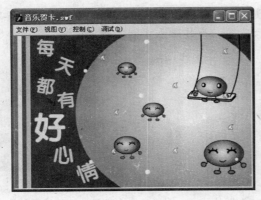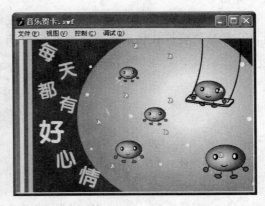

图 6-74 "音乐贺卡"最终效果

操作步骤如下：

（1）新建一个名为"音乐贺卡"的 Flash 动画文档，设置场景大小为 450×300 像素，背景颜色为白色。

（2）选择"文件/导入/导入到库"命令，打开"导入到库"对话框，选择"祝福.wav"音频文件（立体化教学:\实例素材\第 6 章\祝福.wav），如图 6-75 所示。

（3）单击 打开⑩ 按钮，即可将该音频文件导入到"库"面板中备用。

（4）选择"插入/新建元件"命令，新建一个名为"花瓣"的影片剪辑元件。在该元件编辑区第 1 帧使用绘图工具绘制出如图 6-76 所示花瓣。

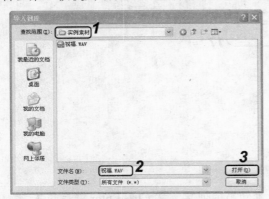

图 6-75 导入文件到库　　　　　　　图 6-76 "花瓣"元件第 1 帧

（5）在该图层第 2 帧插入空白关键帧，使用绘图工具绘制出如图 6-77 所示的花瓣。

（6）用相同的方法创建"秋千"影片剪辑元件，在该影片剪辑编辑区第 1 帧绘制如图 6-78 所示的图形。

（7）分别将第 1 帧复制到第 2～7 帧，稍微调整各帧中图形的位置，创建出秋千左右摇摆的逐帧动画。其中，第 2～7 帧中各图形的形状如图 6-79 所示。

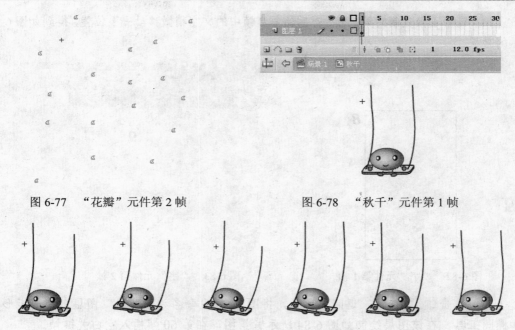

图 6-77　"花瓣"元件第 2 帧　　　　　　　图 6-78　"秋千"元件第 1 帧

图 6-79　"秋千"元件第 2～7 帧图形

（8）用相同的方法创建"笑"影片剪辑元件，在该影片剪辑编辑区第 1 帧绘制笑脸图形。复制第 1 帧到第 2 帧和第 3 帧，并在第 2 帧和第 3 帧分别将眼部进行处理。各帧中图形如图 6-80 所示。

图 6-80　"笑"元件第 1～3 帧图形

（9）用相同的方法创建"字"影片剪辑元件，选择工具栏中的文本工具，然后在"属性"面板中对字体进行如图 6-81 所示设置。

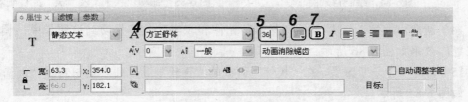

图 6-81　设置字体属性

（10）在"字"影片剪辑元件编辑区输入"每天都有好心情"，然后将"好"字单独选中，将其字体颜色设置为黄色，字号设置为 60 号。选中输入的文字，按两次 Ctrl+B 键将文本进行打散，然后将各字拖动到如图 6-82 所示位置。

（11）将第1帧复制到第2帧，然后将第2帧中的文字稍微移动一下位置，得到如图6-83所示的效果。

图6-82　"字"元件第1帧　　　　　　　　图6-83　"字"元件第2帧

（12）单击 <img>场景1</img> 按钮，返回主场景，将图层 1 重命名为"背景"图层，使用矩形工具和椭圆工具，在该图层绘制如图6-84所示背景图，在第60帧插入空白关键帧。

（13）新建图层 2，将其命名为"动画"，分别拖动1个"秋千"元件和4个"笑"元件放置到图层中，调整其大小和位置，效果如图6-85所示。

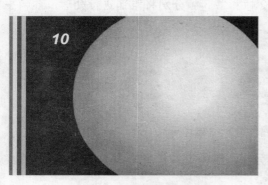

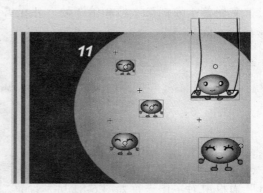

图6-84　绘制背景图　　　　　　　　图6-85　拖动"秋千"及"笑"元件到场景

（14）新建"文本"图层，将"花瓣"元件和"字"元件拖动到该图层中，调整其大小和位置，效果如图6-86所示。

（15）新建"音乐"图层，在"属性"面板的"声音"下拉列表框中选择"祝福.WAV"选项，如图6-87所示。

（16）在"属性"面板中单击 编辑… 按钮，打开"编辑封套"对话框，在"效果"下拉列表框中选择"淡入"选项，如图6-88所示。

（17）将左右声道的第2个控制柄拖至10的位置，使声音淡入到第10帧，如图6-89所示。

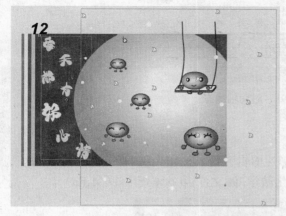

图 6-86 拖动"花瓣"和"字"元件到场景

图 6-87 选择"祝福.WAV"声音文件

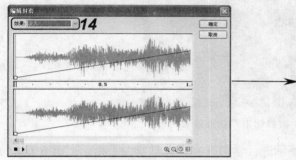

图 6-88 "编辑封套"对话框

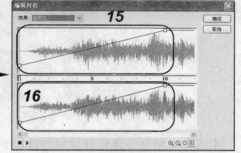

图 6-89 设置控制柄淡入位置

（18）将音频时间轴上的终点游标拖动至 60 的位置，改变音频的终点，使声音的结束位置刚好与动画结束的帧相同，如图 6-90 所示。

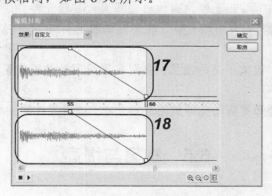

图 6-90 设置音频终点

（19）按住音量控制线拖动，就会出现一个新的控制柄，将左右声道的新控制柄拖至 55 的位置，使声音从第 55 帧淡出。

（20）单击 确定 按钮，完成声音的编辑，时间轴状态如图 6-91 所示。

（21）保存动画后按 Ctrl+Enter 键测试动画，效果如图 6-74 所示。

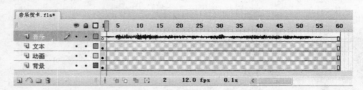

图 6-91　时间轴状态

### 6.4.2　制作"蜜蜂回巢"动画

利用本章所学知识，在场景中制作影片剪辑元件、按钮元件和图形元件，组成"蜜蜂回巢"动画，效果如图 6-92 所示（立体化教学:\源文件\第 6 章\蜜蜂回巢.fla）。

图 6-92　"蜜蜂回巢"动画效果

本练习可结合立体化教学中的视频演示进行学习（立体化教学:\视频演示\第 6 章\蜜蜂回巢.swf）。主要操作步骤如下：

（1）新建一个名为"蜜蜂回巢"的 Flash 动画文档，设置场景大小为 500×300 像素，背景颜色为白色，并导入 pd24.BMP 位图文件（立体化教学:\实例素材\第 6 章\pd24.BMP）。

（2）新建"元件 1"按钮元件，制作出蜜蜂巢穴按钮元件。

（3）新建"元件 2"影片剪辑元件，在影片剪辑元件场景中创建蜜蜂飞行的动作补间动画。

（4）返回主场景，创建不同的图层，分别在不同图层放置背景图片、按钮元件和影片剪辑元件。

（5）拖动另外两个影片剪辑元件到图层场景中，并将元件的大小、颜色进行重新设置。

## 6.5　练习与提高

（1）创建一个名为"水中花"的影片剪辑元件，再将此元件调入场景中，并绘制场景，最终效果如图 6-93 所示（立体化教学:\源文件\第 6 章\水中花.fla）。

提示：在影片剪辑元件中可以先插入关键帧，然后再改变各关键帧图形的位置，可制作出动态效果。

（2）将绘制的"老虎"图形转换为图形元件，然后选取该元件的实例，在"属性"面板的"颜色"下拉列表框中选择"色调"选项，再进行设置，设置前后的效果如图 6-94 所示（立体化教学:\源文件\第 6 章\老虎.fla）。

图 6-93　"水中花"最终效果

图 6-94　图形元件实例设置前后的对比

（3）制作一个名为"视频"的动画，为动画添加内嵌的"拯救心田.MPG"作为背景视频（立体化教学:\实例素材\第 6 章\拯救心田.MPG），最终效果如图 6-95 所示（立体化教学:\源文件\第 6 章\视频.fla）。

图 6-95　"视频"最终效果

经验技巧　收集和整理素材技巧

对于 Flash 动画制作爱好者来说，养成良好的收集整理素材习惯，可以有效地提高动画制作的效率。

➥　在计算机中建立专门的素材库，将下载的图片、音乐、视频素材分门别类整理好。

➥　在不影响动画效果的前提下，最好使用经过压缩的视频文件。

➥　在动画制作过程中，如无特殊要求，可尽量使用公用库中的相关项目，避免重复制作，以提高动画制作的效率。

➥　在库中通过新建不同名称的文件夹，并将不同类型和用途的元件和素材放置到相应的文件夹中，即可对这些元件和素材进行分类管理。

# 第 7 章　制作简单动画

## 学习目标

- ☑ 熟悉动画的几种基本类型
- ☑ 通过对形状补间动画方法的掌握制作"水的涟漪"动画
- ☑ 通过对动作补间动画方法的掌握制作"网页滚动字幕"动画
- ☑ 了解逐帧动画的制作原理并制作"小兔乖乖"和"风吹草动"动画

## 目标任务&项目案例

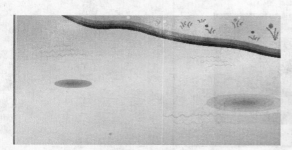

水的涟漪

网页滚动字幕

"小兔乖乖"动画

"风吹草动"动画

在 Flash 中动画的基本类型主要有 3 种，本章将具体讲解几种基本动画的制作方法与技巧。通过学习掌握逐帧动画、形状补间动画和动作补间动画的制作方法，以及了解可控的变形动画的制作方法。

# 7.1 动画的基本类型

在正式学习动画制作之前，首先应了解 Flash 动画的几种基本类型。

## 7.1.1 Flash 动画的基本类型简介

根据动画的生成原理和制作方法，可将 Flash 动画分为逐帧动画和补间动画两种类型。由许多连续的关键帧组成的动画叫逐帧动画，补间动画分为动作补间动画和形状补间动画两种类型。

在逐帧动画的每个关键帧中创建不同的内容，播放动画时，Flash 会一帧一帧地按顺序播放显示每一帧的内容。制作补间动画时，用户只需为动画的第一个关键帧和最后一个关键帧创建内容，在两个关键帧之间的帧内容由 Flash 自动生成。由于动画的生成原理和制作方法不同，动画的表示方法也不同。不同的动画对应的帧表示方式如下。

- **形状补间动画**：各关键帧之间用浅绿色背景的黑色箭头表示。
- **动作补间动画**：各关键帧之间用浅蓝色背景的黑色箭头表示。
- **未产生动画**：指两个关键帧之间的动画没有创建成功，或在创建动画时操作错误。两个关键帧之间是由虚线连接起来的。
- **含动作的动画**：如果为一个关键帧添加了 Actions 语句，则这个关键帧上就会出现小写的 "a" 符号。
- **含帧标签的动画**：为一个关键帧进行命名、标签或注释后，关键帧上有一个小红旗图标，且后面标注有文字。

## 7.1.2 应用举例——分辨并熟悉动画基本类型

下面将练习分辨并熟悉 Flash 动画的几种基本类型。

操作步骤如下：

（1）分辨图 7-1～图 7-3 中时间轴状态都属于什么动画类型，并默记其特征。

图 7-1 动画（一）　　　图 7-2 动画（二）　　　图 7-3 动画（三）

（2）分辨图 7-4 和图 7-5 中时间轴状态属于什么动画类型，并默记其特征。

图 7-4 动画（四）　　　　　　　图 7-5 动画（五）

# 7.2 制作形状补间动画

形状补间动画是指图形形状逐渐发生变化的动画。图形的变形不需要依次绘制，只需确定图形在变形前后的两个关键帧中的画面即可，中间的变化过程由 Flash 自动完成。

**提示：**

形状补间动画只能在打散的图片或文字中进行创建，因此在导入图片后必须先将其打散。

在时间轴中选择要创建补间动画的帧，打开的“属性”面板如图 7-6 所示，其功能介绍如下。

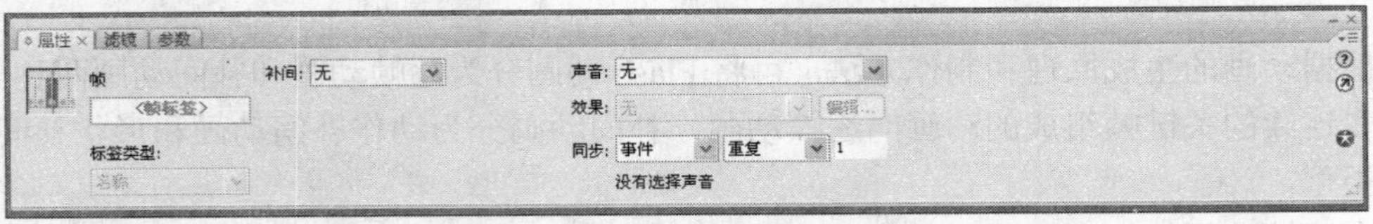


图 7-6 “属性”面板

- 帧：用于输入帧的标签名称。
- “补间”下拉列表框：用于设定补间模式，该下拉列表框中各选项的含义如下。
  - “动画”选项：用于创建动作补间动画。
  - “形状”选项：用于创建形状补间动画。
  - “无”选项：表示不创建动画。

要在两个帧之间创建形状补间动画，首先选中要创建形状补间动画的关键帧，再在“属性”面板的“补间”下拉列表框中选择“形状”选项即可。为 Flash 创建了形状补间动画后，“属性”面板如图 7-7 所示，其各选项作用分别如下。

- 缓动：用于设定对象在变化运动过程中是减速还是加速。单击右侧的按钮，在弹出的滚动条中拖动滑块可设置速度的快慢。正数表示对象运动由快到慢，做减速运动，右侧显示“输出”；负数表示对象运动由慢到快，做加速运动，右侧显示“输入”；默认值为 0，表示对象做匀速运动。
- “混合”下拉列表框：用于设置中间帧形状变化过渡的模式，各模式的含义分别如下。
  - “分布式”模式：使中间帧的形状变化过渡得更加自然。
  - “角形”模式：使中间帧的形状变化保持关键帧上图形的棱角。此模式可用于有尖锐棱角的图形变换，若图形无尖角，Flash 会自动将此模式设为分布式模式。

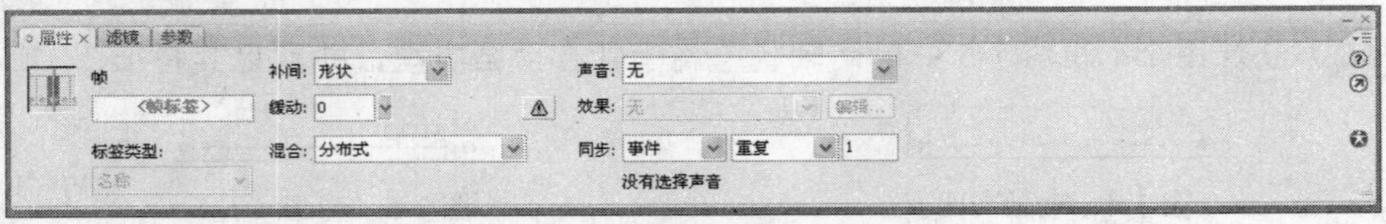


图 7-7 形状补间动画的“属性”面板

**提示：**

形状补间动画的对象是分离的可编辑图形。可以是单个图形，也可以是同一层上的多个图形。若想让多个物体同时进行变形，并且比在同一个层上进行变形的效果好，可将它们放在不同的层上分别变形。

## 7.2.1　制作普通的变形动画

下面讲解制作普通的变形动画的操作方法。

【例 7-1】　制作一个由圆形变成正方形的形状补间动画。

（1）新建一个 Flash 文档，选择椭圆工具 ◎，在场景中绘制如图 7-8 所示黄色圆形。

（2）在第 40 帧插入空白关键帧，然后选择矩形工具 ▭，在场景中绘制如图 7-9 所示绿色正方形。

　　　　图 7-8　绘制黄色圆形　　　　　　　图 7-9　绘制绿色正方形

（3）选择第 1 帧，在"属性"面板的"补间"下拉列表框中选择"形状"选项，其他设置如图 7-10 所示。此时第 1 帧和第 40 帧之间出现绿色背景的箭头，表示已在它们之间创建了形状补间动画。

图 7-10　设置形状补间动画的属性

（4）按 Ctrl+Enter 键测试动画，即可看到圆形变为正方形的变形动画过程。

## 7.2.2　制作可控的变形动画

简单的变形有时不能满足复杂的变形过程，此时可通过可控变形来控制变形动画。可控的变形动画是指通过 Flash 中的形状提示来控制初始图形与最终图形之间的变化过程，使图形之间的变形更加有规律。

形状提示是由实心小圆圈和英文字母组成，英文字母表明物体的部位名称。其中，起始关键帧上的形状提示是黄色的，结束关键帧的形状提示是绿色的，当不在一条曲线上时则为红色。要查看形状提示时，只需要选择"视图/显示形状提示"命令即可。只有包含形状提示的层和关键帧处于活动状态下，"显示形状提示"命令才可用。若不需要形状提示可将形状提示拖到画面以外的任何地方，或将其删除。

【例 7-2】　制作一个六角星形变成圆形的变形动画，效果如图 7-11 所示，并添加形状提示来控制变化过程。

图 7-11　添加形状提示的变形动画效果

（1）新建一个 Flash 文档，选择多角星形工具 ，在"属性"面板中对笔触颜色、填充颜色和尖角等进行设置，然后在第 1 帧中绘制如图 7-12 所示红色六角星形。

（2）在第 30 帧处插入空白关键帧，选择椭圆工具 ，在"属性"面板中进行设置后再在该帧中绘制如图 7-13 所示黄色圆形。

图 7-12　绘制六角星形　　　　　　　　图 7-13　绘制圆形

（3）选择第 1 帧，在"属性"面板的"补间"下拉列表框中选择"形状"选项，在第 1 帧和第 30 帧之间创建形状补间动画，如图 7-14 所示。

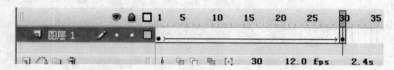

图 7-14　创建形状补间动画

（4）选中第 1 帧中的六角星形，然后选择"修改/形状/添加形状提示"命令，或按 Shift+Ctrl+H 键，可以看到六角星形的中心出现一个显示有英文字母"a"的红色圆圈，即为形状提示，如图 7-15 所示。

（5）将鼠标光标移动到形状提示上，当鼠标光标变为 形状时，按住鼠标左键，可以将形状提示移动到图形上的任意位置，这里将其移到方角星形左上边内陷的顶点上，如图 7-16 所示。

（6）选择第 30 帧，会发现圆形上也出现一个对应的形状提示，将形状提示移动到圆形的下方边缘，这时红色的形状提示变为绿色，如图 7-17 所示。

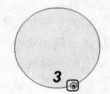

图 7-15　添加形状提示　　　　图 7-16　移动形状提示　　　　图 7-17　移动形状提示

（7）选择第 1 帧，用同样的方法为六角星形添加其他 5 个形状提示，并拖动到相应的位置，如图 7-18 所示。

（8）选择第 30 帧，将圆形中的形状提示拖动到图形的相应位置，如图 7-19 所示。

（9）按 Ctrl+Enter 键测试动画，可看到六角星形变化为圆形的动画如图 7-11 所示。

◀)) 提示：

> 形状提示包含 a～z 字母，用于识别起始形状和结束形状中相对应的点，一个变形动画中最多能添加 26 个形状提示。

图 7-18 添加其他形状提示

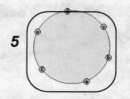

图 7-19 移动形状提示

### 7.2.3 制作色彩变幻动画

色彩变幻动画其实也是形状补间动画，其制作原理和方法与形状补间动画是相同的，只不过它改变的是对象的颜色而已。利用色彩的变化可以制作出许多生动的效果。

**【例 7-3】** 制作一个变色八角星形效果。

（1）新建一个 Flash 文档，选择多角星形工具 ⚹，在"属性"面板中对笔触颜色、填充颜色和尖角等进行设置，然后在场景中绘制如图 7-20 所示紫色八角星图形。

（2）分别在第 5、10、15、20、25 和 30 帧处按 F6 键插入关键帧，然后分别将这些帧中的八角星形填充为钴蓝、蓝绿色、绿色、黄色、橘黄色和深红色。

（3）选中第 1 帧，然后在"属性"面板的"补间"下拉列表框中选择"形状"选项，在第 1 帧与第 5 帧之间创建形状补间动画，如图 7-21 所示。

图 7-20 绘制八角星形

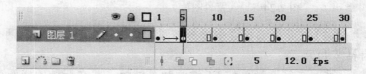

图 7-21 创建形状补间动画

（4）用同样的方法在第 5 帧与第 10 帧、第 10 帧与第 15 帧、第 15 帧与第 20 帧、第 20 帧与第 25 帧、第 25 帧与第 30 帧之间创建形状补间动画，如图 7-22 所示。

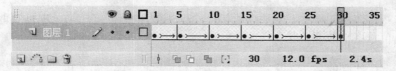

图 7-22 创建形状补间动画

（5）按 Ctrl+Enter 键测试动画，即可看到八角星形颜色变化的效果。

### 7.2.4 应用举例——水的涟漪效果

下面制作简单的变形动画，在画面的水面上出现渐变的涟漪效果，最终效果如图 7-23 所示（立体化教学:\源文件\第 7 章\水的涟漪.fla）。

操作步骤如下：

（1）新建一个 Flash 文档，将场景大小设置为 600×280 像素，保存为"水的涟漪"。

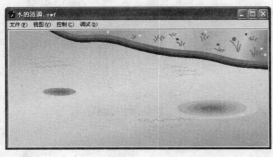 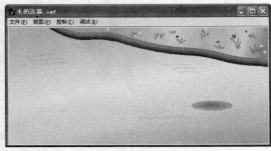

图 7-23 　"水的涟漪"最终效果

（2）选择"文件/导入/导入到舞台"命令，导入"河边.jpg"图片（立体化教学:\实例素材\第 7 章\河边.jpg），将其放于场景中作为背景，如图 7-24 所示。

（3）按 Ctrl+F8 键，新建一个影片剪辑元件，并命名为"涟漪"，如图 7-25 所示。

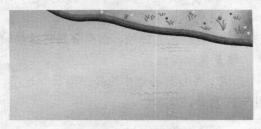 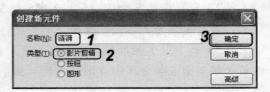

图 7-24 　导入背景图片　　　　　　　　图 7-25 　创建新元件

（4）在元件编辑区中选择椭圆工具 ，在场景中绘制两个同心椭圆图形，并分别填充为钴蓝和天蓝。

（5）在第 5 帧处按 F6 键添加关键帧，并在开始的椭圆外围再绘制一个椭圆，并填充为湖蓝。

（6）用步骤（4）的方法分别在第 8、11、14 和 18 帧处添加关键帧，并绘制椭圆，逐个填充比上一关键帧颜色渐浅的蓝色，各关键帧的图形效果如图 7-26 所示。

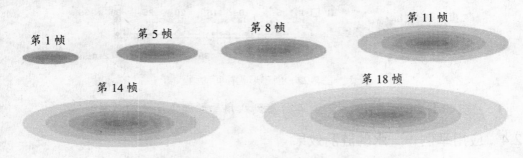

图 7-26 　第 1、5、8、11、14 和 18 帧中的图形效果

（7）选择第 1 帧，在其"属性"面板的"补间"下拉列表框中选择"形状"选项，在第 1 帧和第 5 帧之间创建形状补间动画，如图 7-27 所示。

（8）用同样的方法在第 5、8、11、14 和 18 帧之间创建如图 7-28 所示的形状补间动画。

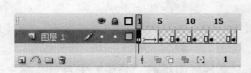

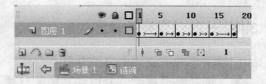

图 7-27 第 1 帧和第 5 帧间的形状补间动画　　　　图 7-28 创建形状补间动画

（9）单击右上方的 <场景 1> 按钮，返回场景中，新建图层 2，将"涟漪"影片剪辑元件拖到场景中如图 7-29 所示位置，并在第 18 帧处按 F5 键插入普通帧。

（10）新建图层 3，在第 9 帧处按 F6 键插入关键帧，将"涟漪"影片剪辑拖入场景如图 7-30 所示位置，并在第 27 帧处按 F5 键插入普通帧。

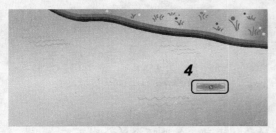

图 7-29 放置图层 2 中的元件　　　　　　　图 7-30 放置图层 3 中的元件

（11）新建图层 4，在第 16 帧处按 F6 键插入关键帧，将"涟漪"影片剪辑拖入场景如图 7-31 所示位置，并在第 34 帧处按 F5 键插入普通帧。

（12）在图层 1 第 34 帧插入普通帧，以延长背景显示时间，其时间轴如图 7-32 所示。

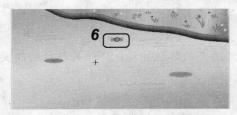

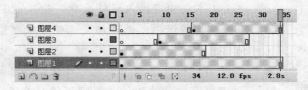

图 7-31 放置图层 4 中元件　　　　　　　　图 7-32 时间轴

（13）按 Ctrl+Enter 键测试动画，即可看到水面上涟漪起伏的变化效果。

## 7.3　制作动作补间动画

要使动画中的对象出现移动、旋转、缩放和颜色渐变等效果，可以制作动作补间动画。在两个关键帧上分别定义不同的属性，如对象的大小、位置及角度等，然后在两个关键帧之间建立一种运动渐变关系，这就是制作动作补间动画的过程。

动作补间动画只适用于文字、位图和实例，若不把被打散的对象转换为元件或组合，就不能产生动作渐变。

### 7.3.1　一般动作补间动画的制作

创建动作补间动画的方法有以下几种：

❧ 选择要创建动作补间动画的关键帧，在"属性"面板的"补间"下拉列表框中选择"动画"选项。

❧ 选择要创建动作补间动画的关键帧，单击鼠标右键，在弹出的快捷菜单中选择"创建补间动画"命令。

动作补间动画的"属性"面板与形状补间动画的"属性"面板类似，如图 7-33 所示，各选项的功能介绍如下。

图 7-33　"属性"面板

❧ "旋转"下拉列表框：用于设定物体的旋转运动，各选项含义分别如下。

 ↳ "无"选项：对象不旋转。

 ↳ "自动"选项：对象以最小的角度进行旋转，直到终点位置。

 ↳ "顺时针"选项：可以设定对象沿顺时针方向旋转到终点位置，在其后的"次"文本框中可输入旋转次数，输入"0"表示不旋转。

 ↳ "逆时针"选项：可以设定对象沿逆时针方向旋转到终点位置，在其后的"次"文本框中可输入旋转次数，输入"0"表示不旋转。

❧ □调整到路径 复选框：选中该复选框可使对象沿设定的路径运动，并随着路径的改变而相应地改变角度。

❧ □同步 复选框：选中该复选框可使动画在场景中首尾连续地循环播放。

❧ □贴紧 复选框：选中该复选框可使对象沿路径运动时自动贴紧路径。

📢提示：

动作补间动画的"属性"面板中的"缓动"下拉列表框与形状补间动画相同选项的含义相同。

【例 7-4】　以制作一个箭头翻转的动画为例，介绍创建动作补间动画的方法。在动画中，箭头和文字不停地旋转，最终效果如图 7-34 所示。

（1）新建一个 Flash 文档，设置场景大小为 450×300 像素，背景颜色为深红色。

（2）在时间轴的图层 1 上选择第 1 帧，选择线条工具 ✏，在场景中绘制一个箭头图形，把各个部分颜色填充为橘黄、中黄、明黄和浅黄色，如图 7-35 所示。

（3）新建图层 2，选择矩形工具，在场景左上方绘制一个草绿色的圆角矩形，再选择文本工具 **A**，在矩形上输入文字"旋转的箭"，并将其字体设置为"浅绿色、黑体、35 号、加粗"，如图 7-36 所示。

（4）选择图层1的第1帧，单击鼠标右键，在弹出的快捷菜单中选择"创建补间动画"命令。

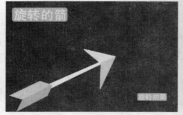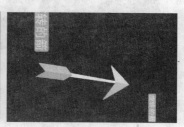

图7-34　最终效果

图7-35　绘制图形

图7-36　输入文字

（5）在同一图层上选择第4帧和第30帧，按F6键插入关键帧，即作为动作补间动画的终点帧，此时在各关键帧之间将会出现浅蓝色背景的黑色箭头，表示已经建立了动作补间动画。

（6）选择第4帧，在"属性"面板的"旋转"下拉列表框中选择"顺时针"选项，在其后设置旋转的次数为3次，并选中□缩放 、□同步 和□贴紧 复选框，如图7-37所示。

图7-37　修改属性

（7）此时第4帧与起始关键帧的状态是相同的，需要调整终点帧的大小、方向、旋转及位置等。选择任意变形工具 ，选取第4帧的对象，将其拖动到场景右上方，并进行倾斜与缩放变形，如图7-38所示。

（8）选择图层2，框选圆角矩形和文字，按F8键，在打开的"转换为元件"对话框中将其转换为影片剪辑元件，并命名为"字"。

（9）在元件编辑区的第5帧处按F6键插入关键帧，选择第1帧，在"属性"面板的"补间"下拉列表框中选择"动画"选项，在"旋转"下拉列表框中选择"顺时针"选项，在其后设置旋转的次数为3次，并选中□同步和□贴紧 复选框，并在第10帧处插入普通帧，这时时间轴如图7-39所示。

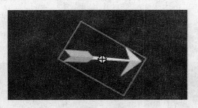

图 7-38　设置终点帧对象的属性

图 7-39　"字"元件的时间轴

（10）返回场景将"字"影片剪辑元件复制一个放在场景右下方，并缩小。

（11）按 Ctrl+Enter 键测试动画，即可看到箭头翻转的变化最终效果。

### 7.3.2　制作有 Alpha 值变化的补间动画

当创建了动作补间动画后，选中任意关键帧，然后选择此关键帧中的对象，其"属性"面板如图 7-40 所示，在"颜色"下拉列表框中选择 Alpha 选项可制作有 Alpha 值变化的补间动画，在右边的 100%. 下拉列表框中输入数值或拉动调节杆可调整对象的透明度。

图 7-40　"属性"面板

【例 7-5】　制作"圣诞彩灯"动画效果，彩灯将由明到暗的不停闪烁，最终效果如图 7-41 所示。

图 7-41　"圣诞彩灯"最终效果

（1）新建一个 Flash 文档，设置场景大小为 400×500 像素，背景颜色为深蓝色。

（2）在时间轴上的图层 1 中选中第 1 帧，选择铅笔工具和颜料桶工具，在场景中间绘制和填充一颗圣诞树的图形，如图 7-42 所示。

（3）新建图层 2，在场景的下方用铅笔工具、椭圆工具和颜料桶工具绘制与填充草地图形，如图 7-43 所示。

（4）新建图层 3，选择椭圆工具，绘制彩灯图形，并填充不同的颜色，然后选择刷子工具为彩灯添加高光，如图 7-44 所示。

图 7-42　绘制圣诞树图形

图 7-43　绘制草地

（5）分别选择图层 1 和图层 2 的第 12 帧，按 F5 键插入普通帧，如图 7-45 所示。

图 7-44　绘制彩灯图形

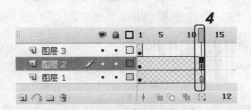

图 7-45　插入普通帧

（6）选择图层 3 的第 1 帧，单击鼠标右键，在弹出的快捷菜单中选择"创建补间动画"命令。

（7）在图层 3 上选择第 5、9 和 12 帧，按 F6 键插入关键帧，这时在各关键帧之间将出现浅蓝色背景的黑色箭头，表示已经建立了动作补间动画，如图 7-46 所示。

（8）选择图层 3 的第 5 帧，然后在场景中选取彩灯，在"属性"面板的"颜色"下拉列表框中选择 Alpha 选项，在其后的数值框中输入数值为 0%，如图 7-47 所示。

图 7-46　创建动作补间动画

图 7-47　设置 Alpha 值

（9）选中图层 3，将第 9 帧对象的 Alpha 值设置为 50%。

（10）按 Ctrl+Enter 键测试动画，即可看到彩灯的闪烁效果。

### 7.3.3　应用举例——网页滚动字幕

下面制作一个名为"网页滚动字幕"的动画，最终效果如图 7-48 所示（立体化教学:\源文件\第 7 章\网页滚动字幕.fla）。

操作步骤如下:

（1）新建一个 Flash 文档，设置场景大小为 500×120 像素，背景颜色为深红色，并保存为"网页滚动字幕"。

图 7-48 "网页滚动字幕"最终效果

（2）选择矩形工具和线条工具，绘制如图 7-49 所示黄色的线框。

（3）新建图层 2，将其拖至图层 1 的下方，用铅笔工具和椭圆工具绘制底纹图形，并填充比背景较深的红色，如图 7-50 所示。

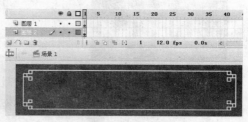

图 7-49 绘制线框　　　　　　　　　　图 7-50 绘制底纹图形

（4）按 Ctrl+F8 键打开"创建新元件"对话框，新建一个名为"春"的图形元件，在图形元件编辑区中分别选择矩形工具和文字工具，绘制与输入如图 7-51 所示图形文字。

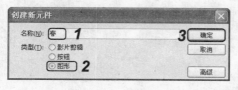

图 7-51 制作"春"图形元件

（5）返回场景为图层 1 和图层 2 的第 30 帧插入普通帧，以延长显示时间，并将其锁定。

（6）选择图层 1，在其上方新建图层 3，将"春"图形元件拖入场景的右方，如图 7-52 所示。

（7）选择图层 3 的第 1 帧，单击鼠标右键，在弹出的快捷菜单中选择"创建补间动画"命令，在第 4 帧插入关键帧，将"春"图形元件拖至场景的左方，如图 7-53 所示。

（8）将第 4 帧复制到第 30 帧。选择图层 3 的第 4 帧，在"属性"面板的"补间"下拉列表中选择"动画"选项，并在"旋转"下拉列表框中选择"顺时针"选项，在后面的数值框中输入旋转次数为 15，如图 7-54 所示。

（9）按 Ctrl+F8 键打开"创建新元件"对话框，新建一个名为"文字"的图形元件，在图形元件编辑区中选择矩形工具和文字工具，绘制与输入如图 7-55 所示图形文字。

图 7-52 拖入场景

图 7-53 创建动作补间动画

图 7-54 设置属性

图 7-55 制作"文字"图形元件

（10）将图层 3 锁定，新建图层 4，将"文字"图形元件拖入场景的右方，如图 7-56 所示。

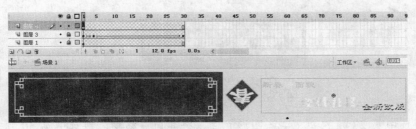

图 7-56 拖入场景

（11）选择图层 4 的第 1 帧，单击鼠标右键，在弹出的快捷菜单中选择"创建补间动画"命令，在第 4、6、8、11、13、15、17、21、25、27 和 30 帧处插入关键帧，将第 4 帧的"文字"图形元件拖至场景的中间，如图 7-57 所示。

（12）选中第 6 帧的"文字"图形元件，将其向左移动，再选中第 8 帧的"文字"图形元件，将其向右移动，效果如图 7-58 所示。

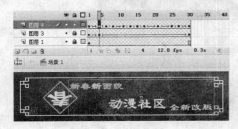

图 7-57 创建动作补间动画

图 7-58 移动元件

（13）选中第 11 帧的"文字"图形元件，将其向中心缩小，再选中第 13 帧的"文字"图形元件，将其放大。

（14）用同样的方法，选中第 15 帧的"文字"图形元件，也将其向中心缩小，如图 7-59 所示。再选中第 17 帧的"文字"图形元件，将其放大，如图 7-60 所示。

图 7-59　缩小"文字"图形元件

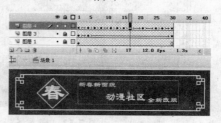

图 7-60　放大"文字"图形元件

（15）选中第 21 帧的"文字"图形元件，将其放大，选中后将其"属性"面板中的 Alpha 选项设置为 0%，效果如图 7-61 所示。再选中第 25 帧的"文字"图形元件，将其缩小到与第 4 帧相同大小。

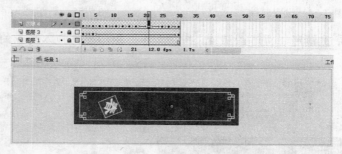

图 7-61　设置 Alpha 数值后的效果

（16）选中第 27 帧的"文字"图形元件，将其向右移动；再选中第 30 帧的"文字"图形元件，将其拖移至场景左方，如图 7-62 所示。

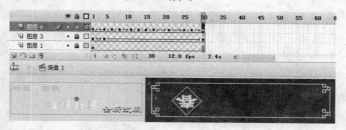

图 7-62　拖移元件

（17）按 Ctrl+Enter 键测试动画，即可看到网页滚动字幕效果。

# 7.4　制作逐帧动画

除了形状补间动画和动作补间动画外，在 Flash 中常用的动画还有逐帧动画。利用逐帧动画可以比较精细地制作出动画微妙的变化效果，但每个帧的内容都要逐一进行编辑，因此工作量和生成的动画文件都很大。

### 7.4.1　逐帧动画的制作原理

创建逐帧动画时，需要将每个帧都定义为关键帧，然后为每个帧创建不同的对象。每个关键帧中最初包含的内容和它前面的关键帧是相同的，因此可以逐一地修改动画中的帧。

### 7.4.2　应用举例——小兔乖乖

利用创建逐帧动画的知识，制作一个名为"小兔乖乖"的动画，最终效果如图 7-63 所示（立体化教学:\源文件\第 7 章\小兔乖乖.fla）。

图 7-63　"小兔乖乖"最终效果

操作步骤如下：

（1）新建一个 Flash 文档，设置场景大小为 500×300 像素，背景颜色为深红色，并保存为"小兔乖乖"。

（2）按 Ctrl+F8 键，打开"创建新元件"对话框，新建一个名为"文字"的影片剪辑元件，在影片剪辑元件编辑区中选择文字工具，输入文字"朋友只是为了来看你"，设置字体为华文行楷，大小为 28，然后按 Ctrl+B 键将其打散，并设置不同的颜色，如图 7-64 所示。

（3）在图层第 2 帧处按 F6 键插入关键帧，并将文字旋转缩放，如图 7-65 所示。

（4）单击 场景1 按钮，返回主场景中。新建图层 2，将其拖至图层 1 的下方，用铅笔工具和椭圆工具绘制出月亮、路和云朵的图形，并为路填充比背景浅点的红色，为月亮填充黄色，为云朵填充浅粉色，如图 7-66 所示。

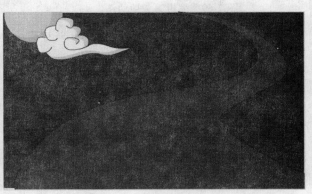

图 7-64　输入文字　图 7-65　编辑第 2 帧　　　　　图 7-66　绘制并填充背景

（5）将"文字"影片剪辑元件拖入图层 2 如图 7-67 所示的位置，再在第 3 帧处插入普通帧。

（6）选择图层 1，分别选择椭圆工具、铅笔工具、线条工具和颜料桶工具，绘制并填充一个手中提着灯笼的小兔图形，如图 7-68 所示。

图 7-67　拖入场景

图 7-68　绘制小兔图形

（7）选择图层 1 的第 2 帧和第 3 帧，按 F6 键插入关键帧，然后选择第 2 帧，将小兔图形整体向上移动一点，再将其右手和左脚进行如图 7-69 所示改动。

（8）选择图层 1 的第 3 帧，将小兔图形的右手和右脚进行如图 7-70 所示改动，完成小兔跑步动作逐帧动画的制作。

图 7-69　编辑第 2 帧动作

图 7-70　编辑第 3 帧动作

（9）按 Ctrl+Enter 键测试动画，可以看到小兔跑步时文字随之闪烁的动画效果。

# 7.5　上机及项目实训

## 7.5.1　制作"初春清晨"补间动画

制作一个表现初春清晨的动画，主要选用了淡雅的色调来衬托清晨的宁静与温馨。在阳光制作的过程中，主要运用了形状补间动画和动作补间动画的制作手法来达到逼真的效果。在播放动画时，可以看到阳光的光晕在不断地变幻色彩和大小，最终效果如图 7-71 所示（立体化教学:\源文件\第 7 章\初春清晨.fla）。

图 7-71　"初春清晨"最终效果

操作步骤如下：

（1）新建一个 Flash 文档，设置场景大小为 220×330 像素，并保存为"初春清晨"。

（2）选择"文件/导入/导入到舞台"命令，导入"清晨街道.jpg"图片（立体化教学:\实例素材\第 7 章\清晨街道.jpg），将其放于场景中，作为背景，如图 7-72 所示。

（3）按 Ctrl+F8 键，新建一个影片剪辑元件，并命名为"星"，如图 7-73 所示。

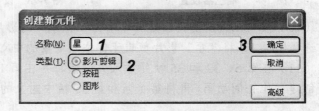

图 7-72　导入背景图片　　　　　　　　　　图 7-73　新建元件

（4）在影片剪辑元件编辑区中选择多角星形工具，在场景中心绘制一个十二角星形，并填充由透明、中黄色、红色到透明的线性渐变色，然后选择椭圆工具在其中心绘制一个黄色圆形，如图 7-74 所示。

（5）新建图层 2，拖至图层 1 下方，在影片元件编辑区中心绘制一个由黄色到透明的圆形，如图 7-75 所示。

（6）为图层 2 的第 4 帧插入普通帧，然后选择图层 1 的第 4 帧，插入关键帧，并将十二角星形的填充颜色改为由钴蓝色、湖蓝色到浅蓝紫色的线性渐变色，并将中心的圆形改为浅蓝色，并在第 1 帧和第 4 帧之间创建形状补间动画，如图 7-76 所示。

（7）按 Ctrl+F8 键，新建一个名为"圆"的影片剪辑元件。

151

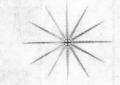

图 7-74　绘制星　　　　　　图 7-75　绘制星的光晕　　　　　　图 7-76　改变属性

（8）在影片剪辑元件编辑区中选择椭圆工具，绘制一个圆形，并填充由半透明白色、浅紫色到紫色的放射状渐变色，如图 7-77 所示。

（9）为"圆"元件的第 5、10、15、20、25 和 28 帧插入关键帧，将圆形的填充色系依次改为蓝紫色、蓝色、绿色、黄色、红色和紫色，并将第 5、15 和 25 帧的圆形缩小，然后在各关键帧之间创建形状补间动画，如图 7-78 所示。

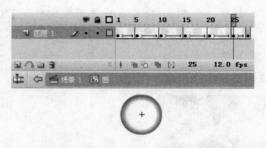

图 7-77　混色器设置　　　　　　　　图 7-78　设置"圆"影片剪辑元件

（10）按 Ctrl+F8 键，新建一个名为"光晕"的影片剪辑元件。在影片剪辑元件编辑区中选择图层 1，将"星"影片剪辑元件拖入场景的中心。

（11）在第 5、32 和 35 帧处插入关键帧，并在第 1 帧和第 5 帧、第 32 帧和第 35 帧之间创建动作补间动画，再将第 1 帧和第 35 帧中对象的 Alpha 选项设置为 0%，如图 7-79 所示。

（12）新建图层 2，在第 9 帧插入关键帧，将"圆"元件拖入"星"元件的右下方，在第 12、29 和 32 帧处插入关键帧，并在各关键帧之间创建形状补间动画，如图 7-80 所示。

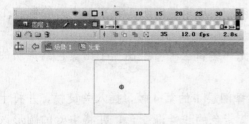
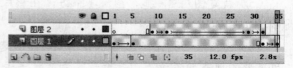

图 7-79　创建动作补间动画　　　　　　图 7-80　新建并编辑图层 2

（13）在影片剪辑元件编辑区中选择图层 2，将第 9 帧和第 32 帧中对象的 Alpha 选项设置为 0%，并将第 29 帧中的对象向下方移动一定距离。

（14）新建图层 3，在第 12 帧插入关键帧，将"圆"影片剪辑元件拖入图层 2 的"圆"元件的右下方，并缩小，在第 15、26 和 29 帧处插入关键帧，并在各关键帧之间创建形状补间动画，如图 7-81 所示。

（15）在影片剪辑元件编辑区中选择图层 3，将第 12 帧和第 29 帧中对象的 Alpha 选项设置为 0%，并将第 26 帧中的对象向下方移动，如图 7-82 所示。

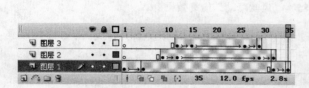

图 7-81　新建图层 3 并编辑　　　　　　　　图 7-82　设置元件

（16）新建图层 4，在第 15 帧插入关键帧，将"圆"影片剪辑元件拖入图层 3 的"圆"元件的右下方，再缩小，在第 18、23 和 26 帧处插入关键帧，并在各关键帧之间创建形状补间动画，如图 7-83 所示。

（17）在影片剪辑元件编辑区中选择图层 4，将第 15 帧和第 26 帧中对象的 Alpha 选项设置为 0%，并将第 23 帧中的对象向下方移动。

（18）单击场景左上方的 [图标：场景1] 按钮回到场景中，将"光晕"影片剪辑元件拖入场景如图 7-84 所示位置。

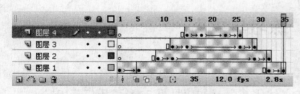

图 7-83　新建图层 4 并编辑　　　　　　　　图 7-84　将元件拖入场景

（19）按 Ctrl+Enter 键测试动画，即可看到阳光变化的效果。

## 7.5.2　制作"风吹草动"逐帧动画

制作"风吹草动"逐帧动画，完成后的效果如图 7-85 所示（立体化教学:\源文件\第 7 章\风吹草动.fla）。

本练习可结合立体化教学中的视频演示进行学习（立体化教学:\视频演示\第 7 章\制作"风吹草动"逐帧动画.swf）。主要操作步骤如下：

（1）新建一个名为"风吹草动"的 Flash 文档，设置场景大小为 550×300 像素，背景颜色为白色。

（2）导入"草地.jpg"图片（立体化教学:\实例素材\第 7 章\草地.jpg）。

图 7-85　"风吹草动"最终效果

（3）制作如图 7-86 所示的"叶子"影片剪辑元件（该元件中的动画为逐帧动画）和如图 7-87 所示的"风筝"影片剪辑元件。

图 7-86　"叶子"影片剪辑元件　　　　　　图 7-87　"风筝"影片剪辑元件

（4）返回主场景，将图片素材和影片剪辑元件放置在不同图层，并在最后一个图层绘制出水果卡通造型。

## 7.6　练习与提高

（1）制作一个可乐饮料的动画广告，使可乐在动画中不断地放大缩小，且背景中圆形的色彩一直变幻，效果如图 7-88 所示（立体化教学:\源文件\第 7 章\可乐广告.fla）。

图 7-88　"可乐广告"最终效果

提示：可以将可乐在动画中不断地放大缩小制作成逐帧动画，然后将背景的圆形制作成形状补间动画。

（2）运用动作补间动画和逐帧动画的制作技巧制作一个如图 7-89 所示的"生日"动画（立体化教学:\源文件\第 7 章\生日.fla）。

提示：本练习可结合立体化教学中的视频演示进行学习（立体化教学:\视频演示\第 7 章\制作生日动画.swf）。

图 7-89　"生日"最终效果

 不同类型动画的应用领域

为了方便大家选取正确的方式进行动画制作，在这里总结了本章 3 种不同类型动画的应用领域供大家参考。

➥ **逐帧动画**：由于逐帧动画是一帧一帧的画，因此逐帧动画具有非常大的灵活性，几乎可以表现任何想表现的内容。因为它相似于电影播放模式，很适合于表演很细腻的动画，如 3D 效果、人物或动物急转身等效果。但由于逐帧动画的帧序列内容不一样，也存在增加制作负担并且最终输出的文件量将占用很大的空间。

➥ **动作补间动画**：其对象必须是"元件"或"成组对象"。运用动作补间动画，可以设置元件的大小、位置、颜色、透明度以及旋转等属性，配合其他手法，甚至能做出令人称奇的仿 3D 效果。

➥ **形状补间动画**：Flash 自动变形技术可以将一种形状自动变形为另一种形状。制作者只需创建前后两个关键帧，即起始的图形和结束的图形，中间的过渡部分就可由 Flash 自动完成。

# 第 8 章　制作特殊动画

## 学习目标

- ☑ 利用引导动画操作知识制作"红色蒲公英"动画
- ☑ 利用遮罩动画操作知识制作"百叶窗"动画
- ☑ 利用滤镜操作知识制作"蓝天白云"滤镜动画
- ☑ 综合利用本章知识制作"梦幻境地"遮罩动画

## 目标任务&项目案例

红色蒲公英

百叶窗

蓝天白云

梦幻境地

　　在 Flash 中，除了前面章节介绍的逐帧动画、动作补间动画和形状补间补间 3 种基本动画外，还可利用引导层和遮罩层创建引导动画和遮罩动画。另外，应用 Flash CS3 特有的滤镜功能，也能为文本、按钮和影片剪辑添加特定的滤镜效果，从而制作出效果精美的滤镜动画。本章先简要介绍几种高级动画的最基本常识，然后通过几个实例详细讲解制作这些高级动画的不同方法。

# 8.1 制作引导动画

本节主要讲解特殊动画中引导动画的制作原理与方法。

## 8.1.1 引导动画的制作原理

在 Flash CS3 中，引导动画的创建主要通过引导层来实现。在制作引导动画之前，必须先了解引导层的含义与创建方法。

### 1. 引导层

引导层（如图 8-1 所示）是 Flash 中的特殊图层之一，它位于被引导层的上方。在引导层中用户可绘制作为运动路径的线条，然后在引导层与普通图层之间建立链接关系，使普通图层中动作补间动画中的动画对象沿绘制的路径运动（如图 8-2 所示），从而制作出沿指定路径运动的引导动画。在播放动画时引导层不会显示出来。

图 8-1　引导层

图 8-2　动画对象沿路径运动

### 2. 新建引导层

在 Flash CS3 中新建引导层的常用方法主要有以下几种。

➦ **利用按钮创建**：单击图层区域中的 按钮，即可在当前图层上方创建引导层。

➦ **利用菜单创建**：在要与引导层链接的普通图层上单击鼠标右键，在弹出的快捷菜单中选择"添加引导层"命令即可。

➦ **利用快捷菜单转换图层创建**：在要转换为引导层的图层上单击鼠标右键，在弹出的快捷菜单中选择"引导层"命令，可将该图层转换为引导层。

➦ **通过改变图层属性创建**：在图层区域中双击要转换为引导层的图层图标 ，打开"图层属性"对话框，在"类型"栏中选中 引导层单选按钮（如图 8-3 所示），然后单击 确定 按钮，将图层转换为引导层。

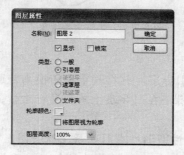

图 8-3　改变图层属性

### 3．为引导层建立链接关系

若引导层通过改变图层属性的方式创建，在创建后，引导层不会自动与其他图层建立链接关系（其图标表现为 ✎，如图 8-4 所示）。此时就需要手动为其与下方图层建立链接关系，其方法是：双击引导层下方图层图标 ⊐，在打开的"图层属性"对话框中选中 ◉被引导单选按钮，然后单击 确定 按钮即可在引导层与图层间创建链接关系（其图标表现为 ⌒，如图 8-5 所示）。

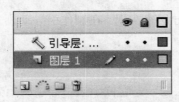

图 8-4　未建立链接关系的引导层　　　图 8-5　已建立链接关系的引导层

**提示：**

> 只有当图层处于引导层上方时，此方法才有用。而且通过此方法创建的引导层与其下方的其他图层不存在链接关系。

在制作引导动画的过程中，如果制作过程不正确，将会造成创建引导动画失败，而使被引导的对象不能沿引导路径运动。下面将介绍在制作引导动画过程中应注意的几个方面：

- 引导线应为一条流畅、从头到尾连续贯穿的线条，线条不能出现中断的现象。
- 引导线的转折不宜过多，且转折处的线条转弯不宜过急，以免 Flash 无法准确判定对象的运动路径。如图 8-6 所示为转折处弯转过急的线条。
- 引导线中不能出现交叉、重叠的现象。如图 8-7 所示为引导线出现交叉与重叠的情况。
- 被引导对象必须准确吸附到引导线上，否则被引导对象将无法沿引导路径运动。如图 8-8 所示为被引导对象吸附到引导线上的情况。

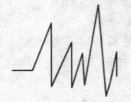

图 8-6　引导线转折过急　　　图 8-7　交叉与重叠现象　　　图 8-8　将对象吸附到引导线

### 4．取消引导层

在 Flash CS3 中若要取消引导层，并将其重新转换为普通图层，最常用的方法如下。

- **通过快捷菜单取消**：在引导层上单击鼠标右键，在弹出的快捷菜单中选择"引导层"命令。
- **通过改变图层属性取消**：在引导层上双击图层图标 ⌒，打开"图层属性"对话框，在"类型"栏中选中 ◉一般 单选按钮，然后单击 确定 按钮。

## 8.1.2 引导动画的制作

一般情况下，制作简单引导动画的流程如图 8-9 所示。

图 8-9 引导动画的流程

【例 8-1】 制作"跳动的小球"动画。

（1）新建 Flash 文档，设置场景大小为 550×350 像素，帧频为 24fps，并重命名为"跳动的小球.fla"（立体化教学:\源文件\第 8 章\跳动的小球.fla）。

（2）选择"文件/导入/导入到库"命令，将"沙地.jpg"图片（立体化教学:\实例素材\第 8 章\沙地.jpg）导入到库中。

（3）在工具栏中选择椭圆工具。选择"窗口/颜色"命令，在弹出的"颜色"面板的"类型"下拉列表框中选择"放射状"选项，并按照图 8-10 所示调整渐变色。

（4）在场景左上方的外侧绘制半径为 71 的圆，如图 8-11 所示。

（5）在第 70 帧处单击鼠标右键，在弹出的快捷菜单中选择"插入帧"命令。

（6）在"时间轴"面板中单击 按钮，创建一个引导层。在引导层中选择工具栏中的铅笔工具，在"属性"面板中将笔触颜色设置为黑色粗细为 1 的实线。

（7）在引导层场景中绘制一条如图 8-12 所示的引导线。

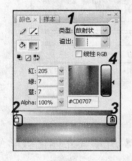  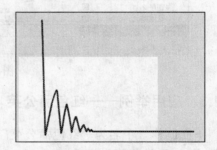

图 8-10 设置小球渐变色 　　图 8-11 绘制好的小球 　　图 8-12 绘制引导线

（8）返回图层 1，将红色的小球吸附到引导线的最上方，放置在如图 8-13 所示位置。

（9）在图层 1 的第 1 帧处单击鼠标右键，在弹出的快捷菜单中选择"复制帧"命令，在该图层的第 10 帧处单击鼠标右键，在弹出的快捷菜单中选择"粘贴帧"命令。

（10）将第 10 帧中的小球移动到如图 8-14 所示位置吸附到引导线上。

（11）在第 1 帧处单击鼠标右键，在弹出的快捷菜单中选择"创建补间动画"命令，即可创建出小球由上向下跳到的补间动画效果。

（12）用相同的方法分别在第 18 帧、第 28 帧创建出小球在不同位置跳动的补间动画，在第 70 帧中将小球吸附到引导线如图 8-15 所示位置。

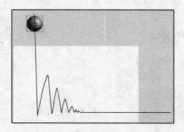

图 8-13　吸附小球到上方

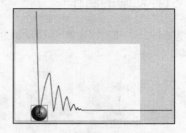

图 8-14　吸附小球到下方

（13）在时间轴中单击 按钮，创建图层 3，将"库"面板中的"沙地"图片拖到场景中，调整其大小使其覆盖整个场景，如图 8-16 所示。

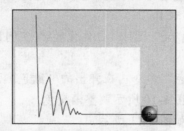

图 8-15　吸附小球到右侧

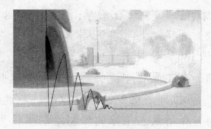

图 8-16　添加背景图层

（14）在时间轴中将图层 3 拖到图层 1 的下方，按 Ctrl+S 键保存动画，此时的时间轴状态如图 8-17 所示。

图 8-17　时间轴状态

## 8.1.3　应用举例——红色蒲公英

下面制作一个名为"红色蒲公英"的动画，最终效果如图 8-18 所示（立体化教学:\源文件\第 8 章\红色蒲公英.fla）。

图 8-18　"红色蒲公英"最终效果

操作步骤如下：

（1）新建一个文档，设置场景大小为 550×260 像素，背景颜色为白色，并保存为"红色蒲公英.fla"。

（2）将图层 1 命名为"背景"图层，在该图层使用线条工具、选择工具和颜料桶工具绘制如图 8-19 所示背景图形。

（3）将图层 1 锁定，新建图层 2，将其命名为"蒲公英"图层，在场景左边绘制蒲公英图形，并为蒲公英填充红色，为叶子填充绿色，如图 8-20 所示。

图 8-19　绘制背景图形

图 8-20　绘制红色蒲公英图形

（4）选取蒲公英左上方的一块花瓣，然后按 Ctrl+X 键将其剪切，新建图层 3，再按 Shift+Ctrl+V 键将其粘贴到原位置，如图 8-21 所示。

（5）将图层 2 锁定，然后选择图层 3 的图形，按 F8 键打开"转换为元件"对话框，将其转换成名为"蒲公英"的图形元件，如图 8-22 所示。

图 8-21　剪切并粘贴对象

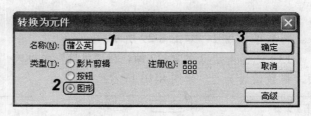

图 8-22　"转换为元件"对话框

（6）单击图层区域左下角的 按钮，在图层 3 的上方创建一个空白的引导层。此时图层 3 和引导层之间建立了链接关系。

（7）选择铅笔工具在引导层中绘制一条平滑曲线作为引导路径，如图 8-23 所示。

图 8-23　绘制引导路径

（8）在引导层的第 40 帧处按 F5 键插入普通帧，并在图层 1 和图层 2 的第 40 帧处按 F5 键插入普通帧。

（9）返回图层 3，将"蒲公英"元件吸附到引导线的最左侧，如图 8-24 所示。

（10）在图层 3 第 1 帧处单击鼠标右键，在弹出的快捷菜单中选择"创建补间动画"命令，在第 12、22 和 40 帧处插入关键帧，在它们之间创建动作补间动画，如图 8-25 所示。

图 8-24　吸附蒲公英元件

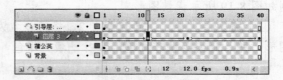

图 8-25　创建动作补间动画

（11）选中该图层第 12 帧中的"蒲公英"元件，将其吸附到如图 8-26 所示位置；用相同的方法将第 22 帧和第 40 帧中的元件分别吸附到如图 8-27 和图 8-28 所示位置。

图 8-26　吸附第 12 帧元件

图 8-27　吸附第 22 帧元件

图 8-28　吸附第 40 帧元件

（12）选择图层 3 的第 12 帧，在"属性"面板的"旋转"下拉列表框中选择"逆时针"选项，将数值设为 1，如图 8-29 所示。

（13）选择图层 3 的第 22 帧，在"属性"面板的"旋转"下拉列表框中选择"顺时针"选项，将数值设为 2，如图 8-30 所示。

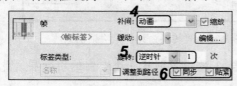

图 8-29　第 12 帧属性设置

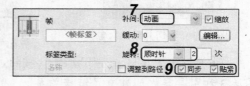

图 8-30　第 22 帧属性设置

（14）按 Ctrl+Enter 键测试动画，即可看到"蒲公英"图形元件沿引导线运动的效果。

## 8.2　制作遮罩动画

在 Flash 中，除了可以制作引导动画这种特殊的动画外，还可以制作遮罩动画。下面将学习遮罩动画的制作原理和方法。

### 8.2.1　遮罩动画的制作原理

遮罩动画的制作原理就是通过遮罩层来决定被遮罩层中的显示内容，以出现动画效果。

在制作遮罩动画之前，必须先了解遮罩层的含义与创建方法。

## 1．遮罩层

遮罩动画，可以在遮罩图层所创建的图形区域中显示特定的动画对象，并可通过改变遮罩图层中图形的大小和位置，对被遮罩图层中动画对象的显示范围进行控制。在 Flash CS3 中，遮罩动画的创建主要通过遮罩层来实现。遮罩层是 Flash CS3 中的另一种特殊图层，在遮罩层中用户可绘制任意形状的图形，然后通过在遮罩层与普通图层建立链接关系（建立链接关系后，普通图层会自动转换为被遮罩层），使普通图层中的图形通过遮罩图层中绘制的图形显示出来。使用遮罩层后，遮罩层下方的图层内容将通过一个类似于窗口的对象显示出来，而这个窗口的形状就是遮罩层中对象的形状。

📢**提示：**

Flash 会忽略遮罩层中的位图、渐变色、透明、颜色和线条样式。在遮罩层中的任何填充区域都是完全透明的，而任何非填充区域都是不透明的。

## 2．创建遮罩层

在 Flash CS3 中，创建遮罩层的常用方法主要有通过快捷菜单创建和通过改变图层属性创建两种方式。

➥ **通过快捷菜单创建**：在图层区中用鼠标右键单击要作为遮罩层的图层，在弹出的快捷菜单中选择"遮罩层"命令（如图 8-31 所示），将当前图层转换为遮罩层（此时图层图标变为█），并将其下方图层自动转换为被遮罩层（被遮罩层的名称将以缩进形式显示，图层图标变为█），如图 8-32 所示。

图 8-31　快捷菜单创建遮罩层

图 8-32　遮罩层

➥ **通过改变图层属性创建**：在图层区域中双击要转换为遮罩层的图层图标█，打开"图层属性"对话框，在"类型"栏中选中◉遮罩层单选按钮，然后单击 确定 按钮。

## 3．取消遮罩层

在 Flash CS3 中若要取消遮罩层，并将其重新转换为普通图层，主要有以下两种方法。

➥ **通过快捷菜单取消**：用鼠标右键单击遮罩层，在弹出的快捷菜单中选择"遮罩层"命令，即可将遮罩层重新转换为普通图层。

➥ **通过改变图层属性取消**：双击遮罩层的图层图标█，打开"图层属性"对话框，在"类型"栏中选中◉一般单选按钮，然后单击 确定 按钮。

## 4．多层遮罩动画的制作

多层遮罩动画实际就是利用一个遮罩层同时遮罩多个被遮罩层的遮罩动画。

一般在制作遮罩动画时，系统只对遮罩层下的一个图层建立遮罩关系，如果要使遮罩层能够遮罩多个图层，可通过拖动图层到遮罩层下方或更改图层属性的方法添加需要被遮罩的图层。在 Flash CS3 中为遮罩层添加多个被遮罩层的方法主要有以下两种：

➥ 若需要被遮罩的图层位于遮罩层上方，可选中该图层，将其拖动至遮罩层下方，如图 8-33 所示。

图 8-33　拖动图层到遮罩层下方

➥ 若需要添加的图层位于遮罩层下方，双击该图层上的 🗂 图标，在打开的"图层属性"对话框中选中 ◉遮罩层 单选按钮即可。

### 8.2.2　遮罩动画的制作

一般情况下，制作简单遮罩动画可分为以下 5 个步骤：

（1）创建一个图层或选中一个图层，在其中设置出现在遮罩层中的对象。

（2）单击图层区域的 🗂 按钮，在其上新建一个图层。

（3）在遮罩层上编辑图形、文字或元件的实例。

（4）选中要作为遮罩层的图层，单击鼠标右键，在弹出的快捷菜单中选择"遮罩层"命令。

（5）锁定遮罩层和被遮住的层，即可在 Flash 中显示遮罩效果。

【例 8-2】　制作一个名为"电影序幕"的动画，最终效果如图 8-34 所示（立体化教学:\源文件\第 8 章\电影序幕.fla）。

图 8-34　"电影序幕"最终效果

（1）新建一个文档，设置场景大小为 300×360 像素，背景颜色为黑色，并将文档命名为"电影序幕.fla"。

（2）使用椭圆工具、线条工具和任意变形工具在图层 1 中绘制如图 8-35 所示图形。

（3）按 Ctrl+F8 键，打开"创建新元件"对话框，创建一个名为"标题"的影片剪辑元件，如图 8-36 所示。

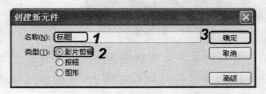

图 8-35　绘制背景图形　　　　　图 8-36　创建影片剪辑元件

（4）进入影片剪辑元件编辑区，在图层 1 的第 1 帧中用椭圆工具绘制 3 个如图 8-37 所示不同颜色的圆形。

（5）在第 3 帧处按 F7 键插入空白关键帧，用椭圆工具绘制 3 个灰色的圆形，输入文字"幽幽堂"，将其格式设置为"华文中宋、30、灰色"，并按两次 Ctrl+B 键将其打散，然后移至圆形系列的左上方，如图 8-38 所示。

图 8-37　编辑第 1 帧对象　　　　　图 8-38　编辑第 3 帧对象

（6）在第 5 帧处插入空白关键帧，使用椭圆工具绘制 4 个彩色的圆形，输入文字"幽幽堂"，将其格式设置为"华文中宋、20、灰色"，并按两次 Ctrl+B 键将其打散，然后移至圆形系列的右下方，如图 8-39 所示。

（7）在第 8 帧处插入空白关键帧，用椭圆工具绘制 5 个灰色的圆形，输入文字"幽幽堂"，并按两次 Ctrl+B 键将其打散，然后移至圆形系列的左下方，如图 8-40 所示。

图 8-39　编辑第 5 帧对象　　　　　图 8-40　编辑第 8 帧对象

（8）新建图层 2，选择工具栏中的文本工具，在"属性"面板中将文字格式设置为"华文中宋、50、深绿"，在第 1 帧处输入文本"幽幽堂"，用相同的方法输入相同的文本，但将后输入的文本颜色重新设置为浅绿，放置在深绿字体的上方，效果如图8-41所示。

（9）在图层2第8帧处插入普通帧，其时间轴状态如图8-42所示。

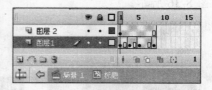

图8-41　输入文本　　　　　　　　　图8-42　标题元件时间轴状态

（10）单击场景左上方的 标题1 按钮，返回主场景，并将"标题"影片剪辑元件拖入场景如图8-43所示位置，然后在第55帧处插入普通帧。

（11）新建图层2，在场景中输入如图8-44所示的文字，将其格式设置为"黑体、15、绿色"，并移至场景下方如图8-45所示位置。

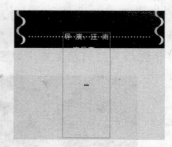

图8-43　拖入场景　　　图8-44　输入文字　　　图8-45　放置第1帧中文字

（12）在图层2的第55帧处插入关键帧，并在两个关键帧之间创建动作补间动画，然后将第55帧中的图片向上拖移至背景中绿色虚线的上方，如图8-46所示。

（13）新建图层3，选择矩形工具在场景中绘制一个蓝色矩形，然后在"属性"面板中将字体设置为文鼎广告体繁，字号设置为70，如图8-47所示。

图8-46　创建动作补间动画　　　　　　　图8-47　绘制矩形

（14）在图层3的第55帧处插入普通帧，然后选中图层3，单击鼠标右键，在弹出的快捷菜单中选择"遮罩层"命令，将图层3转换为遮罩层，如图8-48所示。

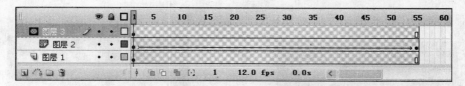

图 8-48　将图层 3 转换为遮罩层

（15）按 Ctrl+Enter 键播放动画，即可看到制作好的电影序幕的遮罩效果。

## 8.2.3　应用举例——百叶窗效果

下面制作一个名为"百叶窗"的动画，练习多层遮罩动画的制作方法，最终效果如图 8-49 所示（立体化教学:\源文件\第 8 章\百叶窗.fla）。

图 8-49　"百叶窗"最终效果

操作步骤如下：

（1）新建一个大小为 600×580 像素，背景颜色为白色，帧频为 24fps 的 Flash 文档。

（2）选择"文件/导入/导入到库"命令，将"窗布 01.jpg"、"窗布 02.jpg"图片（立体化教学:\实例素材\第 8 章\窗布 01.jpg、窗布 02.jpg）导入到库中。

（3）新建一个名为"横条"的影片剪辑元件，按照如图 8-50 所示比例绘制如图 8-51 所示横条，在第 30 帧处插入关键帧，创建横条逐渐变细最后变为 1cm 高的补间动画。

图 8-50　横条的设置　　　　　　　　　　　　图 8-51　绘制横条

（4）将第 30 帧复制到第 80 帧，创建窗叶不变的补间动画，然后将第 1 帧复制到第 110 帧，创建出窗叶逐渐由细变粗的补间动画效果，在第 160 帧处插入普通帧。

（5）新建"遮罩板"影片剪辑元件，将库中的"横条"影片剪辑元件拖到该场景中，按照如图 8-52 所示大小和位置进行排放。

（6）返回场景 1，重命名图层 1 为"窗布一"，将库中的"窗布 01.jpg"图片拖入到场景中，调整其大小和位置得到如图 8-53 所示的效果。

图 8-52　遮挡板影片剪辑

图 8-53　窗布一

（7）新建"窗布二"图层，将库中的"窗布 02.jpg"图片拖入到场景中，调整其大小和位置得到如图 8-54 所示效果。

（8）新建"窗格"图层，将库中的"遮罩板"影片剪辑元件拖入到场景中。将"窗布二"图层转换为被遮罩层，将"窗格"图层转换为遮罩层。

（9）完成遮罩动画的制作，其时间轴状态如图 8-55 所示，按 Ctrl+Enter 键得到如图 8-49 所示的动画效果。

图 8-54　窗布二

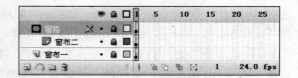

图 8-55　百叶窗翻转时间轴状态

## 8.3　制作滤镜动画

滤镜动画是 Flash CS3 中的另一种特殊动画形式，与引导动画和遮罩动画不同，滤镜动画不是一种动画类型，而是通过为动画添加指定滤镜，所获得的一种特殊动画效果。

Flash CS3 中的滤镜可以为文本、按钮和影片剪辑添加特殊的视觉效果（如投影、模糊、发光等效果）。在 Flash 8 之前的版本中，若要表现图形逐渐模糊、图形渐变发光等效果时，需要利用多幅连续的图片素材或专门的元件来实现，这样既增加了制作难度，又增加了动画文件的大小。而在 Flash CS3 中，只需为图形添加相应的滤镜即可。

## 8.3.1　滤镜动画类型简介

Flash CS3 中的滤镜主要包括投影、模糊、发光、斜角、渐变发光、渐变斜角和调整颜色 7 种类型。

- ↪ **投影**：投影滤镜主要用于模拟对象向一个表面投影的效果（如图 8-56 所示）。
- ↪ **模糊**：模糊滤镜用于柔化对象的边缘和细节，制作出对象模糊的效果（如图 8-57 所示）。
- ↪ **发光**：发光滤镜主要用于为对象的整个边缘应用指定的颜色（如图 8-58 所示）。
- ↪ **斜角**：斜角滤镜用于为对象应用加亮效果，通过创建内斜角、外斜角或者完全斜角，可以使对象呈现凸出于背景表面的立体效果（如图 8-59 所示）。

图 8-56　投影效果　　　图 8-57　模糊效果　　　图 8-58　发光效果　　　图 8-59　斜角效果

- ↪ **渐变发光**：渐变发光滤镜可以为对象添加发光效果，并在发光表面产生带渐变颜色的效果。渐变发光滤镜需要用户设定渐变开始的颜色（如图 8-60 所示）。
- ↪ **渐变斜角**：渐变斜角滤镜可以产生一种凸起效果，使对象看起来好像从背景上凸起，并在斜角表面应用渐变颜色。渐变斜角滤镜需要用户设定一个用于渐变中间色的颜色（如图 8-61 所示）。
- ↪ **调整颜色**：调整颜色滤镜可以调整所选影片剪辑、按钮或者文本对象的亮度、对比度、色相和饱和度，从而获得特定的色彩效果（如图 8-62 所示）。

图 8-60　渐变发光效果　　　　图 8-61　渐变斜角效果　　　　图 8-62　调整颜色效果

## 8.3.2　添加滤镜动画的方法

在 Flash CS3 中为文本、影片剪辑或按钮对象添加滤镜的方法为：在舞台中选择要添加滤镜的影片剪辑、文本或按钮。选择"窗口/属性/滤镜"命令，打开"滤镜"面板，单击 ⊞ 按钮，在弹出的下拉菜单中选择所需滤镜（如图 8-63 所示），然后在舞台中单击鼠标左键，即可完成滤镜的添加操作。

📢提示：

> 在 Flash CS3 中可为同一个对象添加多个滤镜，添加的滤镜将在面板左侧列表框中列出。若要删除不需要的滤镜，只需在列表框中选中该滤镜，然后单击 ⊟ 按钮即可。

若对添加的滤镜效果不满意，可进行调整，即对滤镜的属性进行设置，其方法为：在舞台中选中要修改滤镜属性的影片剪辑，并在"属性"面板中选择"滤镜"选项卡，在列表框中选中要修改属性的滤镜，然后在面板右侧对滤镜的对应参数进行设置，如图 8-64 所示。

图 8-63　下拉菜单　　　　　　　　　图 8-64　滤镜对应参数

### 8.3.3　应用举例——制作"蓝天白云"滤镜动画

本例将利用滤镜相关知识制作出阳光随白云移动不断变幻的动画效果，完成后的最终效果如图 8-65 所示（立体化教学:\源文件\第 8 章\蓝天白云.fla）。

图 8-65　"蓝天白云"最终效果

操作步骤如下：

（1）新建大小为 700×450 像素，背景颜色为白色，帧频为 24fps 的 Flash 文档。

（2）选择"文件/导入/导入到库"命令，将"蓝天.jpg"、"阳光.jpg"、"白云.png"和"小画家.png"图片（立体化教学:\实例素材\第 8 章\蓝天.jpg、阳光.jpg、白云.png、小画家.png）导入到库中。

（3）新建一个名为"模糊白云"的影片剪辑元件，将库中的"白云.png"图片拖到该场景中，如图 8-66 所示。

（4）新建一个名为"阳光"的影片剪辑元件，将库中的"阳光.jpg"图片素材拖到该场景中，如图 8-67 所示。

图 8-66 "模糊白云"影片剪辑元件

图 8-67 "阳光"影片剪辑元件

🔊 提示：

图 8-66 中实际背景色为白色，为了大家更好地观察到该影片剪辑的效果，这里将影片剪辑的背景色设置成了黑色。

（5）返回场景 1，将图层 1 命名为"蓝天"，将库中的"蓝天.jpg"图片素材拖到该场景中，调整其大小和位置得到如图 8-68 所示的效果，并在第 800 帧插入普通帧。

（6）新建"白云"图层，将库中的"模糊白云"影片剪辑元件拖到该场景中，调整其大小，放置到如图 8-69 所示位置。

图 8-68 放置蓝天图层

图 8-69 放置白云

（7）选中"白云"图层中的"模糊白云"影片剪辑元件，在"滤镜"面板中对该影片剪辑进行如图 8-70 所示设置，然后将第 1 帧复制到第 800 帧，创建白云由场景右侧向场景左侧漂移的补间动画效果。

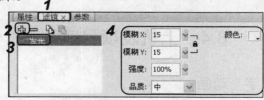

图 8-70 添加发光滤镜

（8）新建"阳光"图层，将库中的"阳光"影片剪辑元件拖到该场景中，调整其大小，放置到如图 8-71 所示位置，然后在第 1～70 帧创建阳光逐渐出现并做适当旋转和缩放的补间动画效果。

图 8-71　放置"阳光"影片剪辑元件

（9）用相同的方法在"阳光"图层的第 70～740 帧之间创建类似的补间动画效果，最后在第 741 帧处插入空白关键帧。

（10）新建"画家"图层，将库中的"小画家.png"图片拖到场景中，调整其大小，放置到如图 8-72 所示位置。

（11）完成滤镜动画的制作，其时间轴状态如图 8-73 所示，按 Ctrl+Enter 键即可得到如图 8-65 所示的动画效果。

图 8-72　放置"小画家"图片　　　　　　　　图 8-73　时间轴状态

✍技巧：

动画中应用的滤镜类型、数量和质量会影响动画的播放性能。在动画中应用的滤镜越多，需要处理的计算量也就越大。因此在同一个动画中，应根据实际需要，应用有限数量的滤镜。除此之外，用户还可通过调整滤镜的强度和品质等参数，减少其计算量，从而在性能较低的电脑上也能获得较好的播放效果。

# 8.4　上机及项目实训

## 8.4.1　制作"激光写字"动画

制作一个用激光写字的动画效果，主要选用绚丽的色调来作为文字的色彩。该动画的制作分为两部分，可先用矩形工具、选择工具和部分选取工具绘制用于写字的一束激光，然后新建一个引导层，输入作为引导路径的文字，最后新建一个图层制作激光扫描的路径效果。完成后的最终效果如图 8-74 所示（立体化教学:\源文件\第 8 章\激光写字.fla）。

图 8-74　"激光写字"最终效果

操作步骤如下：

（1）新建一个 Flash 文档，设置场景大小为 400×260 像素，背景颜色为白色，并命名为"激光写字.fla"。

（2）将图层 1 命名为"背景"图层，然后在该图层用矩形工具绘制高度不同的黄色矩形作为背景图形，如图 8-75 所示。

图 8-75　绘制背景图形

（3）按 Ctrl+F8 键打开"创建新元件"对话框，新建名为"激光"的图形元件，如图 8-76 所示。

（4）用铅笔工具在编辑区中绘制三角形，然后将下方的边线用选择工具弯曲，并填充红色到黄色的线性渐变色，再用椭圆工具在上方顶点绘制一个红色的无边框圆形，如图 8-77 所示。

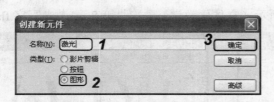

图 8-76 "创建新元件"对话框          图 8-77 激光束图形

（5）单击场景左上方的 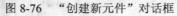 按钮，返回主场景，新建图层 2 并将其命名为"文字"图层，在该图层中输入"WANG"，并在"属性"面板中设置其字体为 Chianti BdIt Win95BT，大小为 100。

（6）选中文本，按两次 Ctrl+B 键打散文本，然后将其框选，再单击"颜色"区域中右下角的 ▼ 按钮，在打开的颜色列表中选择线性填充颜色 ，如图 8-78 所示。文本效果如图 8-79 所示。

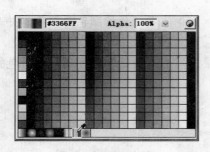

图 8-78 选择颜色          图 8-79 填充颜色

（7）新建图层 3，选择铅笔工具，单击"平滑"按钮 ，根据图层 2 中文本的走向绘制一条平滑曲线，如图 8-80 所示。

图 8-80 绘制曲线

（8）在图层 2 上新建"激光"图层，从"库"面板中将"激光"图形元件拖入场景中，放置于平滑曲线的一端，如图 8-81 所示。

（9）选择图层 3，单击鼠标右键，在弹出的快捷菜单中选择"引导层"命令，将图层 3 设置为引导层，如图 8-82 所示。

图 8-81 拖入场景

图 8-82 设置为引导层

（10）在"背景"图层、"文字"图层和图层 3 的第 38 帧处插入普通帧。

（11）在"激光"图层的第 38 帧处插入关键帧，将"激光"图形元件移到线条的另一个端点上，如图 8-83 所示。

（12）选择第 1 帧，在"属性"面板的"补间"下拉列表框中选择"动画"选项，并选中☑同步和☑贴紧复选框，如图 8-84 所示。

图 8-83 拖移元件

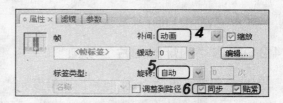

图 8-84 创建动作补间动画

（13）在第 4、8、10、12、16、19、23、26、30 和 33 帧处插入关键帧，将"激光"元件移到曲线转折过急的地方，以免不能识别路径，时间轴如图 8-85 所示。

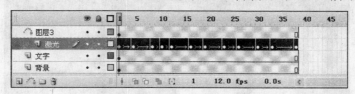

图 8-85 时间轴

（14）在图层 2 的第 2～38 帧中按 F6 键插入关键帧，如图 8-86 所示。

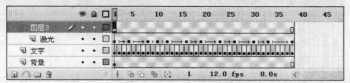

图 8-86 插入关键帧

（15）将"背景"图层、"激光"图层和图层 3 锁定，选中图层 3，单击👁按钮下引导层的⁞图标，隐藏引导层中的路径。

175

（16）在文字图层的第 1 帧中用橡皮擦工具将激光未扫描过的部分擦除，如图 8-87 所示。

（17）在图层 2 中选择第 2 帧，将激光未扫描的部分用橡皮擦全部擦除，如图 8-88 所示。

（18）用同样的方法将其他各帧中激光未扫描过的部分擦除，第 16 帧如图 8-89 所示。

图 8-87　第 1 帧擦除效果　　　图 8-88　第 2 帧擦除效果　　　图 8-89　第 16 帧擦除效果

（19）按 Ctrl+Enter 键测试动画效果。

## 8.4.2　制作"闪烁的图片"动画

本例将根据提供的 4 张照片，利用发光滤镜、调整颜色滤镜的灵活使用，创建出如图 8-90 所示几张图片不停闪烁的动画效果（立体化教学:\源文件\第 8 章\闪烁的图片.fla）。

图 8-90　"闪烁的图片"最终效果

操作步骤如下：

（1）新建大小为 945×570 像素，背景颜色为黑色，帧频为 24fps 的 Flash 文档。

（2）导入"图 01.jpg"、"图 02.jpg"、"图 03.jpg"、"图 04.jpg"、"黑色背景"图片（立体化教学:\实例素材\第 8 章\图 01.jpg～图 04.jpg、黑色背景.jpg）到库中。

（3）创建"元件 1"、"元件 2"、"元件 3"、"元件 4"影片剪辑元件，并分别将

"图 02.jpg"、"图 03.jpg"、"图 04.jpg"图片拖到相应元件场景中适当位置，如图 8-91～图 8-94 所示。

图 8-91　放置元件 1　　图 8-92　元件 2　　图 8-93　元件 3　　图 8-94　元件 4

（4）创建"图片一"、"图片二"、"图片三"和"图片四"影片剪辑元件，将库中的相应影片剪辑元件拖到对应影片剪辑元件编辑场景中，并为不同的元件添加不同的滤镜效果。添加滤镜后的效果如图 8-95～图 8-98 所示。

图 8-95　图片一添加滤镜后的效果　　　　图 8-96　图片二添加滤镜后的效果

图 8-97　图片三添加滤镜后的效果　　　　图 8-98　图片四添加滤镜后的效果

（5）返回场景 1，将图层 1 命名为"背景"图层。将库中的"黑色背景.jpg"图片拖到该场景中，调整其大小并将其放置在如图 8-99 所示位置。

图 8-99　放置背景图片

（6）新建"图"图层，分别将"图片一"、"图片二"、"图片三"、"图片四"影片剪辑元件拖到场景中，调整其大小，按照如图 8-100 所示位置放置。

图 8-100　放置影片剪辑元件到场景

（7）完成后按 Ctrl+Enter 键即可。

### 8.4.3　制作"梦幻境地"遮罩动画

利用本章所学知识，使静态的梦幻仙境在水波流动和落花飘零中"动"起来，从而掌握遮罩动画的制作方法，完成后的最终效果如图 8-101 所示（立体化教学:\源文件\第 8 章\梦幻境地.fla）。

本练习可结合立体化教学中的视频演示进行学习（立体化教学:\视频演示\第 8 章\制作"梦幻境地"遮罩动画.swf）。主要操作步骤如下：

（1）新建大小为 1000×500 像素，背景颜色为白色，帧频为 24fps 的 Flash 文档。

（2）将"奇幻背景.jpg"、"山.png"、"神树.png"、"英雄.png"图片以及"漂落花.flv"文档导入到库中（立体化教学:\实例素材\第 8 章\奇幻背景.jpg、山.png、神树.png、英雄.png、漂落花.flv）。

图 8-101　"梦幻境地"最终效果

（3）创建"水波"影片剪辑元件，使用线条工具绘制一个红色的横条，然后复制出如图 8-102 所示若干横条，然后创建一个长度为 200 帧的横条向下移动的补间动画。

（4）返回主场景，创建不同的图层，并在不同图层放置相应素材。将相应图层转换为遮罩层和被遮罩层，创建完成的"湖面"遮罩效果如图 8-103 所示，创建完成的"河流"遮罩效果如图 8-104 所示。

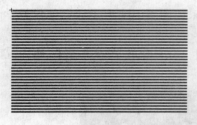

图 8-102　水波影片剪辑

图 8-103　湖面遮罩效果

图 8-104　河流遮罩效果

（5）整个动画完成后的时间轴状态如图 8-105 所示，保存该动画后按 Ctrl+Enter 键测试动画。

图 8-105　时间轴状态

## 8.5　练习与提高

（1）根据引导动画的制作方法，制作一个名为"水中气泡"的动画，最终效果如图 8-106 所示（立体化教学:\源文件\第 8 章\水中气泡.fla）。

提示：首先导入图片（立体化教学:\实例素材\第 8 章\水族箱.jpg），接着创建水泡、"水

泡 2"影片剪辑元件，在各自的影片剪辑元件中创建不同的气泡引导动画，然后在场景中
放置"背景"图层及水泡、"水泡 2"影片剪辑元件。

图 8-106  "水中汽泡"最终效果

（2）制作一个名为"下雨"的遮罩动画，最终效果如图 8-107 所示（立体化教学:\源
文件\第 8 章\下雨.fla）。

提示：需创建"水波"和"雨点"两个影片剪辑元件（立体化教学:\实例素材\第 8 章\纸
船.jpg）。

图 8-107  "下雨"最终效果

（3）利用滤镜的相关知识，根据提供的图片素材（立体化教学:\实例素材\第 8 章\白
云.png、房屋.png、蓝天.jpg），为不同影片剪辑添加不同的滤镜效果，制作"夜幕降临"
动画，最终效果如图 8-108 所示（立体化教学:\源文件\第 8 章\夜幕降临.fla）。

提示：先导入本例所需图片素材，分别创建"蓝天"、"白云"、"房屋"影片剪辑
元件。在场景"蓝天"图层中添加"调整颜色"滤镜，并创建蓝天由明转暗效果；在场景
"云"图层中添加"模糊"、"调整颜色"滤镜，并创建白云由左侧向右侧移动的动画效

果；在场景"前景"图层中添加"调整颜色"滤镜，并创建房屋由明转暗的动画效果。

图 8-108 夜幕降临效果

 提高高级动画制作的应用技能

　　要对高级动画的使用游刃有余，除了本章的学习内容外，课后还应下足工夫，这里补充以下几点供大家参考和探索：

　❧　通过本章的学习，可以清楚地知道沿特定路径运动的动画效果可以利用引导动画来制作。在此基础上，如果将引导动画和 ActionScript 动画脚本相结合，通过 ActionScript 动画脚本动态随机地对多个特定引导动画进行复制和调用，就可以实现很多复杂且极具变化的动画特效，如花瓣飘落、下雪等效果。关于 ActionScript 的相关知识，将在后面的章节中进行讲解。

　❧　遮罩动画虽然制作起来很简单，但是只要有巧妙的构思和灵活的技术处理手法，同样可以制作出很多让人意想不到的精彩动画特效。在学完本章后，不妨试着将两个包含动画内容的影片剪辑放在不同的图层中，然后将其中一个影片剪辑所在图层转换为遮罩层，然后测试动画。仔细观察最终效果，对以后的动画创作将有所启发。

　❧　滤镜动画虽然可以让动画在视觉方面的表现更加出色，但同时也意味着系统资源的相应损耗，如何在特效和动画流畅度之间找到平衡点，需要在不断地学习和实践中积累和摸索。另外，在使用滤镜效果时，尝试着将滤镜动画和图层混合模式相结合，也不失为一种可取的制作手法。

# 第 9 章　Actions 常用语句应用

## 学习目标

- ☑ 了解 Actions 变量、函数、表达式、运算符、语法规则及脚本的添加方法等基本知识并制作出"倒影字"动画
- ☑ 使用最简单且常用的场景/帧控制脚本语句制作"为画册加播放控制器"动画
- ☑ 使用常用的设置影片属性语句制作"下雪"动画

## 目标任务&项目案例

倒影字

为画册加播放控制器

下雪效果

春夜惊雨

　　Flash 不仅可以用于制作生动有趣、色彩亮丽鲜明的一般动画，还可以实现一些鼠标跟随、按钮控制和动态网页等特殊效果的动画。本章将学习 ActionScript 语句编程的基础知识，使读者能制作一些简单 Actions 语句编程的特殊动画。

# 9.1 Actions 概述

ActionScript 3.0 既包含 ActionScript 核心语言，又包含 Adobe Flash Player 应用程序编程接口（API）。ActionScript 核心语言是 ActionScript 的一部分，实现了 ECMAScript（ECMA-262）第 4 版语言规范草案。Flash Player API 提供对 Flash Player 的编程访问。

本小节先初步认识 Flash CS3 变量、函数、运算符与表达式，了解 ActionScript 3.0 的基本语法，并掌握 ActionScript 脚本的添加方法。

## 9.1.1 变量

在 Action 脚本中，变量主要用来存储数值、字符串、对象和逻辑值等信息。下面将对变量的命名规则类型以及作用域进行讲解。

### 1. 变量的命名规则

在 ActionScript 3.0 中，变量由变量名和变量值组成，变量名用于区分不同的变量，而变量值用于确定变量的类型和内容。变量名可以是一个字母，也可以是由一个单词或几个单词构成的字符串，必须将 var 语句和变量名结合使用。在 ActionScript 2.0 中，只有在使用类型注释时，才需要使用 var 语句。在 ActionScript 3.0 中，总是需要使用 var 语句。在 ActionScript 3.0 中变量的命名规则主要包括以下几点。

- **不能使用空格和特殊符号**：变量名中不能有空格和特殊符号，可使用英文和数字。
- **保证唯一性**：变量名在它作用的范围中必须是唯一的，即不能在同一范围内为两个变量指定同一变量名。
- **不能使用关键字**：变量名不能是关键字或逻辑变量。如不能使用关键字"do"作为变量名。

在不同的作用域中，可以使用相同的变量名。

### 2. 变量的类型

变量可以存储不同类型的值，因此在使用变量之前，必须先指定变量存储的数据类型，因为数据类型将对变量的值产生影响。在 ActionScript 3.0 中，变量的类型主要有以下几种。

- Numeric：数值变量，包括 Number、Int 和 Uint 3 种变量类型。Number 适用于任何数值；Int 用于整数；Uint 则用于不为负数的整数。
- Boolean：逻辑变量用于判断指定的条件是否成立，包括 true 和 false 两个值，true 表示条件成立，false 表示不成立。
- String：字符串变量，用于存储字符和文本信息。
- TextField：用于定义动态文本字段或输入文本字段。
- MovieClip：用于定义特定的影片剪辑。
- SimpleButton：用于定义特定的按钮。
- Data：用于定义有关时间中的某个片刻的信息（日期和时间）。

### 3. 变量的作用域

变量的"作用域"是指可在其中通过引用词汇来访问变量的代码区域。"全局"变量是指在代码的所有区域中定义的变量，而"局部"变量是指仅在代码的某个部分定义的变量。在 ActionScript 3.0 中，始终为变量分配声明它们的函数或类的作用域。全局变量是在任何函数或类定义的外部定义的变量。而通过在函数定义内部声明的变量则为局部变量。例如，下面的代码通过在任何函数的外部声明一个名为 strGlobal 的全局变量来创建该变量。从该示例可看出，全局变量在函数定义的内部和外部均可用。

```
var strGlobal:String = "Global";
function scopeTest()
{
        trace(strGlobal);        //全局
}
scopeTest();
trace(strGlobal);        //全局
```

可以通过在函数定义内部声明变量来将它声明为局部变量。可定义局部变量的最小代码区域就是函数定义。在函数内部声明的局部变量仅存在于该函数中。

如果用于局部变量的变量名已经被声明为全局变量，那么，当局部变量在作用域内时，局部定义会隐藏（或遮蔽）全局定义。全局变量在该函数外部仍然存在。

与 C++和 Java 中的变量不同的是，ActionScript 变量没有块级作用域。代码块是指左大括号（{）与右大括号（}）之间的任意一组语句。在某些编程语言（如 C++和 Java）中，代码块内部声明的变量在代码块外部不可用。对于作用域的这一限制称为块级作用域，ActionScript 中不存在这样的限制，如果在某个代码块中声明一个变量，那么，该变量不仅在该代码块中可用，在该代码块所属函数的其他任何部分都可用。

如果缺乏块级作用域，那么只要在函数结束之前对变量进行声明，就可以在声明变量之前读写它。这是由于存在一种名为"提升"的方法，该方法表示编译器会将所有的变量声明移到函数的顶部。

但是，编译器将不会提升任何赋值语句。这就说明了为什么 num 的初始 trace()会生成 NaN（而非某个数字），NaN 是 Number 数据类型变量的默认值。这意味着用户甚至可以在声明变量之前为变量赋值。

## 9.1.2 函数、表达式和运算符

函数是执行特定任务并可以在程序中重复使用的代码块。在 ActionScript 3.0 中有两类函数，即方法和函数闭包。函数在 ActionScript 中始终扮演着极为重要的角色，如果想充分利用 ActionScript 3.0 所提供的功能，就需要较为深入地了解函数。

将函数称为方法还是函数闭包取决于定义函数的上下文。如果将函数定义为类定义的一部分或者将它附加到对象的实例，则该函数称为方法。如果以其他任何方式定义函数，则该函数称为函数闭包。

### 1．函数的类型

ActionScript 3.0 中的函数主要包括以下几种类型。

- **内置函数**：内置函数是 ActionScript 3.0 已经内置的函数，可以通过脚本直接在动画中调用。如 trace()函数。
- **命名函数**：命名函数是一种在 ActionScript 代码中创建并用来执行所有类型操作的函数。
- **用户自定义函数**：自定义函数由用户根据需要自行定义的函数，在自定义函数后，就可以对定义的函数进行调用。
- **构造函数**：构造函数是一种特殊的函数，使用 new 关键字创建类的实例时（如 var my_bl:XML = new XML();）会自动调用该函数。
- **匿名函数**：匿名函数是引用其自身的未命名函数，该函数在创建时便被引用。
- **回调函数**：回调函数通过将匿名函数与特定的事件关联来创建，这种函数可以在特定事件发生后调回。
- **函数文本**：函数文本是一种可以用表达式（而不是脚本）声明的未命名函数。通常在需要临时使用一个函数，或在使用表达式代替函数时使用该函数。

### 2．调用函数

可通过使用后跟小括号运算符"()"的函数标识符来调用函数。要发送给函数的任何函数参数都括在小括号中。例如，贯穿于本书始末的 trace()函数，它是 Flash Player API 中的顶级函数：

```
trace("Use trace to help debug your script");
```

如果要调用没有参数的函数，则必须使用一对空的小括号。例如，可以使用没有参数的 Math.random()方法来生成一个随机数：

```
var randomNum:Number = Math.random();
```

### 3．自定义函数

在 ActionScript 3.0 中可通过两种方法来自定义所需的函数，即使用函数语句定义和使用函数表达式定义。

- **使用函数语句定义**：函数语句是在严格模式下定义函数的首选方法。其定义格式如下：

```
function 函数名(函数参数){
    statement(s);//作为函数体的语句
    };
```

例如，下面的代码定义了一个参数的函数，然后将字符串"hello"用作参数值来调用该函数。

```
function traceParameter(aParam:String)
{
    trace(aParam);
```

```
}
traceParameter("hello"); // hello
```

➥ **使用函数表达式定义**：使用函数表达式定义的函数，也称为函数字面值或匿名函数。这是一种较为繁杂的方法，在早期的 ActionScript 版本中广为使用。其定义格式如下：

```
var 函数名:Function=function (参数){
    statement(s);//作为函数体的语句
    };
```

例如，下面的代码使用函数表达式来声明 traceParameter 函数。

```
var traceParameter:Function = function (aParam:String)
{
    trace(aParam);
};
traceParameter("hello"); // hello
```

◄»)提示：

与在函数语句中一样，上面的代码中没有指定函数名。函数表达式和函数语句的另一个重要区别是，函数表达式是表达式，而不是语句。这意味着函数表达式不能独立存在，而函数语句可以。函数表达式只能用作语句（通常是赋值语句）的一部分。

### 4．函数语句与函数表达式的对比

除了在特殊情况下要求使用表达式定义外，一般都建议使用函数语句定义函数。因函数语句较为简洁，与函数表达式相比，有助于保持严格模式和标准模式的一致性。

**1）函数语句比包含函数表达式的赋值语句更便于阅读**

与函数表达式相比，函数语句使代码更为简洁且不容易引起混淆，因为函数表达式既需要 var 关键字又需要 function 关键字。

函数语句更有助于保持严格模式和标准模式的一致性，因为在这两种编译器模式下，均可以借助点语法来调用使用函数语句声明的方法。但这对于用函数表达式声明的方法却不一定成立。例如，下面的代码定义了一个具有两种方法的 Example 类：methodExpression()（用函数表达式声明）和 methodStatement()（用函数语句声明）。在严格模式下，不能使用点语法来调用 methodExpression()方法。

```
class Example
{
    var methodExpression = function() {}
    function methodStatement() {}
}

var myEx:Example = new Example();
```

myEx.methodExpression();　//在严格模式下出错，但在标准模式下正常
myEx.methodStatement();　　//在严格模式和标准模式下均正常

一般认为，函数表达式更适合于关注运行时行为或动态行为的编程。如果用户喜欢使用严格模式，但是还需要调用使用函数表达式声明的方法，则可以使用这两种方法中的任一方法。首先，可以使用中括号“[]”代替点运算符“.”来调用该方法。下面的方法调用在严格模式和标准模式下都能够成功执行。

myExample["methodLiteral"]();

用户可以将整个类声明为动态类。尽管这样可以使用点运算符来调用方法，但缺点是该类的所有实例在严格模式下都将丢失一些功能。例如，如果用户尝试访问动态类实例的未定义属性，则编译器不生成错误。

在某些情况下，函数表达式非常有用。函数表达式的一个常见用法就是用于那些使用一次后便丢弃的函数。另一个用法就是向原型属性附加函数，这个用法不太常见。

### 2）函数表达式，删除所赋予的属性将不再可用

函数语句与函数表达式之间有两个细微的区别，在选择要使用的方法时，应考虑两个区别。第一个区别体现在内存管理和垃圾回收方面，由于函数表达式与对象那样独立存在不同。换言之，当用户将某个函数表达式分配给另一个对象（如数组元素或对象属性）时，就会在代码中创建对该函数表达式的唯一引用。如果该函数表达式所附加到的数组或对象脱离作用域或由于其他原因不再可用，用户将无法再访问该函数表达式。如果删除该数组或对象，该函数表达式所使用的内存将符合垃圾回收条件，这意味着内存符合回收条件并且可重新用于其他用途。

下面的示例说明对于函数表达式，一旦删除该表达式所赋予的属性，该函数就不再可用。Test 类是动态的，这意味着用户可以添加一个名为 functionExp 的属性来保存函数表达式。functionExp()函数可以用点运算符来调用，但是一旦删除了 functionExp 属性，就无法再访问该函数。

```
dynamic class Test {}
var myTest:Test = new Test();
//函数表达式
myTest.functionExp = function () { trace("Function expression") };
myTest.functionExp();　　//函数表达式
delete myTest.functionExp;
myTest.functionExp();　　//出错
```

第二个区别在于，如果该函数最初是用函数语句定义的，那么，该函数将以对象的形式独立存在，即使在用户删除它所附加到的属性之后，该函数仍将存在。delete 运算符仅适用于对象的属性，因此，即使是用于删除 stateFunc()函数本身的调用也不工作。

```
dynamic class Test {}
var myTest:Test = new Test();
//函数语句
```

```
function stateFunc() { trace("Function statement") }
myTest.statement = stateFunc;
myTest.statement();        //函数语句
delete myTest.statement;
delete stateFunc;          //不起作用
stateFunc();               //函数语句
myTest.statement();        //错误
```

**3）函数语句存在于定义其整个作用域**

与之相反，函数表达式只是为后续的语句定义的。例如，下面的代码能够在定义 scopeTest()函数之前成功调用它。

```
statementTest();           //statementTest
function statementTest():void
{
    trace("statementTest");
}
```

函数表达式只有在定义之后才可用，因此，下面的代码会生成运行时错误。

```
expressionTest();          //运行时错误
var expressionTest:Function = function ()
{
    trace("expressionTest");
}
```

**5．从函数中返回值**

在 ActionScript 3.0 中，若要从函数中返回值，通常使用 return 语句。例如，下面的脚本就表示从 doubleNum()函数中返回函数值。

```
function doubleNum(baseNum:int):int
{
    return (baseNum*2);   //返回参数 baseNum 乘以 2 的值
}
```

但是 return 语句会终止该函数，因此，不会执行位于 return 语句下面的任何语句。在严格模式下，如果用户选择指定返回类型，则必须返回相应类型的值。

**6．嵌套函数**

用户还可以嵌套函数，这意味着函数可以在其他函数内部声明。除非将对嵌套函数的引用传递给外部代码，否则嵌套函数仅在其父函数内可用。例如，下面的代码在 getNameAndVersion()函数内部声明两个嵌套函数。

```
function getNameAndVersion():String
{
    function getVersion():String
```

```
    {
        return "9";
    }
    function getProductName():String
    {
        return "Flash Player";
    }
}
```

由于篇幅有限，本小节只介绍了 ActionScript 3.0 中函数的最基本的知识。若要深入学习函数，可在"帮助"面板中查看"ActionScript 3.0 编程"手册中相关详细讲解和范例。

### 7．运算符的类型

运算符是一种特殊的函数，它们具有一个或多个操作数并返回相应的值。"操作数"是被运算符用作输入的值，通常是字面值、变量或表达式。

例如，在下面的代码中，将加法运算符"+"和乘法运算符（*）与 3 个字面值操作数（2、3 和 4）结合使用来返回一个值。赋值运算符"="随后使用该值将所返回的值 14 赋给变量 sumNumber。

```
var sumNumber:uint = 2 + 3 * 4; // uint = 14
```

运算符可以是一元、二元或三元的。一元运算符有一个操作数。例如，递增运算符（++）就是一元运算符，因为它只有一个操作数。二元运算符有两个操作数。例如，除法运算符"/"有两个操作数。三元运算符有 3 个操作数。例如，条件运算符（?:）具有 3 个操作数。

有些运算符是"重载的"，这意味着它们的行为因传递给它们的操作数的类型或数量而异。例如，加法运算符（+）就是一个重载运算符，其行为因操作数的数据类型而异。如果两个操作数都是数字，则加法运算符会返回这些值的和。如果两个操作数都是字符串，则加法运算符会返回这两个操作数连接后的结果。下面的示例代码说明运算符的行为如何因操作数而异。

```
trace(5 + 5);           //10
trace("5" + "5");       //55
```

运算符的行为还可能因所提供的操作数的数量而异。减法运算符（-）既是一元运算符又是二元运算符。对于减法运算符，如果只提供一个操作数，则该运算符会对操作数求反并返回结果；如果提供两个操作数，则减法运算符返回这两个操作数的差。下面的示例说明首先将减法运算符用作一元运算符，然后再将其用作二元运算符。

```
trace(-3);              //-3
trace(7-2);             //5
```

在 ActionScript 3.0 中运算符包括以下几种。

- ➡ **主要运算符**：主要运算符包括用来创建 Array 和 Object 字面值、对表达式进行分组、调用函数、实例化类实例以及访问属性的运算符，如图 9-1 所示。
- ➡ **一元运算符**：一元运算符（如图 9-2 所示）只有一个操作数。这一组中的递增运算符（++）和递减运算符（--）是"前缀运算符"，这意味着它们在表达式中出现在操作数的前面。前缀运算符与之对应的后缀运算符不同，因为递增或递减操作是在返回整个表达式的值之前完成的。例如，下面的代码说明如何在递增值之后返回表达式++xNum 的值。

```
var xNum:Number = 0;
trace(++xNum);        //1
trace(xNum);          //1
```

| 运算符 | 执行的运算 |
|---|---|
| [] | 初始化数组 |
| {x:y} | 初始化对象 |
| () | 对表达式进行分组 |
| f(x) | 调用函数 |
| new | 调用构造函数 |
| x.y x[y] | 访问属性 |
| <></> | 初始化 XMLList 对象（E4X） |
| @ | 访问属性（E4X） |
| :: | 限定名称（E4X） |
| .. | 访问子级 XML 元素（E4X） |

图 9-1　主要运算符

| 运算符 | 执行的运算 |
|---|---|
| ++ | 递增（前缀） |
| -- | 递减（前缀） |
| + | 一元 + |
| - | 一元 -（非） |
| ! | 逻辑"非" |
| ~ | 按位"非" |
| delete | 删除属性 |
| typeof | 返回类型信息 |
| void | 返回 undefined 值 |

图 9-2　一元运算符

- **后缀运算符**：后缀运算符只有一个操作数，它递增或递减该操作数的值。虽然这些运算符是一元运算符，但是它们有别于其他一元运算符，被单独划归到了一个类别，因为它们具有更高的优先级和特殊的行为。在将后缀运算符用作较长表达式的一部分时，会在处理后缀运算符之前返回表达式的值，如图 9-3 所示。例如，下面的代码说明如何在递增值之前返回表达式 xNum++的值。

```
var xNum:Number = 0;
trace(xNum++);   // 0
trace(xNum);     // 1
```

提示：

前缀运算符与后缀运算符不同，前缀运算符的递增或递减操作是在返回整个表达式的值之前完成的。

- **加法运算符**：加法运算符用于执行加法或减法计算，如图 9-4 所示。
- **关系运算符**：关系运算符有两个操作数，用于比较两个操作数的值，然后返回一个布尔值，如图 9-5 所示。

| 运算符 | 执行的运算 |
|---|---|
| ++ | 递增（后缀） |
| -- | 递减（后缀） |

图 9-3　后缀运算符

| 运算符 | 执行的运算 |
|---|---|
| + | 加法 |
| - | 减法 |

图 9-4　加法运算符

| 运算符 | 执行的运算 |
|---|---|
| < | 小于 |
| > | 大于 |
| <= | 小于或等于 |
| >= | 大于或等于 |
| as | 检查数据类型 |
| in | 检查对象属性 |
| instanceof | 检查原型链 |
| is | 检查数据类型 |

图 9-5　关系运算符

- **等于运算符**：等于运算符有两个操作数，它比较两个操作数的值，然后返回一个布尔值，如图 9-6 所示。
- **乘法运算符**：乘法运算符用于执行乘、除或求模计算，如图 9-7 所示。
- **按位移位运算符**：按位移位运算符包括两个操作数，用于将第一个操作数的各位按第二个操作数指定的长度移位；如图 9-8 所示。

| 运算符 | 执行的运算 |
| --- | --- |
| == | 等于 |
| != | 不等于 |
| === | 严格等于 |
| !== | 严格不等于 |

| 运算符 | 执行的运算 |
| --- | --- |
| * | 乘法 |
| / | 除法 |
| % | 求模 |

| 运算符 | 执行的运算 |
| --- | --- |
| << | 按位向左移位 |
| >> | 按位向右移位 |
| >>> | 按位无符号向右移位 |

图 9-6　等于运算符　　　　图 9-7　乘法运算符　　　　图 9-8　按位移位运算符

- **赋值运算符**：赋值运算符有两个操作数，用于根据一个操作数的值对另一个操作数进行赋值，如图 9-9 所示。
- **条件运算符**：条件运算符有 3 个操作数。条件运算符是应用 if…else 条件语句的一种简便方法，如图 9-10 所示。

| 运算符 | 执行的运算 |
| --- | --- |
| = | 赋值 |
| *= | 乘法赋值 |
| /= | 除法赋值 |
| %= | 求模赋值 |
| += | 加法赋值 |
| -= | 减法赋值 |
| <<= | 按位向左移位赋值 |
| >>= | 按位向右移位赋值 |
| >>>= | 按位无符号向右移位赋值 |
| &= | 按位"与"赋值 |
| ^= | 按位"异或"赋值 |
| |= | 按位"或"赋值 |

| 运算符 | 执行的运算 |
| --- | --- |
| ?: | 条件 |

图 9-9　赋值运算符　　　　　　　　　图 9-10　条件运算符

- **逻辑运算符**：逻辑运算符有两个操作数，用于根据逻辑运算结果返回布尔值。逻辑运算符有不同的优先级，按优先级递减的顺序列出，如图 9-11 所示。
- **按位逻辑运算符**：按位逻辑运算符有两个操作数，用于执行位级别的逻辑运算。按位逻辑运算符具有不同的优先级；按优先级递减的顺序列出，如图 9-12 所示。

| 运算符 | 执行的运算 |
| --- | --- |
| && | 逻辑"与" |
| || | 逻辑"或" |

| 运算符 | 执行的运算 |
| --- | --- |
| & | 按位"与" |
| ^ | 按位"异或" |
| | | 按位"或" |

图 9-11　逻辑运算符　　　　　　　　图 9-12　按位逻辑运算符

### 8．运算符的优先级

运算符的优先级决定了在同一个表达式中各运算符的处理顺序。在 ActionScript 3.0 中各运算符的优先级顺序（优先级递减的顺序），如图 9-13 所示。在该表中，同一行中的运算符具有相同的优先级；每行运算符都比位于其下方的运算符的优先级高。

| 组 | 运算符 |
|---|---|
| 主要 | [] {x:y} () f(x) new x.y x[y] <></> @ :: .. |
| 后缀 | x++ x-- |
| 一元 | ++x --x + - ! delete typeof void |
| 乘法 | * / % |
| 加法 | + - |
| 按位移位 | << >> >>> |
| 关系 | < > <= >= as in instanceof is |
| 等于 | == != === !== |
| 按位"与" | & |
| 按位"异或" | ^ |
| 按位"或" | \| |
| 逻辑"与" | && |
| 逻辑"或" | \|\| |
| 条件 | ?: |
| 赋值 | = *= /= %= += -= <<= >>= >>>= &= ^= \|= |
| 逗号 | , |

图 9-13　运算符的优先级

📢提示：

> 在函数表达式中，运算符号优先级顺序地使用直接影响着其运算的正确与否，因此，正确地掌握运算符优先级有利于函数的正确编写。

### 9.1.3　Actions 语法规则

Action 脚本（ActionScript）是 Flash 中特有的一种动作脚本语言。在 Flash 动画中，通过为帧添加特定的脚本，或使用 Action 脚本编制特定的程序，可以使 Flash 动画呈现特殊的效果或实现特定的交互功能。在 Flash CS3 中 Action 脚本的版本为 3.0（即 ActionScript 3.0），该版本在 2.0 的基础上做了很大改进，除了支持更多的功能外，在执行效率方面也有所增强。

要学习和使用 Action 脚本，首先需要了解 Action 脚本的语法规则。在 Flash CS3 中 ActionScript 3.0 的基本语法如下。

- **区分大小写**：在 ActionScript 3.0 中，需要区分大小写，如果关键字的大小写不正确，则关键字无法在执行时被 Flash CS3 识别。如果变量的大小写不同，就会被视为是不同的变量。

- **点语法**：通过点运算符 "."来访问对象的属性和方法。可以使用后跟点运算符和属性名或方法名的实例名来引用类的属性或方法。如表达式 "ucg._y" 表示 "ucg" 对象的_y 属性。定义包时，可以使用点运算符来引用嵌套包。

- **字面值**：字面值是指直接出现在代码中的值，也可以组合起来构成复合字面值。数组文本括在中括号字符 "[]" 中，各数组元素之间用逗号隔开。数组文本可用于初始化数组。字面值还可用来初始化通用对象。通用对象是 Object 类的一个实例。对象字面值括在大括号 "{}" 中，各对象属性之间用逗号隔开。每个属性都用冒号字符（:）进行声明，冒号用于分隔属性名和属性值。可以使用 new 语句创建一个通用对象并将该对象的字面值作为参数传递给 Object 类构造函数，也可以在声明实例时直接将对象字面值赋给实例。

- **分号**：在 ActionScript 3.0 中使用分号字符 ";"来终止语句。如果省略分号字符，则编译器将假设每一行代码代表一条语句。由于很多程序员都习惯使用分号来表示语句结束，因此，如果坚持使用分号来终止语句，则代码会更易于阅读。使用分号终止语句可以在一行中放置多个语句，但是这样会使代码变得难以阅读。

**↪ 小括号**：在 ActionScript 3.0 中，可以通过 3 种方式来使用小括号 "()"。首先，可以使用小括号来更改表达式中的运算顺序，组合到小括号中的运算总是最先执行；第二，可以结合使用小括号和逗号运算符 ","来计算一系列表达式并返回最后一个表达式的结果；第三，可以使用小括号来向函数或方法传递一个或多个参数。

**↪ 注释**：在 Action 脚本的编辑过程中，为了便于脚本的阅读和理解，可为相应的脚本添加注释。ActionScript 3.0 中包括两种类型注释形式，即单行注释和多行注释。单行注释以两个正斜杠字符 "//"开头并持续到该行的末尾；多行注释以一个正斜杠和一个星号 "/*"开头，以一个星号和一个正斜杠 "*/"结尾。

**↪ 关键字**：在 ActionScript 3.0 中具有特殊含义且供 Action 脚本调用的特定单词，被称为"关键字"。在编辑 Action 脚本时，不能使用 ActionScript 3.0 保留的关键字作为变量、函数以及标签等的名字，以免发生脚本的混乱。在 ActionScript 3.0 中保留的关键字主要包括词汇关键字（如图 9-14 所示）、句法关键字（如图 9-15 所示）和供将来使用的保留字（如图 9-16 所示）3 种。

| as | break | case | catch |
|---|---|---|---|
| class | const | continue | default |
| delete | do | else | extends |
| false | finally | for | function |
| if | implements | import | in |
| instanceof | interface | internal | is |
| native | new | null | package |
| private | protected | public | return |
| super | switch | this | throw |
| to | true | try | typeof |
| use | var | void | while |
| with | | | |

图 9-14　词汇关键字

| each | get | set | namespace |
|---|---|---|---|
| include | dynamic | final | native |
| override | static | | |

图 9-15　句法关键字

| abstract | boolean | byte | cast |
|---|---|---|---|
| char | debugger | double | enum |
| export | float | goto | intrinsic |
| long | prototype | short | synchronized |
| throws | to | transient | type |
| virtual | volatile | | |

图 9-16　供将来使用的保留字

**📢 提示：**

保留字有时称为"供将来使用的保留字"的标识符。这些标识符不是为 ActionScript 3.0 保留的，但是其中的一些可能会被采用 ActionScript 3.0 的软件视为关键字，以在代码中使用其中的许多标识符，但是 Adobe 不建议使用，因为其可能会在以后的 ActionScript 版本中作为关键字出现。

**↪ 常量**：常量是指无法改变的固定值。在 ActionScript 3.0 中只能为常量赋值一次，而且必须在最接近常量声明的位置赋值。在 ActionScript 3.0 中，通常使用 const 语句来创建常量。Flash Player API 定义了一组广泛的常量供用户使用。按照惯例，ActionScript 中的常量全部使用大写字母，各个单词之间用下划线字符 "_"分隔。

**↪ 语言标点符号**：主要包括冒号、大括号和圆括号。其中，冒号 ":"用于为变量指定数据类型（如 var myNum:Number = 15）；大括号"{}"用于将代码分成不同的块，以作为区分程序段落的标记；圆括号"()"用于放置使用动作时的参数，定义一个函数以及对函数进行调用等，也可用于改变 ActionScript 的优先级。

提示：

ActionScript 3.0 不支持斜杠语法。在早期的 ActionScript 版本中，斜杠语法用于指示影片剪辑或变量的路径。

### 9.1.4 ActionScript 脚本的添加方法

在 Flash CS3 中，制作者可以根据动画的实际需要，为相应的关键帧添加 Action 脚本。下面以小动画"变幻的水果"添加 stop 语句为例进行讲解。

【例 9-1】 通过为"变幻的水果.fla"动画添加 stop 语句，使其一直在不断地变化，直到最后一帧时停止运动状态（立体化教学:\源文件\第 9 章\变幻的水果.fla）。

（1）打开"变幻的水果.fla"动画（立体化教学:\实例素材\第 9 章\变幻的水果.fla），用鼠标选中图层 1 中的最后一帧，如图 9-17 所示。

（2）选择"窗口/动作"命令（或按 F9 键），在打开的"动作-帧"面板中输入 stop 语句，如图 9-18 所示。

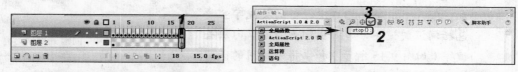

图 9-17　选择要输入语句的帧　　　　　　图 9-18　输入语句

（3）输入完成后，单击 ✔ 按钮检查输入的脚本是否存在错误。若检查无误，系统将弹出如图 9-19 所示对话框，单击 [确定] 按钮，然后单击面板上的 × 按钮关闭面板。

（4）时间轴中的帧中将出现 a 标记，如图 9-20 所示，表示该帧已被添加 Action 脚本。

图 9-19　脚本无误提示框　　　　　　　　图 9-20　输入语句后帧的效果

（5）按 Ctrl+Enter 键对动画进行测试时即可看到动画会在最后一帧停止。

对于刚开始学习 Action 脚本的初学者，或对 Action 脚本中脚本和语法不太熟练的使用者，可以利用 Flash CS3 中提供的"脚本助手"功能来添加和编辑 Action 脚本。在"动作-帧"面板中单击 脚本助手 按钮，即开启"脚本助手"功能，如图 9-21 所示。单击 ✛ 按钮，在打开的下拉菜单中选择要添加的 Action 脚本，如图 9-22 所示。此时将显示该脚本对应的的参数设置项目。根据提示对脚本的参数进行设置，如图 9-23 所示。设置完成后，再次单击 脚本助手 按钮关闭"脚本助手"功能即可。

📢提示：

在脚本助手模式下，会根据添加的 Action 脚本的不同，在面板中显示不同的参数设置选项。"脚本助手"功能旨在帮助初学者规范脚本，以避免在编写 Action 脚本时出现语法或逻辑错误。但要用好脚本助手，仍然需要用户对 Action 脚本的基本语法、变量、函数以及运算符等知识有所了解。

图 9-21　开启"脚本助手"功能

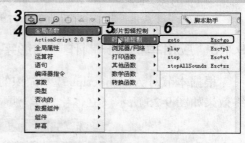

图 9-22　选择脚本

　　Action 脚本都是在"动作-帧"面板中添加的，因此熟练掌握"动作-帧"面板中各按钮的功能及含义至关重要。如图 9-24 所示"动作-帧"面板中各按钮的功能及含义如下。

图 9-23　对脚本的参数进行设置

图 9-24　"动作-帧"面板

- ➷ ⊹按钮：将新项目添加到脚本中，单击该按钮可选择要添加到脚本中的项目。
- ➷ ♾按钮：查找并替换脚本中的文本。
- ➷ ⊕按钮：帮助用户为脚本中的某个动作设置绝对或相对目标路径。
- ➷ ✔按钮：检查当前脚本中的语法错误。检查到的语法错误将列在输出面板中。
- ➷ ☰按钮：单击该按钮可设置脚本格式以实现正确的编码语法和更好的可读性。
- ➷ ▣按钮：如果已经关闭了自动代码提示，可通过单击该按钮来显示正在处理的代码行的代码提示。
- ➷ ⊗按钮：用于设置和删除断点，以便在调试时可以逐行执行脚本中的每一行。
- ➷ ▥按钮：对出现在当前包含插入点的成对大括号或小括号间的代码进行折叠。
- ➷ ▤按钮：折叠当前所选的代码块。
- ➷ ✸按钮：展开当前脚本中所有折叠的代码。
- ➷ ▧按钮：将注释标记添加到所选代码块的开头和结尾。

➥ ✎脚本助手**按钮**：单击该按钮可开启"脚本助手"功能，在该功能中将显示一个用户界面，用于输入创建脚本所需的元素。

➥ ⬚**按钮**：在插入点处或所选多行代码中每一行的开头处添加单行注释标记。

➥ ⓘ**按钮**：显示所选 ActionScript 脚本的参考信息。例如，如果单击脚本中的 import 语句，再单击该按钮，可在打开的"帮助"面板中查看该语句的参考信息。

### 9.1.5 应用举例——制作"倒影字"动画

根据本节对 ActionScript 基本知识的了解，制作一个运用语句的"倒影字"小动画，最终效果如图 9-25 所示（立体化教学:\源文件\第 9 章\倒影字.fla）。

图 9-25 "倒影字"最终效果

操作步骤如下：

（1）新建一个大小为 630×430 像素，背景颜色为黑色，帧频为 30fps，名为"倒影字.fla"的 Flash 文档。

（2）选择"文件/导入/导入到库"命令，将"水面.jpg"图片（立体化教学:\实例素材\第 9 章\水面.jpg）导入到库中。

（3）选择"插入/新建元件"命令，新建一个"文字"影片剪辑元件。在元件场景中选择文本工具，在"属性"面板中进行如图 9-26 所示设置，然后在场景中输入如图 9-27 所示文字。

图 9-26 设置文字属性

图 9-27 输入文本

（4）选择"插入/新建元件"命令，新建一个"元件 1"影片剪辑元件。在元件场景中选择矩形工具，在"颜色"面板中进行如图 9-28 所示设置，然后在场景中绘制出如图 9-29 所示无边框的矩形（矩形的大小以覆盖"文字"影片剪辑元件中文字内容为准）。

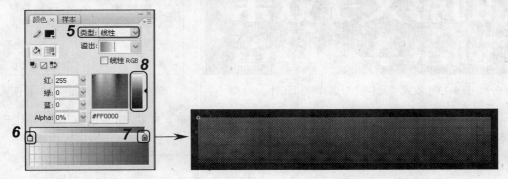

图 9-28　设置线性渐变色　　　　　　　　图 9-29　绘制矩形

（5）返回主场景，将图层 1 命名为"水面"图层，将"库"面板中的"水面.jpg"图片拖动到场景中，调整其大小，将其放置到如图 9-30 所示位置。

图 9-30　放置"水面"图片

（6）新建"文字"图层，拖动两个"文字"影片剪辑元件到场景中，并按如图 9-31 所示进行放置。选中下面的元件，在"属性"面板中进行如图 9-32 所示设置，并选中 ☑使用运行时位图缓存复选框。

图 9-31　放置"文本"影片剪辑元件　　　　图 9-32　设置"文本"属性

（7）新建"渐变板"图层，拖动"元件 1"影片剪辑元件到场景中如图 9-33 所示位置。

选中该元件，在"属性"面板中进行如图 9-34 所示设置，并选中☑使用运行时位图缓存复选框。

图 9-33　放置"元件 1"影片剪辑元件

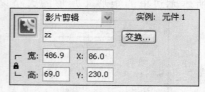

图 9-34　设置"元件 1"属性

（8）新建 as 图层，按 F9 键，在打开的如图 9-35 所示"动作-帧"面板中输入图中所示脚本语句。

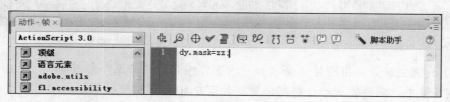

图 9-35　输入脚本语句

（9）完成动画的创建，时间轴状态如图 9-36 所示，按 Ctrl+Enter 键即可预览创建的动画效果。

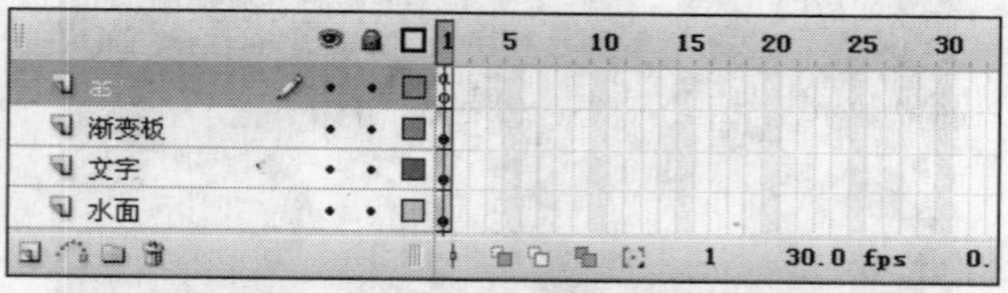

图 9-36　时间轴状态

## 9.2　控制场景和帧

了解 ActionScript 脚本的基本语法并掌握添加 ActionScript 脚本的方法后，下面将对 ActionScript 3.0 中最简单且常用的场景/帧控制脚本进行介绍。

### 9.2.1　play 语句

play 语句主要用于指定时间轴上的播放指针从某帧开始播放。

语法格式：public function play():void

参数：无

例如，若要使动画在播放到某个关键帧时动画中的 MF 影片剪辑开始播放，只需在该关键帧中添加如下语句：

MF.play();

## 9.2.2　stop 语句

stop 语句用于停止当前正在播放的动画文件，使动画播放到某一帧时不再继续播放。

语法格式：public function stop():void

参数：无

例如，若要使动画在播放到某个关键帧时停止播放，只需在该关键帧中添加如下语句：

stop();

## 9.2.3　nextFrame 语句

nextFrame 语句用于使播放指针跳转到当前帧的下一帧。

语法格式：public function nextFrame():void

参数：无

例如，若要在单击某个按钮时，使动画跳转到当前帧的下一帧中，只需在对应该按钮的事件侦听器中添加如下语句：

nextFrame();

## 9.2.4　prevFrame 语句

prevFrame 语句用于使播放指针跳转到当前帧的上一帧。

语法格式：public function prevFrame():void

参数：无

例如，若要在单击某个按钮时，使动画跳转到当前帧的上一帧中，只需在对应该按钮的事件侦听器中添加如下语句：

prevFrame();

## 9.2.5　gotoAndPlay 语句

gotoAndPlay 语句用于使播放指针跳转到场景中指定的某帧，并从该帧开始播放。

语法格式：public function gotoAndPlay(frame:Object, scene:String = null):void

参数：frame:Object 表示要跳转到的帧编号或帧名称。scene:String 表示要跳转到的场景名称，该参数可为空。

例如，若要使动画在播放到某个关键帧时，跳转到第 150 帧并播放，只需在该关键帧中添加如下语句：

gotoAndPlay(150);

## 9.2.6　gotoAndStop 语句

gotoAndStop 语句用于使播放指针跳转到场景中指定的某帧，并在该帧停止播放。

语法格式：public function gotoAndStop(frame:Object, scene:String = null):void

参数：frame:Object 表示要跳转到的帧编号或帧名称。scene:String 表示要跳转到的场景名称，该参数可为空。

例如，若要使动画在播放到某个关键帧时跳转到第50帧并停止播放，只需在该关键帧中添加如下语句：

gotoAndStop(50);

### 9.2.7　nextScene 语句

nextScene 语句用于使播放指针跳转到下一个场景的第一帧。

语法格式：public function nextScene():void

参数：无

例如，若要使动画在播放到某个关键帧时跳转到下一个场景并播放，只需在该关键帧中添加如下语句：

nextScene();

### 9.2.8　prevScene 语句

prevScene 语句用于使播放指针跳转到上一个场景的第一帧。

语法格式：public function prevScene():void

参数：无

例如，若要使动画在播放到某个关键帧时跳转到上一个场景并播放，只需在该关键帧中添加如下语句：

prevScene();

### 9.2.9　应用举例——为画册加播放控制器

本例将制作"为画册加播放控制器.fla"动画（立体化教学:\源文件\第9章\为画册加播放控制器.fla），最终效果如图9-37所示。

图9-37　"为画册加播放控制器"最终效果

操作步骤如下：

（1）新建一个大小为550×400像素，背景颜色为白色，帧频为12fps的Flash文档。

（2）选择"文件/导入/导入到库"命令，将"画框.png"图片（立体化教学:\实例素材\第 9 章\画框.png）导入到库中。

（3）选择"插入/新建元件"命令，在打开的"创建新元件"对话框中创建"图片序列"影片剪辑元件。

（4）在"图片序列"影片剪辑元件场景中选择"文件/导入/导入到舞台"命令，在打开的"导入"对话框中选择 01.jpg 选项（立体化教学:\实例素材\第 9 章\画册\01.jpg），单击 打开(O) 按钮。

（5）此时系统将打开如图 9-38 所示对话框，单击 是(Y) 按钮，导入的图片即可自动导入到第 1～20 帧。

（6）新建图层 2，选中第 1 帧，按 F9 键，在打开的"动作-帧"面板中输入 stop 语句。

（7）返回主场景，将图层 1 命名为"画框"。将"库"面板中的"画框.png"图片拖动到场景中，调整其大小，将其放置到如图 9-39 所示位置。

图 9-38　确定导入　　　　　　　　　　　　　　图 9-39　放置画框

（8）新建"图片"图层，将"库"面板中的"图片序列"影片剪辑元件拖动到场景中，调整其大小，放置到如图 9-40 所示位置。

（9）选中场景中的影片剪辑元件，在"属性"面板中将其进行如图 9-41 所示命名。

图 9-40　拖到影片剪辑元件到场景　　　　　　　图 9-41　命名影片剪辑元件

（10）选择"窗口/公共库/按钮"命令，在打开的如图 9-42 所示面板中选择 Circle Buttons 类中的 to beginning 选项，将该按钮拖到到场景中画框的下方。

（11）选中该按钮，在"属性"面板中将其命名为 prebut，如图 9-43 所示。

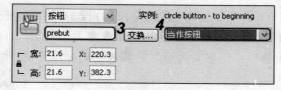

图 9-42　选中 to beginning 按钮　　　　　图 9-43　设置按钮属性

（12）用相同的方法将公开库中的 to end 按钮拖动到库中，并将该按钮在"属性"面板中命名为 nextbut，如图 9-44 所示。

图 9-44　设置 to end 按钮的属性

（13）新建"按钮"图层，按 F9 键，在打开的"动作-帧"面板中输入以下脚本：

```
prebut.addEventListener(MouseEvent.CLICK,pre);
function pre(e:MouseEvent) {
    prefunc();//调用自定义函数
}
nextbut.addEventListener(MouseEvent.CLICK,nextto);
function nextto(e:MouseEvent) {
    nextfunc();//调用自定义函数
}
function prefunc() {
    pic.prevFrame();//播放上一帧
    if (pic.currentFrame==1) {
        prebut.visible=false;
    } else {
        prebut.visible=true;
    }
```

```
        if (pic.currentFrame==20) {
                nextbut.visible=false;
        } else {
                nextbut.visible=true;
        }//当位于第一帧或最后一帧时，自动隐藏对应的按钮
    }
    function nextfunc() {
        pic.nextFrame();//播放下一帧
        if (pic.currentFrame==1) {
                prebut.visible=false;
        } else {
                prebut.visible=true;
        }
        if (pic.currentFrame==20) {
                nextbut.visible=false;
        } else {
                nextbut.visible=true;
        }//当位于第一帧或最后一帧时，自动隐藏对应的按钮
    }
```

（14）完成动画的创建，按 Ctrl+Enter 键即可预览创建的动画效果。此时在页面中单击相应按钮即可欣赏到不同页面中的图片效果。

# 9.3　设置影片剪辑属性

在 Flash CS3 中，利用属性语句可对影片剪辑的属性（如位置、大小和透明度等）进行设置。

## 9.3.1　影片剪辑位置 x 和 y

x 主要用于设置对象在舞台中的水平坐标；y 主要用于设置对象在舞台中的垂直坐标。

语法格式：public var x:(y:)Number = 0

参数：无

例如，若要将动画中 MF 影片剪辑放置到舞台中水平坐标为 109 的位置，只需在关键帧中添加如下语句：

MF.x=109;

## 9.3.2　影片剪辑的缩放属性 scaleX 和 scaleY

scaleX 用于设置对象的水平缩放比例，其默认值为 1，表示按 100%缩放；scaleY 用于设置对象的垂直缩放比例，其默认值为 1，表示按 100%缩放。

语法格式：public var scaleX:(Y:)Number = 1

参数：无

例如，若要将动画中 MF 影片剪辑的水平缩放比例放大 1 倍显示，只需在关键帧中添加如下语句：

MF.scaleX=2;

### 9.3.3　mouseX 和 mouseY

mouseX 指示鼠标位置的 x 坐标，以像素为单位；mouseY 指示鼠标位置的 y 坐标，以像素为单位。

语法格式：public function get mouseX():Number

　　　　　public function get mouseY():Number

参数：无

【例 9-2】　制作鼠标跟随字移动效果（立体化教学:\源文件\第 9 章\鼠标跟随字.fla）。

（1）新建一个大小为 699×467 像素，背景颜色为白色，帧频为 12fps 的 Flash 文档。

（2）选择"文件/导入/导入到库"命令，将"绿叶背景.jpg"图片（立体化教学:\实例素材\第 9 章\绿叶背景.jpg）导入到库中。

（3）将图层 1 命名为"绿叶"，将"库"面板中的"绿叶背景.jpg"图片拖动到影片剪辑元件场景中，调整其大小，将其放置到如图 9-45 所示位置。

（4）新建 as 图层，按 F9 键，在打开的"动作-帧"面板中输入如图 9-46 所示脚本。

图 9-45　放置背景图片

图 9-46　输入脚本语句

（5）完成动画的创建，按 Ctrl+Enter 键即可预览到鼠标移动文字也随之移动的动画效果。

### 9.3.4　影片剪辑大小属性 width 和 height

width 用于设置对象的宽度，以像素为单位。这里的宽度是根据显示对象内容的范围来计算的。如果设置了 width 属性，则 scaleX 属性会自动做相应调整。

语法格式：width:Number [read-write]

参数：无

例如，若要将 MF 影片剪辑的宽度设置为 100 像素，只需在关键帧中添加如下语句：

MF.width=100;

height 用于设置对象的高度，以像素为单位。这里的高度是根据显示对象内容的范围来计算的。如果设置了 height 属性，则 scaleY 属性会自动做相应调整。

语法格式：height:Number [read-write]

参数：无

### 9.3.5　透明度属性 alpha

alpha 用于设置对象的透明度属性。其有效值为 0（完全透明）到 1（完全不透明），默认值为 1。

语法格式：alpha:Number [read-write]

参数：无

例如，若要将 MF 影片剪辑的透明度设置为 50%，只需在关键帧中添加如下语句：

MF.alpha=0.5;

### 9.3.6　旋转属性 rotation

rotation 用于设置对象的旋转角度，其取值范围以度为单位，0～180 的值表示顺时针方向旋转；−180～0 的值表示逆时针方向旋转。对于此范围之外的值，可以通过加上或减去 360 获得该范围内的值。例如，vide.rotation = 450 与 vide.rotation = 90 的作用是相同的。

语法格式：rotation:Number [read-write]

参数：无

例如，若要将 MF 影片剪辑顺时针旋转 45°，只需在关键帧中添加如下语句：

MF.rotation=45;

### 9.3.7　应用举例——制作下雪效果

本例将制作"下雪效果.fla"动画（立体化教学:\源文件\第 9 章\制作下雪效果.fla），最终效果如图 9-47 所示。

操作步骤如下：

（1）新建一个大小为 590×410 像素，背景颜色为灰色，帧频为 30fps 的 Flash 文档。

（2）选择"文件/导入/导入到库"命令，将"雪景.jpg"图片（立体化教学:\实例素材\第 9 章\雪景.jpg）导入到库中。

图 9-47　下雪效果

（3）选择"插入/新建元件"命令，在打开的"创建新元件"对话框中单击 高级 按钮，在打开的对话框中进行如图9-48所示设置。

（4）单击 确定 按钮后系统将打开如图9-49所示的提示对话框，单击 确定 按钮。在"雪花"影片剪辑元件场景中使用椭圆工具绘制如图9-50所示雪花。

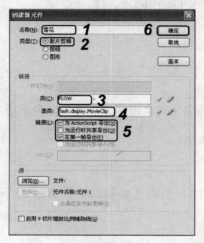

图9-48　创建带类的影片剪辑元件

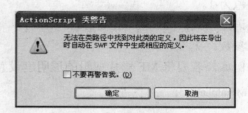

图9-49　系统提示对话框

（5）返回主场景，将图层1命名为"雪景"，将"库"面板中的"雪景.jpg"图片拖动到影片剪辑元件场景中，调整其大小，将其放置到如图9-51所示位置。

图9-50　绘制雪花　　　　　　　　　　图9-51　放置背景图片

（6）新建as图层，按F9键，在打开的"动作-帧"面板中输入以下脚本：

```
var hba:Array=new Array();            //新建数组对象
var nm:int=0;
for (var i:int=0; i<100; i++) {
    var flo:FLOW=new FLOW();          //循环并动态生成雪花影片剪辑
    flo.filters=[new BlurFilter(4,4,2)];  //为雪花影片剪辑动态添加模糊滤镜
    hba.push(flo);                    //将生成的影片剪辑放入数组中
```

```
}
var mytime:Timer=new Timer(100);
mytime.addEventListener(TimerEvent.TIMER,PH);
mytime.start();            //新建并设置 Timer 对象，使其每 100 毫秒执行一次 PH 自定义函数
function PH(e:TimerEvent) {
        var hb:FLOW=hba[nm];//根据当前的 nm 值，将数组中对应的影片剪辑赋值给 hb 对象
        //trace(hb);
        hb.bl=Math.random()*0.8+0.2;          //随机控制雪花影片剪辑的初始大小
        hb.scaleX=hb.scaleY=hb.bl
        hb.x=Math.random()*550;            //随机生成雪花影片剪辑在 x 坐标上的初始位置
        hb.y=-20;
        hb.hmbx=hb.x+Math.random()*200;
        hb.hmby=Math.random()*50+400;       //随机生成雪花影片剪辑要运动到的目标点坐标
        hb.addEventListener(Event.ENTER_FRAME,hbpp);
                        //为雪花影片剪辑添加侦听，并在每一帧调用 hbpp 自定义函数
        addChild(hb);
        nm+=1;
        if (nm==100) {
            nm=0;//如果当前为最后一个数组对象，将下次要调用的数组对象重置为第一个
        }
}
function hbpp(e:Event){
        //trace(e.target.hmbx);
        e.target.x+=(e.target.hmbx-e.target.x)*0.01;
        e.target.y+=(e.target.hmby-e.target.y)*0.01;//控制雪花影片剪辑每一帧应缓动到的位置
        e.target.scaleX=e.target.scaleY=e.target.bl*(e.target.hmby-e.target.y)*0.003;
                            //根据与目标点的距离等值缩小雪花影片剪辑
        e.target.alpha=1*(e.target.hmby-e.target.y)*0.003
                            //根据与目标点的距离等值使雪花影片剪辑逐渐透明
        if(Math.abs(e.target.hmbx-e.target.x)<15&&Math.abs(e.target.hmby-e.target.y)<15){
                e.target.removeEventListener(Event.ENTER_FRAME,hbpp);}
                //如果移动到目标点，就删除为雪花影片剪辑添加的侦听，以节约系统资源
        }
```

（7）完成动画的创建，按 Ctrl+Enter 键即可预览创建的动画效果。

# 9.4　循环和条件语句的使用

在 Flash CS3 中，通过条件/循环语句，可对动画中的脚本运行方式进行控制和调整。

### 9.4.1　for 语句

for 用于指定次数的循环执行脚本。执行 for 脚本时，首先判断设置的条件是否符合，符合则执行用户设置的 ActionScript 脚本，执行完后更新循环条件，再次判断条件是否符合，如符合条件则继续执行，否则退出循环。

语法格式：for(init;condition;next){
　　　　　　　　　statement(s);
　　　　　　　　}

参数：init 表示在开始循环前要计算的条件表达式，通常为赋值表达式。condition 表示在开始循环前要计算的可选表达式，通常为比较表达式。如果表达式的计算结果为 true，则执行与 for 语句相关联的语句。next 表示循环序列后要计算的可选表达式，通常是递增或递减表达式。

### 9.4.2　for…in 语句

for…in 用于根据对象的所有属性或数组中的元素循环执行脚本。

语法格式：for (variableIterant:String in object){
　　　　　　　//语句
　　　　　　}

参数：variableIterant:String 表示要作为迭代变量的变量的名称，以及变量引用对象的每个属性或数组中的每个元素。

for…in 和 for 都是指定次数的循环控制脚本，两者的差异如下：for…in 语句只按照复制对象所有的属性或数组中的元素循环执行；而 for 语句在一开始时就没有符合条件，则不会执行循环相应的脚本。

### 9.4.3　while 语句

while 用于根据指定的条件循环执行脚本。while 脚本在循环前会先检查循环条件是否成立，如果符合条件，就执行用户设置的 ActionScript 脚本，在执行脚本后再次对条件进行检查并执行 ActionScript 脚本，直到不符合循环条件时终止循环。

语法格式：while (condition){
　　　　　　//语句
　　　　　　}

参数：condition:Boolean 表示用于计算结果为 true 或 false 的表达式。

### 9.4.4　do…while 语句

do…while 用于根据指定的条件循环执行脚本。do…while 脚本会先执行一次设置的 ActionScript 脚本，然后判断是否满足条件，若符合条件则继续执行，若不符合条件则终止循环。

语法格式：do { statement(s) } while (condition)

参数：condition:Boolean 表示用于计算结果的条件表达式。

## 9.4.5　break 语句

break 出现在循环（for、for…in、for each…in、do…while 或 while）内，或出现在与 switch 语句中的特定情况相关联的语句块内。当在循环中使用时，break 语句指示 Flash 跳过循环体的其余部分，停止循环动作，并执行循环语句后面的语句。

语法格式：break[label]

参数：label 与语句关联的标签名称。

## 9.4.6　if 语句

if 用于对设定的条件进行判定，如果条件为真，则执行设置的 ActionScript 脚本，否则跳过该脚本的执行。

语法格式：if (condition){

　　　　　　　　//语句

　　　　　　}

参数：condition 表示用于计算结果为 true 或 false 的表达式。

## 9.4.7　else 语句

else 通常与 if 配合使用，用于对设定的条件进行判定，如果判定的结果为真，就执行 if 中设置的 ActionScript 脚本，否则就执行 else 中设置的 ActionScript 脚本。

语法格式：if (condition){

　　　　　　　　//语句；

　　　　　　} else {

　　　　　　　　//语句；

　　　　　　}

参数：condition 为 if 判断的条件；第一个语句表示条件为真时需执行的 ActionScript 脚本，第二个语句表示条件为假时需执行的 ActionScript 脚本。

还可与 if 语句组合，用于对设定的条件进行判定，如果判定的结果为真，就执行 if 中设置的 ActionScript 脚本，否则就判定 else if 中的条件是否为真，并执行 else if 中设置的 ActionScript 脚本。

语法格式：if(condition) {

　　　　　　　　//语句；

　　　　　　} else if(condition) {

　　　　　　　　//语句；

　　　　　　}

参数：第一个 condition 为 if 判断的条件，第二个 condition 为 else if 判断的条件；第一个语句表示条件为真时需执行的 ActionScript 脚本，第二个语句表示当 else if 设定的条件为真时需执行的 ActionScript 脚本。

### 9.4.8　应用举例——制作数字时钟

下面利用前面学习的知识，制作一个名为"数字时钟"的动画，最终效果如图 9-52 所示（立体化教学:\源文件\第 9 章\数字时钟.fla）。

操作步骤如下：

（1）新建一个大小为 420×420 像素，背景颜色为白色，帧频为 12fps 的 Flash 文档。

（2）选择"文件/导入/导入到库"命令，将"钟表.png"图片（立体化教学:\实例素材\第 9 章\钟表.png）导入到库中。

（3）选择"插入/新建元件"命令，在打开的"创建新元件"对话框中创建"针轴"图形元件。

（4）在"针轴"图形元件使用椭圆工具绘制椭圆，并使用填充工具为其填充上如图 9-53 所示渐变色，其效果如图 9-54 所示。

图 9-52　数字时钟效果

图 9-53　设置渐变色

（5）新建"时针"影片剪辑元件，在场景中绘制如图 9-55 所示时针。

（6）新建"分针"影片剪辑元件，在场景中绘制如图 9-56 所示分针。

（7）新建"秒针"影片剪辑元件，在场景中绘制如图 9-57 所示秒针。

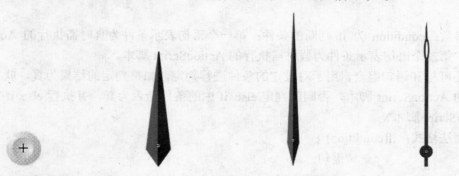

图 9-54　绘制椭圆　　　图 9-55　绘制时针　　　图 9-56　绘制分针　　　图 9-57　绘制秒针

（8）返回主场景，将图层 1 命名为"表面"。将"库"面板中的"钟表.jpg"图片拖动到影片剪辑元件场景中，调整其大小，将其放置到如图 9-58 所示位置。

（9）新建"指针"图层，将"库"面板中的"时针"影片剪辑元件、"分针"影片剪辑元件、"秒针"影片剪辑元件、"针轴"图形元件按先后顺序放置到场景中，调整其大小，其效果如图 9-59 所示。

图 9-58　放置钟表

图 9-59　放置元件

（10）选中场景中的"时针"、"分针"和"秒针"影片剪辑元件，分别在"属性"面板中进行如图 9-60～图 9-62 所示命名。

图 9-60　命名时针

图 9-61　命名分针

图 9-62　命名秒针

（11）新建"脚本"图层，按 F9 键，在打开的"动作-帧"面板中输入以下脚本：

```
var mytimer:Timer=new Timer(1000);
mytimer.addEventListener(TimerEvent.TIMER,zbm);
mytimer.start();
function zbm(e:TimerEvent) {
    var time:Date = new Date();
    hours = time.getHours();
    minutes = time.getMinutes();
    seconds = time.getSeconds();
    if (hours>12) {
        hours = hours-12;
    }
    if (hours<1) {
        hours = 12;
    }
    hours = hours*30+int(minutes/2);
    minutes = minutes*6+int(seconds/10);
    seconds = seconds*6;
    ho.rotation=hours;
    min.rotation=minutes;
    se.rotation=seconds;
}
```

（12）完成动画的创建，按 Ctrl+Enter 键即可预览创建的动画效果。

# 9.5  声音控制脚本

在 Flash CS3 实际应用中，可使用编辑脚本的方法对声音进行控制，常用的声音控制脚本主要有以下几个。

## 9.5.1  load 语句

load 语句用于从指定的 URL 位置加载外部的 MP3 文件到动画中。

语法格式：public function load(stream:URLRequest, context:SoundLoaderContext = null): void

参数：stream:URLRequest 表示外部 MP3 文件的 URL 位置；context:SoundLoaderContext (default = null)表示 MP3 数据保留在 Sound 对象缓冲区中的最小毫秒数，在开始回放以及在网络中断后继续回放之前，Sound 对象将一直等待直至至少拥有这一数量的数据为止。默认值为 1000（1 秒）。

## 9.5.2  play 语句

play 语句用于生成一个新的 SoundChannel 对象来播放指定的声音。

语法格式：public function play(startTime:Number=0,loops:int=0,sndTransform:SoundTransform = null): SoundChannel

参数：startTime:Number (default = 0)表示开始播放的初始位置（以毫秒为单位）；loops:int (default = 0)表示在声道停止播放前，声音循环 startTime 值的次数；sndTransform: SoundTransform (default = null)表示分配给该声道的初始 SoundTransform 对象。

## 9.5.3  close 语句

close 语句用于关闭通过流方式加载声音文件的流，从而停止所有数据的下载。

语法格式：public function close():void

## 9.5.4  SoundMixer.stopAll 语句

SoundMixer.stopAll 语句用于停止当前所有正在播放的声音。

语法格式：public static function SoundMixer. stopAll():void

## 9.5.5  SoundTransform 语句

SoundTransform 语句用于创建 SoundTransform 对象，并通过 SoundTransform 对象设置音量、平移、左扬声器和右扬声器的属性。

语法格式：public function SoundTransform(vol:Number = 1, panning:Number = 0)

参数：vol:Number (default = 1)表示音量范围，其范围为 0（静音）～1（最大音量）；panning:Number (default = 0)表示声音从左到右的声道平移，范围是-1（左侧最大平移）～1（右侧最大平移）。值为 0 则表示没有平移（居中）。

### 9.5.6　应用举例——制作音乐播放器

下面利用前面学习的知识，制作一个可实现声音播放、停止以及音量控制音乐播放器，如图 9-63 所示。通过本例的练习，掌握 Flash CS3 中常用声音控制脚本的基本用法（立体化教学:\源文件\第 9 章\制作音乐播放器.fla）。

操作步骤如下：

（1）新建一个大小为 175×340 像素，背景颜色为白色，帧频为 20fps 的 Flash 文档。

（2）选择"文件/导入/导入到库"命令，将"播放器.jpg"图片（立体化教学:\实例素材\第 9 章\播放器.jpg）导入到库中。

（3）选择"插入/新建元件"命令，在打开的"创建新元件"对话框中创建一个按钮元件。

（4）在按钮元件场景的第 3 帧、第 4 帧分别插入空白关键帧，使用椭圆工具在"点击"帧所在场景绘制如图 9-64 所示图形。

图 9-63　音乐播放器

图 9-64　编辑按钮元件

（5）返回主场景。将图层 1 命名为"播放器"。将"库"面板中的"播放器.jpg"图片拖动到影片剪辑元件场景中，调整其大小，将其放置到如图 9-65 所示位置。

（6）新建"信息"图层，选择工具栏中的文本工具，在"属性"面板中进行如图 9-66 所示设置，然后在面板中输入文本"音量"。

图 9-65　放置播放器

图 9-66　设置静态文本

（7）在"属性"面板中对动态文本进行如图 9-67 所示设置，然后在场景中"音量"文本的后面输入如图 9-68 所示动态文本。

图 9-67　设置动态文本　　　　　　　　　　图 9-68　输入动态文本

（8）新建"按钮"图层，将"库"面板中的按钮元件分别拖动 4 个到场景中，调整其大小，并将其分别放置到播放、停止、减小和增大键的上方。

（9）选择播放键上的按钮，在"属性"面板中对其进行如图 9-69 所示设置。

（10）选择音量增大键上的按钮，在"属性"面板中对其进行如图 9-70 所示设置。

（11）选择音量减小键上的按钮，在"属性"面板中对其进行如图 9-71 所示设置。

（12）选择暂停键上的按钮，在"属性"面板中对其进行如图 9-72 所示设置。

图 9-69　命名按钮 01　　图 9-70　命名按钮 02　　图 9-71　命名按钮 03　　图 9-72　命名按钮 04

（13）新建"脚本"图层，按 F9 键，在打开的"动作-帧"面板中输入以下脚本：

```
var mysound = new Sound();
mysound.load(new URLRequest("古典.mp3"));//加载外部声音
var ylz=1;//创建音量
var yls=ylz*100;
yl.text=yls;
//播放按钮
ply.addEventListener(MouseEvent.CLICK,plyevent);
function plyevent(event:MouseEvent):void {
    var channel:SoundChannel = mysound.play();//播放声音
}
//停止按钮
stp.addEventListener(MouseEvent.CLICK,stpevent);
function stpevent(event:MouseEvent):void {
    SoundMixer.stopAll();//停止播放
```

```
}
ydown.addEventListener(MouseEvent.CLICK,yldown);
function yldown(event:MouseEvent):void {
        if (ylz>0.1) {
                SoundMixer.soundTransform = new SoundTransform(ylz-=0.1, 0);
        }//减小音量
        yls=ylz*100;
        yl.text=String(Math.floor(yls));
}
yup.addEventListener(MouseEvent.CLICK,ylup);
function ylup(event:MouseEvent):void {
        if (ylz<1) {
                SoundMixer.soundTransform = new SoundTransform(ylz+=0.1, 0);
        }//增加音量
        yls=ylz*100;
        yl.text=String(Math.floor(yls));
}
//制作根据音乐变化的实时频谱
var ppsj:ByteArray=new ByteArray();//新建 byte 数组
var ppt:BitmapData=new BitmapData(106,55,true,0x00000000);
var tsx:Bitmap=new Bitmap(ppt);//新建图片
tsx.y=42;
tsx.x=30;
addChild(tsx);
addEventListener(Event.ENTER_FRAME,PPGX);
function PPGX(e:Event) {
        SoundMixer.computeSpectrum(ppsj);//抓取声音数据
        ppt.fillRect(ppt.rect,0xff7DDAF0);//清空图形
        for (var i:int=0; i<256; i++) {
                ppt.setPixel(i,40+ppsj.readFloat()*50,0x00ffffff);
        }//根据获得的声音数据绘制频谱
}
```

（14）完成动画的创建，按 Ctrl+Enter 键即可预览创建的动画效果。

## 9.6　上机及项目实训

前面学习了 Actions 常用语句，灵活地运用这些语句可以制作出许多丰富多彩的特效动画。下面通过实训进一步熟悉它们的制作方法和步骤。

### 9.6.1 制作网页导航菜单

本例将使用 Actions 常用语句创建一个动态的网页导航条，当鼠标单击某个菜单时该菜单将用玫红色显示出菜单按钮和同种颜色的子菜单，选择某一子菜单后，该子菜单将以黑色选中状态显示该子菜单，如图 9-73 所示（立体化教学:\源文件\第 9 章\新的网页导航菜单.fla）。

图 9-73 新的网页导航菜单

操作步骤如下：

（1）新建一个 Flash 文档，设置场景大小为 1200×80 像素，背景颜色为白色，帧频为 30fps，命名为"新的网页导航菜单.fla"。

（2）选择"文件/导入/导入到库"命令，导入"蒂亚.jpg"、"蒂亚 FK.png"、"蒂亚 DI.jpg"图片（立体化教学:\实例素材\第 9 章\蒂亚.jpg、蒂亚 FK.png、蒂亚 DI.jpg）。

（3）按 Ctrl+F8 键，新建一个名为"元件 1"的影片剪辑元件，在该元件场景选择文本工具，在"属性"面板中进行如图 9-74 所示设置，然后在场景中输入如图 9-75 所示文字。

图 9-74 设置文本属性

图 9-75 影片剪辑元件 1

（4）新建一个名为"元件 2"的图形元件，将"库"面板中的"蒂亚 FK.png"图片拖动到场景中如图 9-76 所示位置。

（5）新建一个名为"元件 3"的影片剪辑元件，选择文本工具，然后在场景中输入如图 9-77 所示文字。

（6）新建一个名为"元件 4"的影片剪辑元件，选择文本工具，然后在场景中输入如图 9-78 所示文字。

图 9-76 图形元件 2　　　　图 9-77 影片剪辑元件 3　　　　图 9-78 影片剪辑元件 4

（7）新建一个名为 BSA 的按钮元件，在"指针经过"帧、"按下"帧、"点击"帧分别插入空白关键帧，在"指针经过"帧使用矩形工具绘制一个无边框的灰色矩形，然后将该帧复制到"点击"帧，将该帧中的矩形重新设置为白色即可，如图 9-79 所示。

图 9-79　BSA 按钮元件

（8）新建一个名为 YXA 的按钮元件，在"指针经过"帧、"按下"帧、"点击"帧分别插入空白关键帧，在"点击"帧使用矩形工具绘制如图 9-80 所示无边框的红色矩形。

（9）新建一个名为 ZZ 的影片剪辑元件，选择矩形工具，在场景中绘制如图 9-81 所示灰色矩形。

（10）新建一个名为 FK 的影片剪辑元件，选择矩形工具，在场景中绘制如图 9-82 所示玫红色矩形。

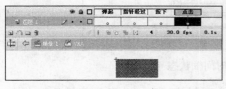

图 9-80　YXA 按钮元件　　　　　图 9-81　ZZ 元件　　　　图 9-82　FK 元件

（11）新建一个名为 B2 的影片剪辑元件，将"库"面板中的"元件 1"影片剪辑元件拖动到场景中，在第 1～20 帧之间创建元件逐渐呈现的动作补间动画。

（12）新建图层 2，在该图层第 2 帧插入空白关键帧，在第 19 帧插入普通帧，在第 20 帧插入空白关键帧。选中第 1 帧，按 F9 键，在打开的"动作-帧"面板中输入 stop 语句；选中第 2 帧，在"属性"面板中将该帧命名为 OPEN；选中第 1 帧，按 F9 键，在打开的"动作-帧"面板中输入如下语句：

```
stop();
A2.addEventListener(MouseEvent.CLICK,A2D);
function A2D(e:MouseEvent) {
    navigateToURL(new URLRequest(""),"_self");
}
B2.addEventListener(MouseEvent.CLICK,B2D);
function B2D(e:MouseEvent) {
    navigateToURL(new URLRequest(""),"_self");
}
C2.addEventListener(MouseEvent.CLICK,C2D);
function C2D(e:MouseEvent) {
    navigateToURL(new URLRequest(""),"_self");
}
```

（13）新建图层 3，在第 19 帧插入普通帧，在第 20 帧插入空白关键帧，拖动 3 个 BSA 按钮元件到场景中文本上方，如图 9-83 所示。选中最左侧的按钮元件，在"属性"面板中进行如图 9-84 所示设置。

图 9-83　放置 3 个 BSA 按钮元件　　　　　　　　图 9-84　设置按钮元件属性

（14）将第 2 个按钮和第 3 个按钮分别命名为 B2、C2，其他属性按照第一个按钮进行设置即可。该元件完成后的时间轴状态如图 9-85 所示。

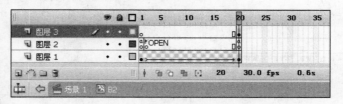

图 9-85　B2 元件时间轴状态

（15）用创建 B2 影片剪辑元件相同的方法分别创建 C2、D2 影片剪辑元件，其时间轴状态分别如图 9-86 和图 9-87 所示。

图 9-86　C2 元件时间轴状态

图 9-87　D2 元件时间轴状态

（16）返回主场景，将"库"面板中的"蒂亚.jpg"图片拖动到场景中，调整其大小，使其覆盖场景，效果如图 9-88 所示。

图 9-88　放置背景图片

（17）新建 DI 图层，将"库"面板中的"蒂亚 DI.jpg"图片拖动到场景中，调整其大小，使其覆盖场景，效果如图 9-89 所示。

图 9-89　放置 DI 图层图片

（18）新建 FK 图层，将"库"面板中的 FK 影片剪辑元件拖动到场景中，调整其大小，将其放置到如图 9-90 所示位置。

图 9-90　放置 FK 影片剪辑元件

（19）新建 baizi 图层，使用文本工具输入文本，并将文本进行打散处理，效果如图 9-91 所示。

图 9-91　输入文本

（20）新建 ZZ 图层，将"库"面板中的 ZZ 影片剪辑元件拖动到场景中，调整其大小，将其放置到如图 9-92 所示位置。

图 9-92　放置 ZZ 影片剪辑元件

（21）新建"文字"图层，使用文本工具输入文本，并将文本进行打散处理。然后将该图层更改为遮罩层，将 ZZ 图层设置为被遮罩层，效果如图 9-93 所示。

图 9-93　设置文字图层

（22）新建 AN 图层，将"库"面板中的 YXA 按钮元件拖动 6 个到场景中，调整其大小，放置到如图 9-94 所示位置，并在"属性"面板中从左到右将其分别命名为 A、B、C、D、E、F，选中该图层的第 1 帧，按 F9 键，在打开的"动作-帧"面板中输入如下语句：

图 9-94　放置 YXA 按钮元件

```
var tar:Number=135.6;
B2.visible=false;
C2.visible=false;
D2.visible=false;

FK.addEventListener(Event.ENTER_FRAME,FKMOV);
function FKMOV(e:Event) {
    FK.x+=(tar-FK.x)*0.5;
}
A.addEventListener(MouseEvent.MOUSE_OVER,AYD);
function AYD(e:MouseEvent) {
    ZZ.x=e.target.x;
    tar=e.target.x;
    B2.visible=false;
C2.visible=false;
D2.visible=false;
}
A.addEventListener(MouseEvent.CLICK,AD);
function AD(e:MouseEvent) {
    navigateToURL(new URLRequest(""),"_self");
}
B.addEventListener(MouseEvent.MOUSE_OVER,BYD);
function BYD(e:MouseEvent) {
    ZZ.x=e.target.x;
    tar=e.target.x;
    B2.visible=true;
    C2.visible=false;
    D2.visible=false;
    B2.gotoAndPlay("OPEN");
}
C.addEventListener(MouseEvent.MOUSE_OVER,CYD);
function CYD(e:MouseEvent) {
    ZZ.x=e.target.x;
    tar=e.target.x;
    B2.visible=false;
    C2.visible=true;
    D2.visible=false;
```

```
        C2.gotoAndPlay("OPEN");
}
D.addEventListener(MouseEvent.MOUSE_OVER,DYD);
function DYD(e:MouseEvent) {
        ZZ.x=e.target.x;
        tar=e.target.x;
        B2.visible=false;
        C2.visible=false;
        D2.visible=true;
        D2.gotoAndPlay("OPEN");
}
E.addEventListener(MouseEvent.MOUSE_OVER,EYD);
function EYD(e:MouseEvent) {
        ZZ.x=e.target.x;
        tar=e.target.x;
        B2.visible=false;
C2.visible=false;
D2.visible=false;
}
E.addEventListener(MouseEvent.CLICK,ED);
function ED(e:MouseEvent) {
        navigateToURL(new URLRequest(""),"_self");
}
F.addEventListener(MouseEvent.MOUSE_OVER,FYD);
function FYD(e:MouseEvent) {
        ZZ.x=e.target.x;
        tar=e.target.x;
        B2.visible=false;
C2.visible=false;
D2.visible=false;
}
F.addEventListener(MouseEvent.CLICK,FD);
function FD(e:MouseEvent) {
        navigateToURL(new URLRequest(""),"_self");
}
```

（23）新建 ER 图层，将"库"面板中的 B2、C2、D2 影片剪辑元件拖动到场景中，调整其大小，将其放置到如图 9-95 所示位置。

图 9-95　放置 B2、C2、D2 影片剪辑元件

（24）完成动画的创建，其时间轴状态如图 9-96 所示，按 Ctrl+Enter 键即可预览创建的动画效果。

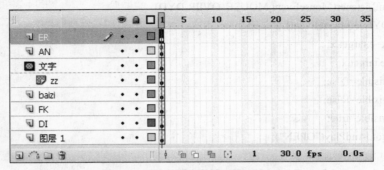

图 9-96　时间轴状态

### 9.6.2　制作螺旋体

本例将使用 Actions 常用语句创建一个动态的螺旋体动画，最终效果如图 9-97 所示（立体化教学:\源文件\第 9 章\螺旋体.fla），通过本实例了解使用语句实现简单动画的方法与步骤。

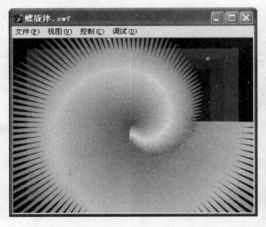
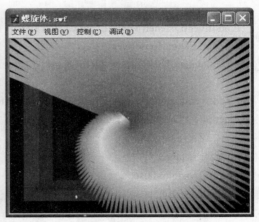

图 9-97　"螺旋体"最终效果

本例可结合立体化教学中的视频演示进行学习（立体化教学:\视频演示\第 9 章\螺旋体.swf）。主要操作步骤如下：

（1）新建一个 Flash 文档，设置场景大小为 400×300 像素，背景颜色为黑色，帧频为 12fps，并命名为"螺旋体.fla"。

（2）创建 guang 图形元件，在"颜色"面板中设置如图 9-98 所示渐变色，然后使用绘图工具绘制图 9-99 所示图形。

（3）选择"插入/新建元件"命令，在打开的对话框中单击 高级 按钮，然后在打开的对话框中对链接进行设置，如图 9-100 所示。

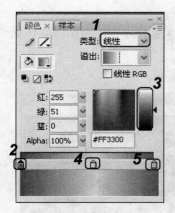

图 9-98　设置颜色

图 9-99　绘制光

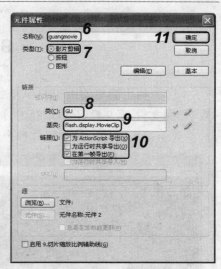

图 9-100　设置影片剪辑元件的链接

（4）在 guangmovie 影片剪辑元件第 1～120 帧之间创建 guang 图形元件变形的动作补间动画。

（5）返回主场景，选中图层 1 的第 1 帧，按 F9 键，在打开的"动作-帧"面板中输入如下语句：

```
var times:Timer=new Timer(50);
var i:int=0;
times.addEventListener(TimerEvent.TIMER,MAKESTAR);
times.start();
function MAKESTAR(e:TimerEvent) {
    var gu:GU=new GU();
    addChild(gu);
    gu.x=200;
    gu.y=150;
    gu.rotation=3*i;
    i++;
    if (i>240) {
        removeChildAt(1);
        //i=0;
    }
}
```

（6）新建图层 2，使用矩形工具在场景中绘制不同颜色的几个矩形框。

（7）将图层 2 移动到图层 1 的下方，完成动画的创建，按 Ctrl+Enter 键即可预览创建的动画效果。

## 9.7　练习与提高

（1）利用简单的语句制作一个"五彩烟花"动画，最终效果如图 9-101 所示（立体化教学:\源文件\第 9 章\五彩烟花.fla）。

提示：只需导入背景图片和声音，动画效果完全由语句来实现。

图 9-101　"五彩烟花"最终效果

（2）制作一个名为"春夜惊雨"的动画，利用 Actions 语句制作雨滴落水中时溅起涟漪的效果，并制作出带有闪电相随的雷雨夜动画，最终效果如图 9-102 所示（立体化教学:\源文件\第 9 章\春夜惊雨.fla）。

提示：本练习可结合立体化教学中的视频演示进行学习（立体化教学:\源文件\第 9 章\春夜惊雨.swf）。

（3）根据本章知识，制作用 Actions 语句控制的"冒烟文字"动画，最终效果如图 9-103 所示（立体化教学:\源文件\第 9 章\冒烟文字.fla）。

图 9-102　"春夜惊雨"最终效果　　　　图 9-103　"冒烟文字"最终效果

　Actions 使用时常见问题

　　在使用 ActionScript 3.0 制作动画时常会出现一些小问题，下面对一些常见问题进行系统解答。

> 　**在测试 Flash 8 制作的动画文档时提示脚本出错**：这是因为 Flash 8 采用的 ActionScript 版本为 2.0，而 Flash CS3 中采用的是 ActionScript 3.0。这两个版本的变化较大，在 ActionScript 3.0 中删除了部分 2.0 版本中的语句，并对一些语句的用法进行了调整，因此在 ActionScript 3.0 的模式下测试 1.0 或 2.0 版本编写的脚本，就可能出现错误。

> 　**在"动作"面板中输入了脚本后检查脚本时出错**：这种情况通常由两个原因引起，一是在脚本中输入了错误的字母或字母的大小写有误，对于这种情况，应仔细检查输入的脚本，并对错误处进行修改；二是输入了中文格式的标点符号（分号、冒号或括号等），对于这种情况，应将标点符号的输入格式设置为英文状态，然后重新输入标点符号。

> 　**测试 ActionScript 1.0 或 2.0 编写的脚本时出错**：对于这种情况，可用两种不同的方式处理。如果不要求必须在 ActionScript 3.0 模式下运行，那么可以在 Flash CS3 中将动画的 ActionScript 版本设置为 1.0 或 2.0。其方法是选择"文件/发布设置"命令，在打开的"发布设置"对话框中选择 Flash 选项卡，然后在"ActionScript 版本"下拉列表框中选择 ActionScript 1.0 或 ActionScript 2.0 选项，最后单击 确定 按钮即可。如果要求必须在 ActionScript 3.0 模式下运行，则需要对出错的语句进行分析。若该语句的用法与 3.0 版本不同，则应根据 3.0 版本的语法规则，修改语句中的相应参数；若该语句在 3.0 中被删除，则需要用 3.0 中的类似语句替换原语句。

# 第 10 章　制作交互式动画

## 学习目标

- ☑ 了解 Flash CS3 组件的作用并熟悉常见组件类型
- ☑ 熟练掌握添加组件和设置组件属性的方法后制作"用户注册界面"动画
- ☑ 使用常用组件制作"公司网站页面"和"利用组件实现背景选择"动画

## 目标任务&项目案例

用户注册界面

公司网站页面

利用组件实现背景选择

IQ 测试

在 Flash CS3 中制作交互动画时,合理地利用组件,不但能有效地利用已有资源,还能在一定程度上提高动画的制作效率。组件是 Flash CS3 中重要的组成部分,本章主要介绍应用 Flash CS3 组件制作动画的方法与技巧。

# 10.1　组　件　简　介

利用 Flash CS3 组件可加快制作动画效果的速率，在介绍组件的添加方法之前先对组件的作用及类型进行简要介绍。

## 10.1.1　组件的作用

在 Flash CS3 中，若要使动画具备某种特定的交互功能，除了使用动画中的帧、按钮或影片剪辑添加 Action 脚本的方法外，还可利用 Flash CS3 中提供的各种组件来实现。用户只需根据动画的实际情况，在场景中添加相应类型的组件，并为组件添加适当的脚本即可。在制作交互动画的过程中，合理地利用组件，不但能有效地利用已有资源，还能在一定程度上提高动画的制作效率。

## 10.1.2　组件的类型

Flash CS3 中有多种组件类型，其作用全面多样，下面将分别对其进行讲解。

### 1．Flash 中组件的类型

Flash CS3 中提供了很多可实现各种交互功能的组件，根据其功能和应用范围，主要将其分为 User Interface 组件（简称 UI 组件）和 Video 组件两大类。

- UI 组件：User Interface 组件主要用于设置用户交互界面，并通过交互界面使用户与应用程序进行交互操作。在 Flash CS3 中，大多数交互操作都通过这类组件实现。在 UI 组件中，主要包括 Button、CheckBox、ComboBox、RadioButton、List、TextArea 和 TextInupt 等选项，如图 10-1 所示。
- Video 组件：Video 组件主要用于对动画中的视频播放器和视频流进行交互操作。其中主要包括 FLVPlayback、FLVPlaybackCaptioning、BackButton、PlayButton、SeekBar、PlayPauseButton、VolumeBar 和 FullScreenButton 等选项，如图 10-2 所示。

图 10-1　UI 组件

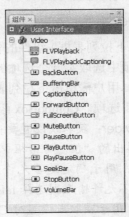

图 10-2　Video 组件

## 2．Button 组件

Button（按钮）组件是 Flash 组件中最简单的一种，使用它可以执行鼠标和键盘的交互事件，用户可以将按钮的行为从"按下"改为"切换"，在单击切换按钮后，它将保持按下状态，直到再次单击时才会返回到弹起状态。Flash 中的按钮组件可以使用自定义图标来改变其大小。Button 组件中各参数的具体功能及含义如下。

- emphasized：获取或设置一个布尔值，表示当按钮处于弹起状态时，Button 组件周围是否绘有边框。true 值表示当按钮处于弹起状态时其四周带有边框；false 值表示当按钮处于弹起状态时其四周不带边框。其默认值为 false。
- label：用于设置按钮的名称，其默认值为 Button。
- labelPlacement：用于确定按钮上的文本相对于图标的方向，包括 left、right、top 和 bottom 4 个选项，其默认值为 right。
- selected：用于根据 toggle 的值设置按钮是被按下还是被释放，若 toggle 的值为 true 则表示按下，值为 false 表示释放。其默认值为 false。
- toggle：用于确定是否将按钮转变为切换开关。若要让按钮按下后马上弹起，则选择 false 选项；若要让按钮在按下后保持按下状态，直到再次按下时才返回到弹起状态，则选择 true。其默认值为 false。

## 3．CheckBox 组件

CheckBox（复选框）组件用于设置一系列选择项目，通常作为表单或 Web 应用程序中的一个基础部分，通过用户的单击来确定复选框的状态（选中或未选中），并可同时选取多个项目，用于收集一组非相互排斥的 true 或 false 值。CheckBox 组件中各参数的具体功能及含义如下。

- label：用于设置 CheckBox 组件显示的内容。其默认值为 Check Box。
- labelPlacement：用于确定复选框上标签文本的方向，包括 left、right、top 和 bottom 4 个选项。其默认值为 right。
- selected：用于确定 CheckBox 组件的初始状态为选中（true）或取消选中（false）。其默认值为 false。

## 4．ComboBox 组件

ComboBox（下拉列表框）组件的作用与对话框中的下拉列表框类似，通常用于需要用户从多个指定选项中选取某一个选项的情况。下拉列表框中的选项在未被激活的情况下通常并不全部显示，用户需单击下拉列表框右侧的下拉按钮来弹出该下拉列表框中的所有选项，然后选择所需选项。ComboBox 组件中各参数的具体功能及含义如下。

- dataProvider：获取或设置要查看的项目列表的数据模型。单击该选项右侧的 🔍 按钮，在弹出的"值"对话框中可对数据进行编辑。
- editable：用于确定是否允许用户在下拉列表框中输入文本。若允许输入则选择 true；若不允许输入则选择 false。其默认值为 false。
- prompt：用于获取或设置对 ComboBox 组件的提示。
- rowCount：用于确定不使用滚动条时，下拉列表中最多可以显示的项目数量，默认值为 5。

### 5. RadioButton 组件

RadioButton（单选按钮）主要用于需要用户在相互排斥的选项之间进行选择的情况，通常在 Flash 中创建一组单选按钮可以形成一个系列的选择组，用户只能在其中选中某一个单选按钮。在选中该组中某一个单选按钮后，将自动取消对该组内其他单选按钮的选择。RadioButton 组件中各参数的具体功能及含义如下。

📢 提示：

RadioButton 组件必须用于至少有两个 RadioButton 实例的组中。

- ❧ groupName：用于指定该 RadioButton 组件所属的项目组，项目组由该参数相同的所有 RadioButton 组件组成，在同一项目组中只能选择一个 RadioButton 组件，并返回该组件的值。
- ❧ label：用于设置 RadioButton 的文本内容，其默认值为 Radio Button。
- ❧ labelPlacement：用于确定 RadioButton 组件文本的方向，主要包括 left、right、top和 bottom 4 个选项。其默认值为 right。
- ❧ selected：用于确定单选按钮的初始状态是否被选中，其中 true 表示选中，false表示未选中。其默认值为 false。
- ❧ value：与单选按钮关联的用户定义值。

### 6. ScrollPane 组件

ScrollPane（滚动条）组件是动态文本框与输入文本框的组合，在某个大小固定的文本框中无法将所有内容显示完全时使用。在动态文本框和输入文本框中可添加水平和垂直滚动条，并通过拖动滚动条来显示更多的内容。ScrollPane 组件中各参数的具体功能及含义如下。

- ❧ contentPath：用于确定要加载到 ScrollPane 组件中的内容所在的路径。
- ❧ hLineScrollSize：用于设置每次按下 ScrollPane 组件中滚动条两侧按钮时水平滚动条移动的距离。其默认值为 4。
- ❧ hPageScrollSize：用于设置按下滚动条时水平滚动条移动的距离。其默认值为 20。
- ❧ hScrollPolicy：用于设置是否显示水平滚动条，包括 on、off 和 auto 3 个选项。其默认值为 auto。
- ❧ scrollDrag：用于确定是否允许用户在滚动条中滚动内容，若允许则选择 true 选项，若不允许则选择 false 选项。其默认值为 false。
- ❧ vLineScrollSize：用于设置每次按下 ScrollPane 组件滚动条两侧按钮时，垂直滚动条移动的距离。其默认值为 4。
- ❧ vPageScrollSize：用于设置按下滚动条时垂直滚动条移动的距离。其默认值为 20。
- ❧ vScrollPolicy：用于设置是否显示垂直滚动条，包括 on、off 和 auto 3 个选项。其默认值为 auto。

### 7. List 组件

List（列表框）组件与下拉列表框的功能和作用相似，主要用于创建一个可滚动的单选或多选列表框，并通过选择列表框中显示的图形、文本或其他组件获取所需的数值。List 组件中各参数的具体功能及含义如下。

- ➥ allowMultipleSelection：用于指定 List 组件是否可同时选择多个选项。如果值为 true，则可以通过按住 Shift 键来选择多个选项。其默认值为 false。
- ➥ dataProvider：用于设置相应的数据，并将其与 List 组件中的选项相关联。
- ➥ horizontalLineScrollSize：用于设置当单击列表框中水平滚动箭头时，要在水平方向上滚动的内容量，该值以像素为单位。其默认值为 4。
- ➥ horizontalPageScrollSize：用于设置按滚动条轨道时，水平滚动条上滚动滑块要移动的像素数。当值为 0 时，该属性检索组件的可用宽度。其默认值为 0。
- ➥ horizontalScrollPolicy：用于设置 List 组件中的水平滚动条是否始终打开，包括 on、off 和 auto 3 个选项。其默认值为 auto。
- ➥ verticalLineScrollSize：用于设置当单击列表框中垂直滚动箭头时，要在垂直方向上滚动的内容量，该值以像素为单位。其默认值为 4。
- ➥ verticalPageScrollSize：用于设置按滚动条轨道时，垂直滚动条上滚动滑块要移动的像素数。当值为 0 时，该属性检索组件的可用宽度。其默认值为 0。
- ➥ verticalScrollPolicy：用于设置 List 组件中的垂直滚动条是否始终打开，包括 on、off 和 auto 3 个选项。其默认值为 auto。

### 8．TextArea 组件

TextArea（文本框）组件主要用于显示或获取动画中所需的文本。在交互动画中需要显示或获取多行文本字段的任何地方，都可使用 TextArea 组件来实现。TextArea 组件中各参数的具体功能及含义如下。

- ➥ condenseWhite：用于设置是否从包含 HTML 文本的 TextArea 组件中删除多余的空白。在 Flash CS3 中，空格和换行符都属于组件中的多余空白。当值为 true 时表示删除多余的空白；值为 false 时表示不删除多余空白。其默认值为 false。
- ➥ editable：用于设置允许用户编辑 TextArea 组件中的文本。当值为 true 时表示用户可以编辑 TextArea 组件所包含的文本；值为 false 时则表示不能进行编辑。其默认值为 true。
- ➥ horizontalScrollPolicy：用于设置 TextArea 组件中的水平滚动条是否始终打开，包括 on、off 和 auto 3 个选项。其默认值为 auto。
- ➥ htmlText：用于设置或获取 TextArea 组件中文本字段所含字符串的 HTML 表示形式。其默认值为空。
- ➥ maxChars：用于设置用户可以在 TextArea 组件中输入的最大字符数。
- ➥ restrict：用于设置 TextArea 组件可从用户处接受的字符串。如果此属性的值为 null，则 TextArea 组件会接受所有字符。如果此属性值设置为空字符串（""），则 TextInupt 组件不接受任何字符。其默认值为 null。
- ➥ verticalScrollPolicy：用于设置 TextArea 组件中的垂直滚动条是否始终打开，包括 on、off 和 auto 3 个选项。其默认值为 auto。
- ➥ wordWrap：用于设置文本是否在行末换行。若值为 true，表示文本在行末换行；

若值为 false，则表示文本不换行。其默认值为 true。

### 9．TextInput 组件

TextInput（单行文本框）组件主要用于显示或获取动画中所需的文本。与 TextArea 不同的是，TextInput 组件只用于显示或获取交互动画中的单行文本字段。该组件中各参数的具体功能及含义如下。

- ➥ displayAsPassword：用于获取或设置一个布尔值，该值指示当前创建的 TextInput 组件实例用于包含密码还是文本。
- ➥ editable：用于获取或设置一个布尔值，指示用户能否编辑文本字段。
- ➥ maxChars：用于获取或设置用户可以在文本字段中输入的最大字符数。
- ➥ restrict：用于设置 TextInput 组件可从用户处接受的字符串。需要注意的是，未包含在本字符串中的、以编程方式输入的字符也会被 TextInput 组件所接受。如果此属性的值为 null，则 TextInput 组件会接受所有字符；若将值设置为空字符串（""），则不接受任何字符。其默认值为 null。
- ➥ text：用于获取或设置 TextInput 组件中的字符串。此属性包含无格式文本，不包含 HTML 标签。若要检索格式为 HTML 的文本，应使用 TextArea 组件的 htmlText 属性。

## 10.1.3 应用举例——熟悉组件类型

根据前面对组件类型的介绍，分辨并熟悉 Flash 的几种常用组件。

操作步骤如下：

（1）分辨如图 10-3～图 10-5 所示组件分别属于什么组件，并判断其各自的功能和应用范围。

| ⬜ Button | 🔳 List | 📄 TextArea |
|---|---|---|
| 图 10-3 组件（一） | 图 10-4 组件（二） | 图 10-5 组件（三） |

（2）分辨如图 10-6～图 10-8 所示组件分别属于什么组件，并判断其各自的功能和应用范围。

| ☑ CheckBox | ◉ RadioButton | abl TextInput |
|---|---|---|
| 图 10-6 组件（四） | 图 10-7 组件（五） | 图 10-8 组件（六） |

# 10.2 组件的应用

了解各组件的功能和含义后，下面将主要介绍添加组件以及设置组件属性的方法。

## 10.2.1 在动画中添加组件

在动画中添加组件的方法很简单，下面以为动画添加按钮组件为例进行讲解。

**【例 10-1】** 添加按钮组件。

（1）在 Flash CS3 界面中选择"窗口/组件"命令（或按 Ctrl+F7 键），如图 10-9 所示。

（2）系统将打开如图 10-10 所示"组件"面板，单击 User Interface 组件前的■按钮，将其展开。

（3）在展开的组件中选择 Button 组件，按住鼠标左键将其拖动到场景中即可完成按钮的创建，如图 10-11 所示。

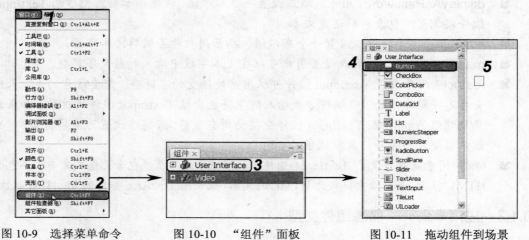

图 10-9  选择菜单命令   图 10-10  "组件"面板   图 10-11  拖动组件到场景

## 10.2.2  设置组件属性

添加组件后，还需要对组件进行属性设置，其方法为：选中场景中要进行设置的组件，打开"参数"面板，在出现的如图 10-12 所示参数列表框中对参数进行设置即可。例如，将如图 10-12 所示面板中 label 选项后的值更改为"确定"后，在场景中单击该按钮将变为如图 10-13 所示按钮。

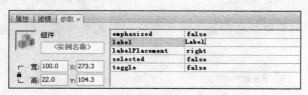

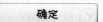

图 10-12  "参数"面板   图 10-13  设置后的组件效果

**【例 10-2】** 利用复选框组件制作如图 10-14 所示的个人爱好调查栏目，并设置复选框属性。

图 10-14  "个人爱好调查栏目"设置完成的效果

（1）在场景中选择文本工具，在"属性"面板中进行如图 10-15 所示设置，在场景中输入如图 10-16 所示文字。

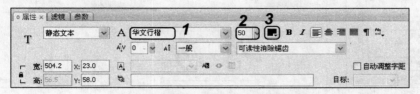

图 10-15　设置文字属性

你平时喜欢什么活动？

图 10-16　输入文字

（2）选择"窗口/组件"命令，打开"组件"面板，在展开的 User Interface 类型中选择 CheckBox 组件，并将其拖动到场景中，复制 5 个并放置到如图 10-17 所示位置。

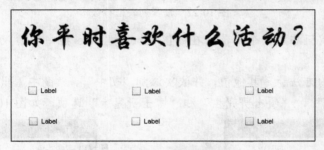

图 10-17　放置复选框组件

（3）选中第一个 CheckBox 组件，然后在"参数"面板的 label 栏中输入"上网"文字，其他两项参数保持其默认设置，如图 10-18 所示。

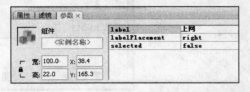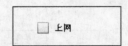

图 10-18　设置复选框参数

（4）用同样的方法对另外 5 个 CheckBox 组件的参数进行设置，最终效果如图 10-14 所示。

【例 10-3】　利用列表框组件制作如图 10-19 所示的个人学历调查栏目。

（1）利用文本工具在场景中输入"学历"文字，如图 10-20 所示。

（2）选择"窗口/组件"命令，打开"组件"面板，在展开的 User Interface 类型中选择 List 组件，并将其拖动到场景中，如图 10-21 所示。

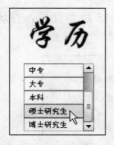

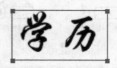

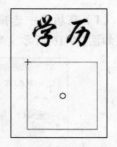

图 10-19　列表框效果　　　　图 10-20　输入文字　　　　图 10-21　放置列表框

（3）选中 List 组件，然后在"参数"面板中单击 dataProvider 项目右侧的 按钮，如图 10-22 所示，打开"值"对话框。

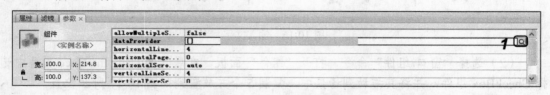

图 10-22　设置列表框参数

（4）单击 按钮添加一个新值，在该值 label 和 date 栏中均输入"小学"文字，如图 10-23 所示。

（5）用同样的方法新建其他值，并依次添加"初中"、"高中（职高）"、"中专"、"大专"、"本科"、"硕士研究生"和"博士研究生"选项，如图 10-24 所示。

图 10-23　"值"对话框

图 10-24　添加值

（6）单击 确定 按钮返回"参数"面板，其他值保持默认设置。

（7）按 Ctrl+Enter 键测试动画，即可看到制作的列表框效果。

### 10.2.3　组件检查器

在 Flash 中若动画所用组件较多，为了快速地对组件的参数和属性信息进行检查和修改，提高动画制作的效率，需使用组件检查器。

在 Flash 界面选择"窗口/组件检查器"命令（或按 Shift+F7 键），打开如图 10-25 所示"组件检查器"面板。然后在场景中选中需检查的组件，即可在"组件检查器"面板出现如图 10-26 所示参数，在该面板中检查参数是否有错。选择"参数"选项卡，可查看组件的参数是否设置正确，如果有误将其更正即可；选择"架构"选项卡，可查看与该组件相关的架构信息。检查完所有的组件，确认无误后关闭该面板即可。

图 10-25　"组件检查器"面板

图 10-26　"参数"选项卡

### 10.2.4　应用举例——制作用户注册界面

本例将使用文本框和按钮组件制作一个用户注册界面，通过本实例了解并掌握应用组件制作动画的一般方法，完成后的最终效果如图 10-27 所示（立体化教学:\源文件\第 10 章\用户注册界面.fla）。

图 10-27　用户注册界面

操作步骤如下：

（1）新建一个大小为 700×500 像素，背景颜色为黑色，帧频为 30fps，命名为"用户注册界面"的 Flash 文档。

（2）选择"文件/导入/导入到库"命令，将"注册背景.jpg"图片（立体化教学:\实例素材\第 10 章\注册背景.jpg）导入到库中。

（3）选择"插入/新建元件"命令，在打开的"创建新元件"对话框中新建名称为"背景"的影片剪辑元件。

（4）将"库"面板中的"注册背景.jpg"图片拖动到"背景"影片剪辑元件场景中。这样，"背景"影片剪辑元件制作完毕。

（5）选择"插入/新建元件"命令，新建一个名为"提示框"的影片剪辑元件。在场景中用矩形工具绘制一个黑色（如图 10-28 所示）的矩形，其宽高设置如图 10-29 所示。

（6）在矩形框上使用文本工具绘制一个动态文本框（如图 10-30 所示），动态文本框的具体设置如图 10-31 所示。

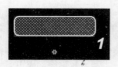 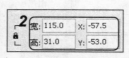  

图 10-28　绘制矩形　　图 10-29　矩形具体设置　　图 10-30　绘制动态文本框　　图 10-31　动态文本设置

（7）返回主场景，将图层 1 命名为"背景"图层，将"库"面板中的"背景"影片剪辑元件拖动到主场景中。

（8）选中场景中的"背景"影片剪辑元件，在"属性"面板中将该元件的 Alpha 值设置为 15%，效果如图 10-32 所示。

（9）新建"文字"图层，选择工具栏中的文本工具，在"属性"面板中对字体进行设置后，在场景中输入如图 10-33 所示文本内容。

图 10-32　设置背景图层　　　　　　　　　　图 10-33　输入文本

（10）新建"交互组件"图层，选择"窗口/组件"命令，在打开的如图 10-34 所示面板中将 TextInput 组件拖动到"姓名"文本后。

（11）选中该组件，在"属性"面板中将该组件命名为 XM（如图 10-35 所示），在打开的"参数"面板中进行如图 10-36 所示设置。

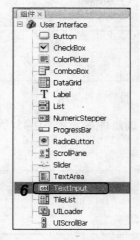

图 10-34　拖动 TextInput 组件

图 10-35　命名组件

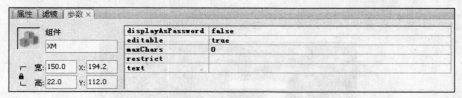

图 10-36　设置组件属性

（12）用相同的方法分别在"性别"、"地址"、"电话"、"电子邮件"、"兴趣爱好"和"自我介绍"文本后添加相应组件，并将其分别按照如图 10-37～图 10-42 所示进行命名。

图 10-37　命名"性别"组件

图 10-38　命名"地址"组件

图 10-39　命名"电话"组件

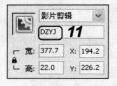

图 10-40　命名"电子邮件"组件

图 10-41　命名"兴趣爱好"组件

图 10-42　命名"自我介绍"组件

（13）再次选择"窗口/组件"命令，在打开的"组件"面板中将 Button 组件拖动到场景的右下方位置。

（14）选中该组件，在"属性"面板中将该组件命名为 QCA（如图 10-43 所示），在打开的"参数"面板中进行如图 10-44 所示设置。

| emphasized | false |
| label | 清　除 |
| labelPlacement | right |
| selected | false |
| toggle | false |

图 10-43　命名清除组件　　　　　　　　　图 10-44　设置组件属性

（15）用相同的方法添加"提交"按钮组件，并将该组件按如图 10-45 所示命名，其参数设置如图 10-46 所示。

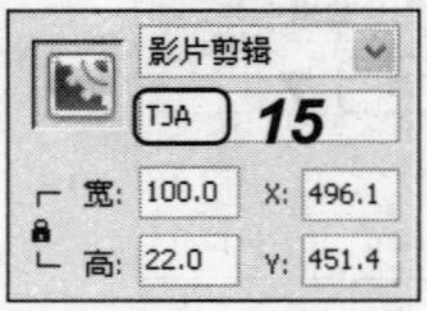

| emphasized | false |
| label | 提　交 |
| labelPlacement | right |
| selected | false |
| toggle | false |

图 10-45　命名组件　　　　　　　　　图 10-46　设置组件属性

（16）添加了所有文本和组件的界面效果如图 10-47 所示。

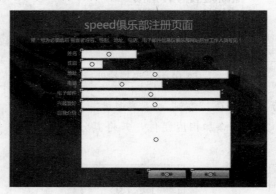

图 10-47　添加了所有文本和组件的界面效果

（17）在"交互组件"图层按 F9 键，打开如图 10-48 所示的"动作-帧"面板，在该面板中输入如下脚本：

```
TS.alpha=0;
var cpd:String="";//记录上次判断值
var zpd:String="";//记录当前判断值
//限定输入数字内容
DH.restrict="0-9";
//TAB 切换
XM.tabEnabled=true;
XB.tabEnabled=true;
DZ.tabEnabled=true;
DH.tabEnabled=true;
DZYJ.tabEnabled=true;
XQAH.tabEnabled=true;
```

图 10-48　"动作-帧"面板

```
ZWJS.tabEnabled=true;
TS.tabEnabled=false;
QCA.tabEnabled=true;
TJA.tabEnabled=true;
XM.tabIndex=1;
XB.tabIndex=2;
DZ.tabIndex=3;
DH.tabIndex=4;
DZYJ.tabIndex=5;
XQAH.tabIndex=6;
ZWJS.tabIndex=7;
QCA.tabIndex=8;
TJA.tabIndex=9;
//-------------------------------------
//提交信息
TJA.addEventListener(MouseEvent.CLICK,TJ);
function TJ(e:MouseEvent) {
    if (XM.text.length>2&&XB.text.length>1&&DZ.text.length>4&&DH.text.length>3&&DZYJ.text.length>
2&&XQAH.text.length>2&&ZWJS.text.length>2) {
        if (true) {//判定是否重复提交
            var request:URLRequest=new URLRequest("message.asp");
                                                //指定接收用户信息的网站后台脚本
            var SJSJ:URLVariables=new URLVariables();
            SJSJ.xm=XM.text;
            SJSJ.xb=XB.text;
            SJSJ.dz=DZ.text;
            SJSJ.dh=DH.text;
            SJSJ.dzyj=DZYJ.text;
            SJSJ.bt=XQAH.text;
            SJSJ.lynr=ZWJS.text;
            request.data=SJSJ;
            request.method=URLRequestMethod.POST;
            var sjloader:URLLoader=new URLLoader();//新建 URLLoader 对象
            sjloader.dataFormat=URLLoaderDataFormat.VARIABLES;//设置发送的数据格式
            sjloader.load(request);//向网站后台脚本发送数据
            sjloader.addEventListener(Event.COMPLETE,SUC);
            sjloader.addEventListener(IOErrorEvent.IO_ERROR,FAIL);
            function SUC(e:Event) {
                var loader:URLLoader=URLLoader(e.target);
                if (loader.data.GD==1) {
```

```
                                TS.tsxx.text="提交成功，谢谢";
                                TS.alpha=1;
                                XM.text="";
                                XB.text="";
                                DZ.text="";
                                DH.text="";
                                DZYJ.text="";
                                XQAH.text="";
                                ZWJS.text="";
                        } else {
                                TS.tsxx.text="提交信息失败";
                                TS.alpha=1;
                        }
                }
                function FAIL(e:IOErrorEvent) {
                        TS.tsxx.text="无法连接服务器";
                        TS.alpha=1;
                }
        }
        } else {
                TS.tsxx.text="请填写必填信息";
                TS.alpha=1;
        }
}
TS.buttonMode=true;
TS.addEventListener(MouseEvent.CLICK,TSXS);
function TSXS(e:MouseEvent) {
        TS.alpha=0;
}
QCA.addEventListener(MouseEvent.CLICK,QC);
function QC(e:MouseEvent) {
        XM.text="";
        XB.text="";
        DZ.text="";
        DH.text="";
        DZYJ.text="";
        XQAH.text="";
        ZWJS.text="";
```

（18）新建"提示框"图层，在打开的"库"面板中将"提示框"影片剪辑元件拖动到场景中央位置。

（19）选中场景中的该元件，在"属性"面板中将其命名为 TS，并将其颜色设置为 Alpha 值 100%，如图 10-49 所示。

（20）这样即可完成整个用户注册界面的操作，其时间轴状态如图 10-50 所示。按 Ctrl+S 键保存该动画，按 Ctrl+Enter 键测试动画，即可打开如图 10-27 所示页面，在该页面输入注册信息后，单击"提交"按钮系统将弹出"无法连接服务器"的提示信息。

图 10-49　设置提示框属性

图 10-50　时间轴状态

🔊提示：

该动画需与服务器中相应的网页后台脚本（如本任务中的 message.asp）建立连接，才能将用户注册信息提交给数据库，在未建立连接的情况下，将出现"无法连接服务器"的提示信息。

# 10.3　上机及项目实训

## 10.3.1　制作公司网站页面

本次上机实训将利用元件和组件制作一个公司网站的主页面，用户可以在该页面中输入相关的用户信息，并通过单击相应按钮来进入网站。本例的最终效果如图 10-51 所示（立体化教学:\源文件\第 10 章\公司网站页面.fla）。

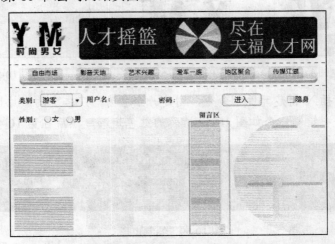

图 10-51　"公司网站页面"最终效果

操作步骤如下：

（1）新建一个 Flash 文件，将影片属性设置为如图 10-52 所示。

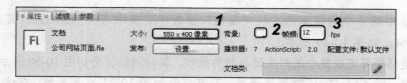

图 10-52　设置影片属性

（2）选择"插入/新建元件"命令，创建一个名为"爱车一族"的按钮元件。

（3）在"弹起"帧中绘制一个如图 10-53 所示的圆角矩形，其填充色为蓝色渐变色。

（4）使用文本工具在矩形上方输入"爱车一族"文字，如图 10-54 所示。

（5）将"弹起"帧分别复制到"指针经过"和"按下"帧，并将"按下"帧中的矩形填充为"紫-粉红-紫"的线性渐变色，如图 10-55 所示。

图 10-53　绘制矩形　　　　　　图 10-54　输入文字　　　　　　图 10-55　改变填充色

（6）用同样的方法分别新建"自由市场"、"影音天地"、"艺术兴趣"、"地区聚会"和"传媒江湖"按钮元件。

（7）选择"插入/新建元件"命令，创建一个名为 logo 的影片剪辑元件。

（8）在编辑场景中绘制一个如图 10-56 所示的图形。

（9）将第 1 帧分别复制到第 5 帧和第 10 帧，创建这 3 帧之间的补间动画，然后将第 5 帧中的图形缩小到如图 10-57 所示的大小。完成后的时间轴如图 10-58 所示。

图 10-56　绘制图形　　　　　图 10-57　缩小图形　　　　　图 10-58　时间轴

（10）选择"插入/新建元件"命令，创建一个名为"广告"的影片剪辑元件。

（11）在场景中绘制一个如图 10-59 所示的红色矩形，然后在第 10 帧处插入普通帧。

图 10-59　绘制矩形

（12）新建图层 2，在其中绘制一个如图 10-60 所示的圆形图形，然后将第 1 帧复制到第 10 帧并创建补间动画。

（13）选择第 1 帧，然后在"属性"面板中做如图 10-61 所示设置。

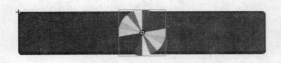

图 10-60 绘制圆形图形

图 10-61 设置属性

（14）新建图层 3，在工具栏中选择文本工具，在"属性"面板进行如图 10-62 所示设置，然后在矩形中输入"人才摇篮"和"尽在天福人才网"文字，如图 10-63 所示。再在图层 3 的第 10 帧处插入普通帧。

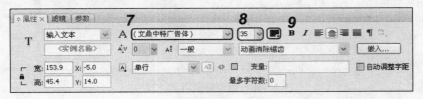

图 10-62 设置文字属性

图 10-63 输入文字

（15）新建图层 4，将图层 3 中的文字复制到其中，将文字修改为"黄色"并将第 1 帧分别复制到第 5 帧和第 10 帧，创建这 3 帧之间的补间动画，然后将第 5 帧中的文字向上移动一小段距离，如图 10-64 所示。完成后的时间轴如图 10-65 所示。

图 10-64 移动文字

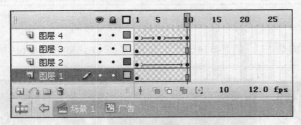

图 10-65 时间轴状态

（16）返回主场景，使用绘图工具在主场景中绘制如图 10-66 所示的背景图案，并输入相应的文字。

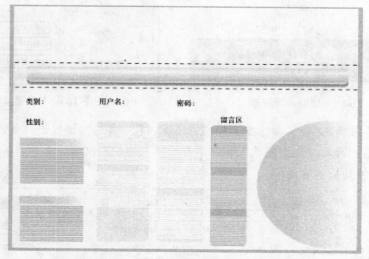

图 10-66　绘制背景并输入文字

（17）在"库"面板中将 logo 影片剪辑元件拖动到场景中，如图 10-67 所示。

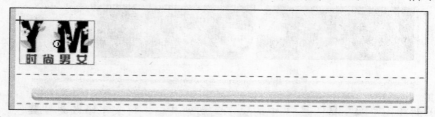

图 10-67　放置 logo

（18）新建图层 2，然后在"库"面板中将"广告"影片剪辑元件拖动到场景中，如图 10-68 所示。

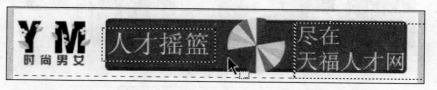

图 10-68　放置"广告"影片剪辑元件

（19）在"库"面板中将制作的按钮元件依次拖动到如图 10-69 所示的位置。

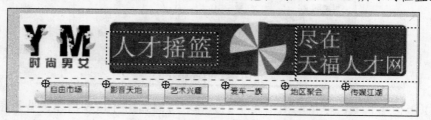

图 10-69　放置按钮元件

（20）使用文本工具在"留言区"文字下方拖出一个与留言区域同样大小的文本框，如图 10-70 所示。

（21）选中文本框，在"属性"面板中进行如图 10-71 所示设置。

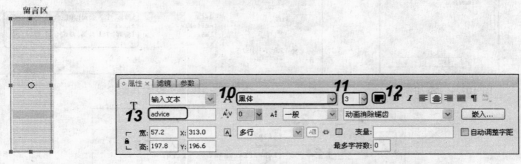

图 10-70　创建文本框　　　　　　　　　　　　　　图 10-71　设置文本框属性

（22）新建一个名为"组件"的图层，在该图层中利用文本工具分别在"用户名："和"密码："文字后方拖出两个文本框。

（23）选中"用户名："文字后方的文本框，在"属性"面板中进行如图 10-72 所示设置。

图 10-72　设置"用户名"文本框属性

（24）选中"密码："后面的文本框，在"属性"面板中进行如图 10-73 所示设置。

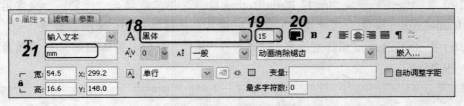

图 10-73　设置"密码"文本框属性

（25）选择"窗口/组件"命令，在打开的"组件"面板中选择 ComboBox 组件，将其拖动到"类别："文字后方。然后选中 ComboBox 组件，在"参数"面板中选择 data 项目，然后在打开的"值"对话框中新建如图 10-74 所示的值，单击 确定 按钮。

（26）将 ComboBox 组件的 labels 项目进行 data 项目相同的设置，其他参数按如图 10-75 所示设置。

（27）在"组件"面板中选择 Button 组件，将其拖动到"密码："文字后方。然后选中 Button 组件，在"属性"面板中将其参数按如图 10-76 所示设置。

图 10-74　添加新值

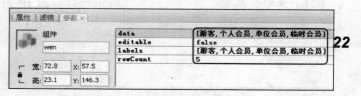

图 10-75　设置其他参数

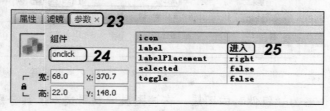

图 10-76　设置 Button 组件参数

（28）在"组件"面板中选择 CheckBox 组件，将其拖动到 Button 组件后方。然后选中 CheckBox 组件，在"属性"面板中将其参数按如图 10-77 所示设置。

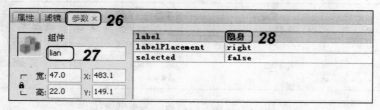

图 10-77　设置 CheckBox 组件参数

（29）在"组件"面板中选择 RadioButton 组件，将其拖动到"性别："文字后方，然后选中 RadioButton 组件，在"属性"面板中将其参数按如图 10-78 所示设置。

（30）将 RadioButton 组件进行复制，然后在"属性"面板中将其 label 参数修改为"男"，如图 10-79 所示。

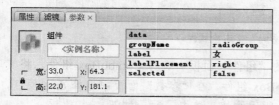

图 10-78　设置 RadioButton 组件参数

图 10-79　设置另一组件参数

（31）在"组件"面板中选中 ScrollPane 组件，将其拖动到留言区域，并将其调整与留言区域相同的大小。然后选中 ScrollPane 组件，在"属性"面板中将其参数按如图 10-80 所示设置。

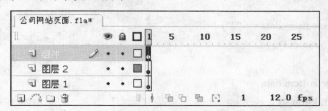

图 10-80　设置 ScrollPane 组件参数

（32）选择"窗口/组件检查器"命令（或按 Shift+F7 键），打开"组件检查器"面板，在面板中对各组件进行检查。

（33）保存该动画完成后的时间轴状态，如图 10-81 所示，按 Ctrl+Enter 键测试动画，即可查看制作完成的公司网站页面效果。

图 10-81　时间轴状态

📢提示：

> 在本例中只练习利用组件制作这类页面的基本方法，并未对相关页面进行链接，读者可在掌握一定 Actions 语句基础之后，自行对该页面进行优化和链接等操作。

## 10.3.2　利用组件实现背景选择

运用本章所学内容，制作如图 10-82 所示背景选择动画。通过本实训进一步熟悉 Flash CS3 中组件的创建、设置方法以及语句的应用添加方法（立体化教学:\源文件\第 10 章\利用组件实现背景选择.fla）。

图 10-82　利用组件实现背景选择

本练习可结合立体化教学中的视频演示进行学习（立体化教学:\视频演示\第 10 章\利用组件实现背景选择.swf）。主要操作步骤如下：

（1）新建文档，设置场景大小为 550×200 像素，背景颜色为灰色，帧频为 12fps。

（2）导入图片到库，在"背景"图层第 1 帧输入"无背景"文本提示信息。在该图层第 2~7 帧分别放入不同的背景图片，使其覆盖整个场景。在该图层各帧中分别添加 stop

语句。

（3）新建图层 2，在该图层添加一个静态文本和一个 ComboBox 组件，为组件命名并设置参数。然后在该图层第 1 帧添加如下脚本语句：

```
function colorchange(event:Event) {
    if (aselect.selectedItem.data == "0") {
        gotoAndStop(1);
    }
    if (aselect.selectedItem.data == "1") {
        gotoAndStop(2);
    }
    if (aselect.selectedItem.data == "2") {
        gotoAndStop(3);
    }
    if (aselect.selectedItem.data == "3") {
        gotoAndStop(4);
    }
    if (aselect.selectedItem.data == "4") {
        gotoAndStop(5);
    }
    if (aselect.selectedItem.data == "5") {
        gotoAndStop(6);
    }
    if (aselect.selectedItem.data == "6") {
        gotoAndStop(7);
    }
}
aselect.addEventListener(Event.CHANGE, colorchange);;
```

# 10.4　练习与提高

本练习将使用组件制作一个 IQ 测试动画，通过本练习了解并掌握应用组件制作动画的一般方法，完成后的最终效果如图 10-83 所示（立体化教学:\源文件\第 10 章\IQ 测试.fla）。

提示：制作本动画时，先导入图片，放置背景图片。新建"题目图形"图层，在该图层各帧中添加测试题目的文本内容。新建"组件"图层，在该图层各帧中添加相应组件并对参数进行设置。新建"语句"图层，为各帧添加脚本语言，并使用组件检查器检查并修改各组件。本练习可结合立体化教学中的视频演示进行学习（立体化教学:\视频演示\第 10 章\制作 IQ 测试动画.swf）。

图 10-83 IQ 测试

 组件应用技巧与提高

为了读者更好地掌握组件这部分内容，总结如下应用技巧供参考：

- 在交互动画中，可以利用相同的组件实现不同的交互功能。用户只需根据动画的实际情况，对组件的参数值做相应的设置，并将其与特定的 ActionScript 脚本相关联即可。

- 对于要更改组件外观的动画，只需在舞台中双击要更改外观的组件，打开该组件的编辑界面，在界面中将显示该组件所有状态对应的外观样式，在其中双击要更改的某个状态所对应的外观样式，即可进入该样式的编辑界面中对其进行修改。修改完成后，修改的样式会应用到动画中所有的此类组件上。

- 在 Flash CS3 中，可以通过为组件关联 setStyle()语句对指定组件的外观、颜色和字体等内容进行修改，从而控制组件的外观，如 glb.setStyle("textFormat",myFormat)。

# 第 11 章　动画测试、优化与发布

## 学习目标

☑ 测试、优化、导出"公园风标"动画
☑ 将"水的涟漪"动画发布到网页
☑ 掌握设置发布参数、预览发布效果、上传 Flash 作品到网上等操作，将"小兔乖乖"动画进行发布并在 IE 浏览器中观看其发布效果
☑ 综合本章知识点测试、导出并发布"跳动的小球"动画

## 目标任务&项目案例

测试动画

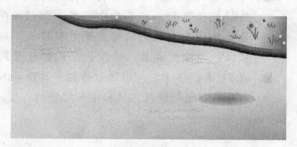

"水的涟漪"预览效果

"小兔乖乖"预览效果

发布"跳动的小球"

　　在完成一个动画作品的制作后，为了确保动画的最终质量，通常需要对动画做一系列的测试与优化。Flash 动画在测试和优化之后，还可以将其导出，作为可供其他程序调用的动画素材，也可将动画作为作品发布。本章将介绍测试与优化 Flash 作品的基本方法以及导出和发布 Flash 的方法，使读者掌握动画的测试、优化与发布的方法。

# 11.1 测试与导出动画

将 Flash 动画制作完成后，可以将其作为作品发布出来，或将动画作为其他格式的文件导出，供其他应用程序使用。一般情况下，在发布和导出之前，必须对其动画进行测试和优化。通过测试可以检查动画是否能正常播放，而优化动画可以减小文件的大小，加快动画的下载速度。

## 11.1.1 测试动画

当动画完成制作后，就可通过对动画进行必要的测试，确定动画是否达到预期的效果。在 Flash CS3 中，动画的测试主要包括查看动画的画面效果，检查是否出现明显错误、模拟下载状态以及对动画中添加的 Action 脚本进行调试等内容，从而确保动画的最终质量。在对动画测试时，既可以进行单独场景的下载性能测试，也可以进行整个动画的下载性能测试。下面以实例的形式对其进行详细讲解。

【例 11-1】 测试动画文件"公园风标"。

（1）打开"公园风标.fla"文档（立体化教学:\实例素材\第 11 章\公园风标.fla）。选择"控制/测试影片"命令（或按 Ctrl+Enter 键），如图 11-1 所示，打开如图 11-2 所示的影片测试界面。

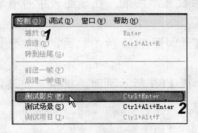

图 11-1 选择菜单命令

图 11-2 影片测试界面

（2）选择"视图/下载设置"命令，在打开的如图 11-3 所示子菜单中选择 56K（4.7KB/s）选项。

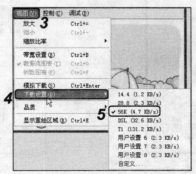

图 11-3 选择子菜单命令

📢提示：

选择"视图/下载设置/自定义"命令，可打开如图 11-4 所示的"自定义下载设置"对话框，对下载带宽进行自定义设置。

（3）选择"视图/带宽设置"命令（若以前已经选择了该菜单中的"数据流图表"命令），打开如图 11-5 所示数据流显示图表，可查看动画下载和播放时的数据流情况。

图 11-4 "自定义下载设置"对话框　　　图 11-5 数据流显示图表

（4）选择"视图/帧数图表"命令，将打开帧数显示图表，在该图表中可查看动画中各帧中的数据使用情况。

（5）选择"视图/显示重绘区域"命令，将打开如图 11-6 所示页面，用红色的框重复显示出重绘的区域。

（6）选择"视图/模拟下载"命令，将打开如图 11-7 所示页面，模拟下载该动画。

图 11-6 显示重绘区域　　　　　　图 11-7 模拟下载

提示：

若动画中应用了 Action 脚本，可在菜单栏中选择"调试/开始远程调试会话"命令，在打开的子菜单中选择 ActionScript 3.0 命令，即可打开调试界面对动画中 Action 脚本的执行情况进行查看。

（7）选择"调试/对象列表"命令，将打开如图 11-8 所示页面对动画进行调试。

（8）选择"调试/变量列表"命令，将打开如图 11-9 所示页面对动画进行调试。

```
输出 ×
Level #0: Frame=1
    Shape:
    Movie Clip: Frame=53 Target="_level0.instance204"
        Shape:
```

图 11-8 调试对象列表

```
输出 ×
Level #0:
    Variable _level0.$version = "WIN 9,0,45,0"
    Movie Clip: Target="_level0.instance204"
```

图 11-9 调试变量列表

（9）测试完后关闭测试窗口，返回编辑窗口。

在数据流显示图左侧的面板中有如下 3 栏。

- "影片"栏：显示动画的总体属性。包括动画的尺寸、帧速率、文件大小、播放的持续时间和预加载时间。
- "设置"栏：显示当前使用的带宽。
- "状态"栏：显示当前帧号、数据大小及已经载入的帧数和数据量。

注意：

一旦建立起了结合"带宽设置"的测试环境，就可以在测试模式中直接打开任何 SWF 格式文件，且在打开时会使用"带宽设置"和其他选定的查看选项。

提示：

在带宽显示图中，每个交错的浅色和深色的方块表示动画的帧。方块的大小表示该帧所含数据量的多少。如果方块超出了红线则表示该帧的数据量超出了限制，在流式传输模式下，播放指针的移动表示当前帧的载入。

另外，还可以通过播放控制面板来测试动画。其方法为：选择"窗口/工具栏/控制器"命令，打开如图 11-10 所示的"控制器"面板。利用其中的按钮即可进行动画的播放、停止及倒退等操作。

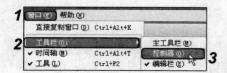
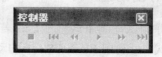

图 11-10 "控制器"面板

### 11.1.2 优化 Flash 作品

一般情况下，下载和播放 Flash 动画时，如果速度很慢且容易出现停顿现象，表示 Flash 动画文件很大，影响了动画的点击率。为了减少 Flash 动画大小，加快动画的下载速度，在导出动画之前，需要对动画文件进行优化。优化动画主要包括在动画制作过程中的优化、对元素的优化和对文本的优化等。

**1．对动画的优化**

在制作 Flash 动画的过程中应注意对动画的优化。动画制作过程的优化主要有以下几个方面：

- 将动画中相同的对象转换为元件，只保存一次即可使用多次，这样可以很好地减少动画的数据量。
- 由于位图比矢量图的体积大得多，因此调用素材时最好使用矢量图，尽量不使用位图。
- 制作动画时最好减少逐帧动画的使用，尽量使用补间动画，因为补间动画中的过渡帧是系统计算得到的，逐帧动画的过渡帧是通过用户添加对象而得到的。因此，补间动画的数据量相对于逐帧动画小得多。补间动画相对于逐帧动画的体积也小得多。

**2．对元素的优化**

在制作动画的过程中，还应该注意对元素的优化选择，对元素的优化主要有以下几个方面：

- 尽量对动画中的各元素进行分层管理。
- 尽量减小矢量图形的形状复杂程度。
- 尽量少导入素材，特别是位图，它会大幅增加动画体积的大小。
- 导入声音文件时尽量使用体积相对于其他音频格式较小的 MP3 格式。
- 尽量减少特殊形状矢量线条的应用，如斑马线、虚线和点线等。
- 尽量使用矢量线条替换矢量色块，因为矢量线条的数据量相对于矢量色块小得多。

**3．对文本的优化**

在制作动画时常会用到文本内容，因此还应对文本进行优化，主要包括以下几个方面：

- 使用文本时最好不要运用太多种类的字体和样式，因为使用过多的字体和样式会使动画的数据量加大。
- 尽量不要将文字打散。

### 11.1.3 导出动画

优化并测试动画下载性能后，若要将其中的声音、图形或某一个动画片段保存为指定的文件格式，可利用 Flash CS3 中的动画导出功能导出该文件，并将导出的文件导入到其他动画和应用程序中运用。

**1．导出图形**

下面以实例的方式讲解导出图形的方法。

【例11-2】　导出"公园.jpg"图形。

（1）打开"公园风标.fla"文档（立体化教学:\实例素材\第 11 章\公园风标.fla）。选中该动画场景中的图片，如图11-11所示。选择"文件/导出/导出图像"命令，打开如图11-12所示对话框。

图11-11　选中导出图片

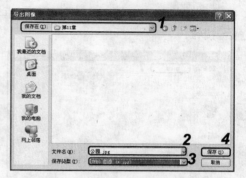

图11-12　"导出图像"对话框

（2）在"保存在"下拉列表框中选择保存的路径，在"文件名"下拉列表框中输入导出图片的名称，在"保存类型"下拉列表框中选择"JPEG 图像"选项，单击 保存(S) 按钮。

（3）系统将打开如图11-13所示对话框，在该对话框中对导出图片进行设置，若要匹配屏幕单击 匹配屏幕(M) 按钮，然后单击 确定 按钮。

（4）此时在导出的文档路径中即可查看到如图11-14所示导出的图片。

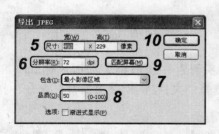

图11-13　"导出 JPEG"对话框

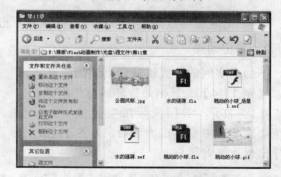

图11-14　导出的图像效果

**2．导出声音**

下面以实例的方式讲解导出声音的方法。

【例11-3】　导出音乐"音乐贺卡"。

（1）打开"音乐贺卡.fla"文档（立体化教学:\实例素材\第 11 章\音乐贺卡.fla）。选中该动画场景中要导出的音乐，如图11-15所示。选择"文件/导出/导出影片"命令，打开如图11-16所示对话框。

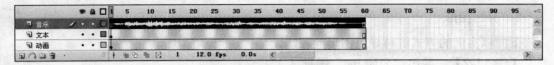

图 11-15　选中需要导出的音乐

（2）在"保存在"下拉列表框中选择保存的路径，在"文件名"下拉列表框中输入导出声音的名称，在"保存类型"下拉列表框中选择"WAV 音频"选项，单击 保存(S) 按钮。

（3）系统将打开如图 11-17 所示对话框，在该对话框中对导出声音格式进行设置，单击 确定 按钮。

图 11-16　"导出影片"对话框

图 11-17　"导出 Windows WAV"对话框

提示：

在导出声音时，"声音格式"下拉列表框中的选项直接关系到导出的声音文件的质量。其 kHz 值和位值越高，导出的声音文件的效果越好。

（4）此时在导出的文档路径即可查看到导出的声音文件。

### 3．导出动画

下面以实例的方式讲解导出动画的方法。

【例 11-4】　导出"旋转风标"动画。

（1）打开"公园风标.fla"文档（立体化教学:\实例素材\第 11 章\公园风标.fla）。选中该动画场景中要导出的动画，如图 11-18 所示。选择"文件/导出/导出影片"命令，打开"导出影片"对话框。

图 11-18　选中需要导出的动画

（2）在"保存在"下拉列表框中选择保存的路径，在"文件名"下拉列表框中输入导出动画的名称"旋转风标"，在"保存类型"下拉列表框中选择 Windows AVI 选项，单击 保存(S) 按钮。

（3）系统将打开如图 11-19 所示对话框，在该对话框中对导出动画进行设置，单击 确定 按钮。

🔊**提示：**

在 Flash CS3 中可将动画片段导出为 Windows AVI 和 QuickTime 两种视频格式。若要导出为 QuickTime 视频格式，需要在用户的电脑中安装 QuickTime 相关软件。

（4）系统将打开如图 11-20 所示对话框，在该对话框中对压缩的文件质量进行设置后，单击 确定 按钮。

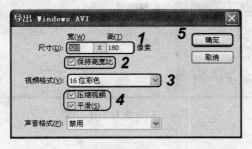

图 11-19　"导出 Windows AVI"对话框

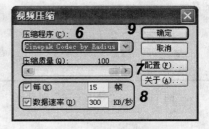

图 11-20　"视频压缩"对话框

（5）此时在导出的文档路径即可查看到导出的动画文件。

## 11.1.4　应用举例——将动画导出为 GIF 文件

将"小兔乖乖.fla"逐帧动画导出为 GIF 动画并保存。

操作步骤如下：

（1）打开"小兔乖乖.fla"文档（立体化教学:\实例素材\第 11 章\小兔乖乖.fla）。选中该动画场景中要导出的动画，如图 11-21 所示。选择"文件/导出/导出影片"命令，打开"导出影片"对话框。

（2）在"保存在"下拉列表框中选择保存的路径，在"文件名"下拉列表框中输入导出动画的名称"小兔乖乖"，在"保存类型"下拉列表框中选择"GIF 动画"选项，如图 11-22 所示，单击 保存(S) 按钮。

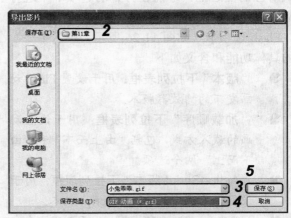

图 11-21　选中导出动画

图 11-22　"导出影片"对话框

（3）系统将打开如图 11-23 所示对话框，在该对话框中对导出动画进行设置，单击

确定 按钮。

（4）此时在导出的文档路径即可查看到导出的 GIF 动画文件，如图 11-24 所示。

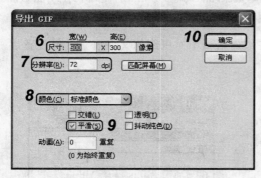

图 11-23 "导出 GIF"对话框

图 11-24 查看 GIF 动画

# 11.2 发 布 动 画

利用发布命令可以将已经测试、优化和导出后的 Flash 动画文件进行发布，使动画能够得到广泛的传播。

## 11.2.1 设置发布参数

在 Flash CS3 中设置发布参数，可以对动画的发布格式和发布质量等内容进行控制，选择"文件/发布设置"命令，打开如图 11-25 所示的"发布设置"对话框。默认的发布格式为 Flash 和 HTML格式，只有在"格式"选项卡中选中了其他文件格式对应的复选框，才能在打开的选项卡中进行相应设置。

Flash 选项卡（如图 11-26 所示）中各主要参数的具体功能和含义如下。

➥ "版本"下拉列表框：用于设置 Flash 动画发布的播放器版本。

➥ "加载顺序"下拉列表框：用于设置动画的载入方式，包括"由上而下"和"由下而上"两个选项。

➥ "ActionScript 版本"下拉列表框：用于设置动画应用的 ActionScript 版本。

➥ □生成大小报告 (R)复选框：用于创建一个文本文件，记录最终动画文件的大小信息。

图 11-25 "发布设置"对话框

➡ ☐防止导入(P)复选框：用于保护动画内容，防止发布的动画被非法应用和编辑。

➡ ☐省略 trace 动作(T)复选框：用于忽略当前动画中的跟踪命令。

➡ ☐允许调试 复选框：允许对动画进行调试。

➡ ☑压缩影片复选框：用于压缩发布的动画文件，以减小文件的大小。

➡ "密码"文本框：用于设置打开动画文档的密码。

➡ "JPEG 品质"滑块：用于设置动画中位图的压缩品质，若动画中不包含位图，则该项设置无效。

➡ 音频流：单击右侧的 设置... 按钮，在打开的"声音设置"对话框中可设定导出的流式音频的压缩格式、位比率和品质等。

➡ 音频事件：用于设定动画中事件音频的压缩格式、位比率和品质。

➡ ☐覆盖声音设置复选框：用于覆盖所做的声音发布设置。

➡ ☐导出设备声音复选框：用于导出设备中的声音内容。

➡ "本地回放安全性"下拉列表框：用于设置本地回放的安全性，包括"只访问本地文件"和"只访问网络"两个选项。

HTML 选项卡（如图 11-27 所示）中各主要参数的具体功能和含义如下。

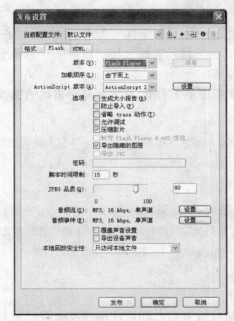

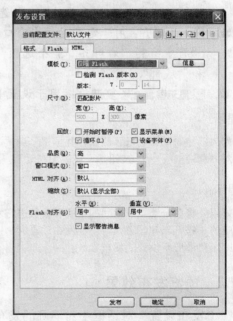

图 11-26 Flash 选项卡          图 11-27 HTML 选项卡

➡ "模板"下拉列表框：用于设置 HTML 所使用的模板，单击右侧的 信息 按钮，可打开"HTML 模板信息"对话框，显示出该模板的有关信息。

➡ "尺寸"下拉列表框：用于设置发布的 HTML 的宽度和高度值，包括"匹配影片"、"像素"和"百分比" 3 个选项。"匹配影片"表示将发布的尺寸设为动画的实际尺寸；"像素"表示用于设置影片的实际宽度和高度，选择该项后可在"宽"和"高"文本框中输入具体的像素值；"百分比"表示设置动画相对于浏览器窗口的尺寸大小。

- ☐ **开始时暂停(P)复选框**：用于使动画一开始处于暂停状态，只有当用户单击动画中的"播放"按钮或从快捷菜单中选择"播放"命令后，才能开始播放动画。
- ☑ **显示菜单(M)复选框**：设置在动画中单击鼠标右键时，弹出的相应的快捷菜单。
- ☑ **循环(L)复选框**：用于使动画反复进行播放。
- ☐ **设备字体(F)复选框**：用于使用设备字体取代系统中未安装的字体。
- **"品质"下拉列表框**：用于设置 HTML 的品质，包括"低"、"自动降低"、"自动升高"、"中"、"高"和"最佳"6 个选项。
- **"窗口模式"下拉列表框**：用于设置 HTML 的窗口模式，包括"窗口"、"不透明无窗口"和"透明无窗口"3 个选项。其中，"窗口"表示在网页窗口中播放 Flash 动画；"不透明无窗口"表示使动画在无窗口模式下播放；"透明无窗口"表示使 HTML 页面中的内容从动画中所有透明的地方显示。
- **"HTML 对齐"下拉列表框**：用于设置动画窗口在浏览器窗口中的位置，包括"左对齐"、"右对齐"、"顶部"、"底部"及"默认"5 个选项。
- **"缩放"下拉列表框**：用于设置动画的缩放方式，包括"默认"、"无边框"、"精确匹配"和"无缩放"4 个选项。
- **Flash 对齐**：用于定义动画在窗口中的位置。"水平"下拉列表框包括"左对齐"、"居中"和"右对齐"3 个选项；"垂直"下拉列表框包括"顶部"、"居中"和"底部"3 个选项。
- ☑ **显示警告消息 复选框**：用于设置 Flash 是否警示 HTML 标签代码中出现的错误。

📢**提示：**

如果已经对动画进行了测试，并预览了测试效果，那么在设置发布参数后，直接单击"发布设置"对话框中的 ▭发布▭ 按钮即可直接发布动画。

📢**提示：**

如果要将多个动画以相同的格式和参数进行发布，可在设置相关参数后，单击"发布设置"对话框中的 + 按钮新建配置文件。在发布动画时，只需在"当前配置文件"下拉列表框中选中该配置文件，即可自动应用设置的发布参数。

## 11.2.2 预览发布效果

在"发布设置"对话框中对动画的发布格式进行设置后，即可在正式发布前对发布的动画格式进行预览。预览发布效果时，选择"文件/发布预览"命令，如图 11-28 所示。再在弹出的子菜单中选择一种要预览的文件格式，即可在动画预览界面中看到该动画发布后的效果，如图 11-29 所示。

📢**提示：**

只有在"发布设置"对话框的"格式"选项卡中设置了文件格式，才能在打开的子菜单中选择，未设置的文件格式将呈灰度显示。另外，若直接按 F12 键可采用系统默认的发布格式和参数对动画进行预览。

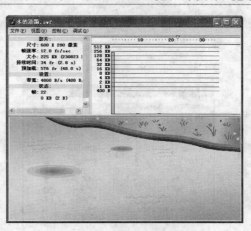

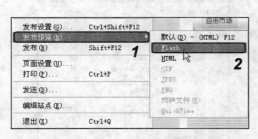

图 11-28　"发布预览"子菜单　　　　　　图 11-29　预览效果

## 11.2.3　上传 Flash 作品到网上

对动画进行了测试、优化、导出和发布操作后，就可以将动画上传到网上了。

在"发布设置"对话框中分别对选定的文件格式进行具体设置后，单击 [发布] 按钮即可完成动画的发布，并在 Flash 源文件所在位置生成一个网页格式的文件。选择该文件，然后单击鼠标右键，在弹出的快捷菜单中选择"打开"命令即可打开发布的文件。如图 11-30 所示为将"水的涟漪.fla"动画发布后在 IE 浏览器中观看的效果（立体化教学:\源文件\第 11 章\水的涟漪.html）。

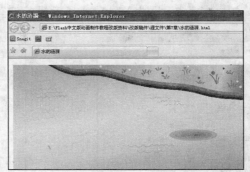

图 11-30　在 IE 浏览器中观看发布效果

📢 提示:

若用户要按默认的格式和设置进行发布，可直接选择"文件/发布设置"命令，或按 Shift+F12 键来实现。

## 11.2.4　应用举例——发布小兔乖乖动画

下面将"小兔乖乖.fla"逐帧动画进行发布，并在 IE 浏览器中观看其发布效果。

操作步骤如下:

（1）打开"小兔乖乖.fla"文档（立体化教学:\实例素材\第 11 章\小兔乖乖.fla）。选择"文件/发布设置"命令，打开"发布设置"对话框，选中前面 3 个复选框，如图 11-31 所示。

（2）选择 Flash 选项卡，然后按如图 11-32 所示进行设置。

图 11-31　"发布设置"对话框

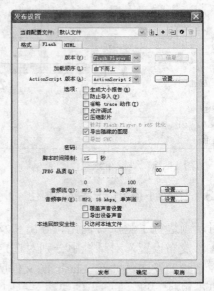

图 11-32　Flash 选项卡

（3）选择 HTML 选项卡，按如图 11-33 所示进行设置。

（4）选择 GIF 选项卡，按如图 11-34 所示进行设置，单击 确定 按钮。

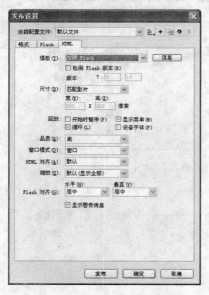

图 11-33　HTML 选项卡

图 11-34　GIF 选项卡

（5）选择"文件/发布预览/HTML"命令，即可预览其发布效果，如图 11-35 所示。确认无误后选择"文件/发布"命令即可。

图 11-35　预览发布效果

# 11.3　上机及项目实训

## 11.3.1　测试、导出发布"跳动的小球"动画

本次上机练习先将名为"跳动的小球.fla"的动画进行测试，接着将小球跳动的动画导出，然后将其发布到网上。发布效果如图 11-36 所示（立体化教学:\源文件\第 11 章\跳动的小球.html）。

操作步骤如下：

（1）打开名为"跳动的小球.fla"文档（立体化教学:\实例素材\第 11 章\跳动的小球.fla），选择"控制/测试影片"命令，打开如图 11-37 所示的影片测试界面。

图 11-36　发布预览效果

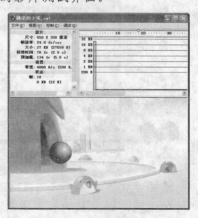

图 11-37　测试动画

（2）此时观察该 Flash 动画播放时是否完全正常，确认无误后关闭测试界面。

（3）在动画场景中，选中图层 1 中的补间动画，如图 11-38 所示。然后选择"文件/导出/导出影片"命令，打开如图 11-39 所示的"导出影片"对话框。

（4）在"保存在"下拉列表框中设置保存位置，在"文件名"下拉列表框中输入文件名"跳动的小球"，在"保存类型"下拉列表框中将其格式设置为 GIF 格式。

（5）单击 保存(S) 按钮，打开"导出 GIF"对话框，如图 11-40 所示。将分辨率设置为 100 像素，选中☑透明(T)、☑平滑(S)和☑抖动纯色(D)复选框。

图 11-38　选中导出的动画

图 11-39　"导出影片"对话框

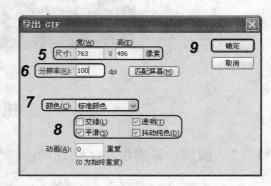

图 11-40　"导出 GIF"对话框

（6）单击 确定 按钮，在保存的路径中将出现一个名为"跳动的小球"的 GIF 文件，如图 11-41 所示（立体化教学:\源文件\第 11 章\跳动的小球.gif）。

图 11-41　导出的 GIF 文件

（7）选择"文件/发布预览/HTML"命令，即可预览到该动画的发布预览效果。

（8）如果确定该动画的预览效果无误后，选择"文件/发布"命令即可发布动画，这样在"跳动的小球"的源文件所在的文件夹中就会出现一个 HTML 文件，用鼠标右键单击该文件，在弹出的快捷菜单中选择"打开"命令，即可打开该 HTML 文件。

## 11.3.2　优化"蜜蜂回巢"并导出视频文件

利用本章所学知识，先对"蜜蜂回巢"动画进行优化处理，然后将其中的视频文件导出并保存。

本练习可结合立体化教学中的视频演示进行学习（立体化教学:\视频演示\第 11 章\优化"蜜蜂回巢"并导出视频文件.swf）。主要操作步骤如下：

（1）打开"蜜蜂回巢.fla"动画（立体化教学:\实例素材\第 11 章\蜜蜂回巢.fla），先对该动画进行优化处理。

（2）在"库"面板的"动画短片.avi"上单击鼠标右键，在弹出的快捷菜单中选择"属性"命令，在打开的"视频属性"对话框中单击 导出... 按钮。

（3）在打开的"导出 FLV"对话框中选择保存路径，单击 保存(S) 按钮。此时在保存的位置即可查看到导出的视频文件。

# 11.4　练习与提高

（1）制作名为"致命诱惑"的动画，并进行测试和优化，如图 11-42 所示（立体化教学:\源文件\第 11 章\致命诱惑.fla）。

提示：因为位图比矢量图大，因此先导入位图图片到场景中，再将其转换为矢量图。本练习可结合立体化教学中的视频演示进行学习（立体化教学:\视频演示\第 11 章\制作致命诱惑.swf）。

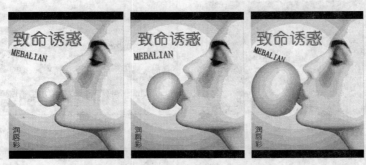

图 11-42　"致命诱惑"最终效果

（2）将制作的"致命诱惑"动画中的图像导出（立体化教学:\源文件\第 11 章\致命诱惑.gif）。

提示：因为不同的帧所显示的图像不同，所以应该先选择所需的图形，然后再将其导出为 TIF 格式。本练习可结合立体化教学中的视频演示进行学习（立体化教学:\视频演示\第 11 章\导出图像.swf）。

 怎样减小最终发布动画的文件大小

在 Flash CS3 中一般可通过以下方法来减小最终发布动画文件的大小：

➥　在动画中检查是否有多余的元件和图片素材，删除多余的元件或位图。

➥　对于需多次重复使用的图形或动画，尽可能地以元件方式创建和调用。

➥　应在确保动画发布质量的前提下尽量降低位图和声音的发布质量。

# 第 12 章　项目设计案例

## 学习目标

☑ 了解网站片头的特点、设计理念等知识，制作"极限联盟"网站片头动画

☑ 了解游戏这类较为复杂动画的流程、游戏的设计理念以及游戏的制作过程，制作"商标找茬"小游戏

☑ 了解 MTV 这类较为复杂动画的流程、MTV 的设计理念以及 MTV 镜头应用，制作"童谣"MTV

## 目标任务&项目案例

极限联盟网站片头

"商标找茬"小游戏

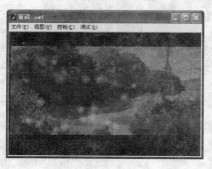

童谣 MTV

手机广告

通过完成上述项目设计案例的制作，可以进一步巩固本书前面所学知识，并实现由软件操作知识向实际设计与制作的转化，提高独立完成设计任务的能力，同时学会创意与思考，以完成更多、更丰富、更有创意作品（Flash 搞笑动画、MTV、广告、游戏、网页、多媒体课件、贺卡和影视片头等）的制作。

# 12.1　制作网站片头

## 12.1.1　项目目标

网站片头通常出现在网站页面打开前，通过片头的播放为网站页面获得更多的加载时间，并利用片头中动态的动画演示，将网站的主题和特点告知网站浏览者，给其留下深刻的印象。本例将为极限运动网站制作一个名为"极限联盟"的网站片头（立体化教学:\源文件\第 12 章\极限联盟.fla），效果如图 12-1 所示。通过本实例使读者熟练掌握制作网站片头这类较为复杂且具有商业性质广告动画的流程、设计理念以及制作方法与技巧。

图 12-1　"极限联盟"播放效果

## 12.1.2　项目分析

本例中网站片头的所有内容都在同一个动画场景中制作，其观看的群体主要为喜爱极限运动的年轻人，通过网站片头重点突出该网站的主题，并将网站的理念传达给网站浏览者，因此要求其动感十足，给人以强烈的视觉与听觉冲击。本例的具体制作分析如下：

- ➥ 制作之前先多了解该网站的特点，确定动画重点突出表现的内容。
- ➥ 按照要表现的主体风格对网站片头的场景进行策划，然后根据策划搜集需要的音乐和图片素材。
- ➥ 开始制作。本例可分为制作影片剪辑元件和图形元件、编辑动态背景图层和编辑片头主题图层 3 部分来制作。其中，动态背景主要由"背景"、"背景动画"和"横条动画" 3 个图层构成，片头的主题主要通过"运动"、"展示"、"文字"和"音乐" 4 个图层来表现。

在讲解本例的实现过程之前，先对网站片头的特点、设计理念等知识有一个系统的认识。

### 1．网站片头的特点

从网站片头的制作方式分析，并综合其实际表现，可将 Flash 网站片头归纳为主题突出、表现形式多样、适合网络加载应用和添加交互功能 4 个特点。

➤ **主题突出**：网站片头通常根据该网站的特点，进行有针对性的演示和宣传。其主要的表现方法通常是重点突出网站的名称、标志和域名等内容，或直接将网站的个性理念和特色进行宣传。这类表现方式可以很好地突出网站主题，使浏览者能在短时间内接触并了解网站的相关内容。

➤ **表现形式多样**：与其他 Flash 动画作品一样，Flash 网站片头的表现形式也十分丰富，其中可以包含文字、图片、声音以及动画等内容。如果不考虑网站片头文件大小、网络带宽和加载时间等因素，还可在片头中插入视频片断。丰富的表现形式，使 Flash 网站片头更好地表现出网站所要宣传的内容。

➤ **适合网络加载应用**：动画文件小是 Flash 动画作品的共同特点。因此，利用 Flash 制作的网站片头非常适合网络加载和应用。在网络带宽足够的情况下，一个长度为 40 秒，且包含了文字、图片和声音的网站片头，从开始加载到正式播放所需时间不足 1 分钟，甚至更少。这种特点使得 Flash 网站片头非常适合网络加载和应用，即使直接将网站片头嵌入到网站中，也不会明显地增加网站的数据量和总体加载时间。

➤ **添加交互功能**：Flash 广告除了演示网站主题之外，还可通过 Action 脚本来为片头添加特定的交互功能，使用户可通过单击网站片头中的相应选项直接进入到网站中的不同版块，或通过单击相应的选项，获取与网站相关的内容。

## 2．网站片头的设计理念

快速准确地将网站的主题和特色等内容传达给浏览者，是 Flash 网站片头最基本的功能。除此之外，富有特色的表现形式和适当的创意，也是一个网站片头所应具备的重要元素。因此，在构思和制作网站片头时，制作者还需要遵循一些基本的设计理念，以确保作品的顺利制作，获得预期的效果。

➤ **与网站主题密切相关**：与网站主题密切相关是网站片头最基本的特点，也是对其最基本的要求。如果一个网站片头画面精美、音乐动感，并且能够完全吸引浏览者的注意力，但是其表现的内容与网站的主题毫不相关，甚至是背道而驰，那么这个作品只能被称之为 Flash 动画，而不具备作为网站片头的作用。因此，在制作网站片头时，首先要确认网站的主题，并在随后的制作过程中紧紧围绕网站的主题进行制作。

➤ **短小精悍**：网站片头的长度通常只有几十秒至 2 分钟，这个时间长度对于网页加载来说已相当充足。如果网站片头制作得过长，不但使网站登录过程变得漫长，还会令网站浏览者失去等待的耐心。除此之外，要在短时间内将网站的主题及特点完整地传达给浏览者，就要求制作者在制作网站片头时不但要求小还要求精，以最少的内容传达尽可能多的信息。

➤ **精彩的画面和声音**：网站片头通常需要利用动态的演示和音乐效果来衬托网站的主题。在播放过程中，还应将浏览者的注意力尽可能多地吸引到片头中，以便将要表现的主题更好地传达给浏览者，这就要求片头动画必须具备较高素质的画面和音乐表现力，能给浏览者一定视觉和听觉上的感观冲击。因此，精彩动感的画面和恰如其分的音效，也是一个合格的网站片头所必须具备的两个重要元素。

➡️ **简单直观：** 除了上述几点之外，网站片头中的演示内容不宜太多，也不宜太过繁琐或太过花哨，以免混淆浏览者的视听，影响网站主题的表现。因此，网站片头还必须具备简单直观的特点，以便浏览者在短时间内通过网站片头的演示，清楚地了解片头所要表现的网站主题和特点。

### 12.1.3　实现过程

根据案例制作分析，本例分为 3 部分，即制作影片剪辑元件、图形元件，以及编辑动态背景图层和编辑片头主题图层。下面将分别进行讲解。

#### 1. 制作影片剪辑元件、图形元件

在编辑动态背景图层之前，需要先制作一些必需的图形元件和影片剪辑元件，操作步骤如下：

（1）新建一个名为"极限运动.fla"的文档，设置场景大小为 650×350 像素，背景颜色为黑色，帧频为 17fps。

（2）选择"文件/导入/导入到库"命令，分别将"冲浪.png"、"滑板.png"、"滑雪.png"、"小字.jpg"、"自行车.png"、"浏览 01.jpg"～"浏览 05.jpg"图片和"滑动.mp3"、"震颤.mp3"、"音乐伴奏.mp3"音乐文件导入到库中（立体化教学:\实例素材\第 12 章\极限联盟\）。

（3）选择"插入/新建元件"命令，创建一个名为"标志"的图形元件，使用绘图工具在元件场景中绘制如图 12-2 所示的图形。然后使用文本工具输入如图 12-3 所示文本，将文字字体和字号重新设置后输入"极限联盟"，效果如图 12-4 所示。

图 12-2　绘制标志

图 12-3　输入英文

图 12-4　输入"极限联盟"

（4）新建一个名为"横条"的图形元件，将元件的图层1命名为"颤动"，使用矩形工具在该图层第1帧绘制如图12-5所示矩形。

图12-5 绘制横条

（5）在该图层第2帧插入关键帧，然后将该帧中的横条向下移动一点距离。在第3帧插入空白关键帧，将第2帧复制到第4帧，第1帧复制到第5帧。

（6）在该元件编辑区新建"矩形条"图层，将图层1中的第2帧复制到该图层第1帧，使横条呈现立体效果，如图12-6所示，并在该图层第5帧插入普通帧。

图12-6 增加矩形条

（7）新建一个名为"运动01"的影片剪辑元件，将图层1命名为"人物"，将"库"中的"滑雪.png"图片拖动到该影片剪辑元件"人物"图层第1帧，调整其大小和位置，得到如图12-7所示效果，在第20帧插入普通帧。

（8）新建"闪烁"图层，在第4帧插入普通帧，在第5帧插入空白关键帧，将图层1中第1帧复制到第5帧，打散该图片，使用套索工具制作如图12-8所示的白色人物轮廓。

图12-7 放置"滑雪.png"图片

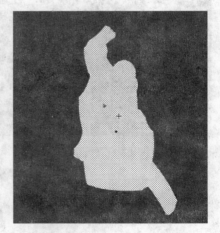

图12-8 获取白色人物图形

（9）在该图层第6～10帧分别插入空白关键帧，将第5帧分别复制到第7帧、第9帧，在第18帧插入普通帧，第19帧、第20帧插入空白关键帧，将第5帧复制到第19帧，这样闪烁的"运动01"动画效果就制作完成了，时间轴状态如图12-9所示。

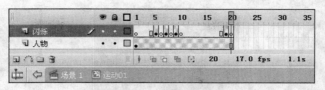

图 12-9　"运动 01"影片剪辑元件时间轴状态

（10）用相同的方法创建"运动 02"影片剪辑元件，将"库"面板中的"自行车.png"图片进行"滑雪.png"图片相同的处理，并创建出其闪烁的动画效果，其时间轴状态如图 12-10 所示。

图 12-10　"运动 02"影片剪辑元件时间轴状态

（11）用相同的方法创建"运动 03"影片剪辑元件，将"库"面板中的"滑板.png"图片进行"滑雪.png"图片相同的处理，并创建出其闪烁的动画效果，其时间轴状态如图 12-11 所示。

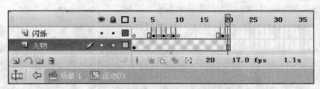

图 12-11　"运动 03"影片剪辑元件时间轴状态

（12）用相同的方法创建"运动 04"影片剪辑元件，将"库"面板中的"冲浪.png"图片进行"滑雪.png"图片相同的处理，并创建出其闪烁的动画效果，其时间轴状态如图 12-12 所示。

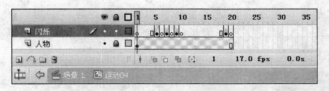

图 12-12　"运动 04"影片剪辑元件时间轴状态

（13）创建"展示"影片剪辑元件，将图层 1 命名为"图片"，将"库"面板中的"浏览 01.jpg"拖动到元件场景中，调整其大小，放置到如图 12-13 所示位置。

（14）在第 2 帧插入普通帧，在第 3 帧插入空白关键帧，将"库"面板中的"浏览 02.jpg"图片拖动到第 3 帧场景中，调整其大小使其与第 1 帧中的图片大小位置相同，如图 12-14 所示。

（15）用相同的方法在第 5 帧、第 7 帧、第 9 帧分别放置"浏览 03.jpg"、"浏览 04.jpg"、"浏览 05.jpg"图片，如图 12-15～图 12-17 所示，创建出在不同运动间切换的动画效果。

图 12-13　放置"浏览 01"

图 12-14　放置"浏览 02"

图 12-15　放置"浏览 03"

图 12-16　放置"浏览 04"

图 12-17　放置"浏览 05"

（16）新建"闪烁"图层，在该图层第 2～5 帧、第 9 帧、第 10 帧分别插入空白关键帧，然后使用绘图工具在第 2 帧绘制一个如图 12-18 所示白色的图层，将第 2 帧分别复制到第 4 帧和第 9 帧。

（17）新建"遮罩"图层，在该图层第 1 帧绘制一个红色的遮罩图形，如图 12-19 所示，使其覆盖"闪烁"图层中绘制的白色图形。

（18）新建"画框"图层，在该图层使用绘图工具绘制如图 12-20 所示画框。

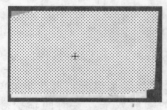

图 12-18　绘制闪烁图形

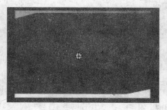

图 12-19　绘制遮罩层

图 12-20　绘制画框

（19）双击"遮罩"图层，将该图层转换为遮罩层，将"闪烁"图层、"图片"图层分别转换为被遮罩层。这样一个不断闪烁的展示动画即制作完成，效果如图 12-21 所示，其时间轴状态如图 12-22 所示。

图 12-21　展示效果

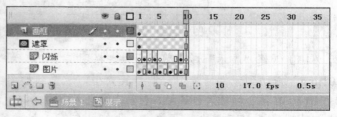

图 12-22　展示元件时间轴状态

（20）创建"旋转物"影片剪辑元件，在该元件图层 1 第 1 帧场景中绘制一灰色如图 12-23 所示的图形，在该图层第 8 帧插入普通帧。

（21）新建图层 2，在该图层第 1 帧使用文本工具和椭圆工具绘制如图 12-24 所示白色数字及扇形，然后分别在第 2～8 帧创建一个数字不断递增且旋转的逐帧动画，第 8 帧的效果如图 12-25 所示。该元件创建完成后的时间轴状态如图 12-26 所示。

图 12-23  绘制背景图

图 12-24  绘制旋转图形

图 12-25  第 8 帧旋转效果

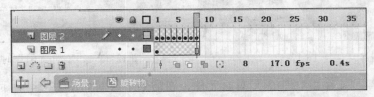

图 12-26  "旋转物"影片剪辑元件时间轴状态

（22）创建"文字底"影片剪辑元件，将"库"面板中的"小字"图形拖动到场景中，调整其大小，放置到如图 12-27 所示位置。然后在该图层第 1～6 帧、第 6～10 帧创建文字向上移动后又慢慢向下移动的动作补间动画。

（23）新建图层 2；在该图层使用矩形工具绘制一个白色边框黑色填充色的矩形，如图 12-28 所示。新建图层 3，使用线条工具绘制如图 12-29 所示相交的直线。

图 12-27  放置小字图

图 12-28  绘制遮罩矩形

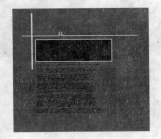

图 12-29  绘制直线

（24）旋转图层 2 将其转换为遮罩层，将图层 1 转换为被遮罩层，该元件创建完成后的时间轴状态如图 12-30 所示。

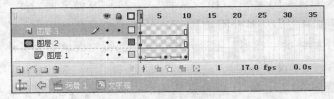

图 12-30  "文字底"影片剪辑元件时间轴状态

（25）创建"X 动画 01"影片剪辑元件，在场景中绘制如图 12-31 所示图形，然后在该图层第 1～3 帧、第 3～6 帧、第 6～10 帧、第 10～14 帧、第 14～17 帧创建图形不断变换的动作补间动画。

（26）新建图层 2，在该图层第 1 帧绘制如图 12-32 所示图形，然后在该图层第 1～4 帧、第 4～8 帧、第 8～12 帧、第 12～17 帧创建图形不断变换的动作补间动画。完成后的时间轴状态如图 12-33 所示。

图 12-31 绘制 X01

图 12-32 绘制大 X01

图 12-33 "X 动画 01"时间轴状态

（27）创建"X 动画 02"影片剪辑元件，在场景中绘制如图 12-34 所示图形，然后在该图层第 1～5 帧、第 5～10 帧创建图形逐渐缩小最终恢复原大小的动作补间动画。

（28）新建图层 2，在该图层第 1 帧绘制如图 12-35 所示图形，然后在该图层第 1～10 帧创建图形旋转的动作补间动画。该元件完成后的时间轴状态如图 12-36 所示。

图 12-34 绘制 X02

图 12-35 缩小 X02

图 12-36 "X 动画 02"时间轴状态

## 2．编辑动态背景图层

"极限联盟"网站片头中的动态背景主要由"背景"、"背景动画"和"横条动画"3 个图层构成，操作步骤如下：

（1）返回主场景，将图层 1 命名为"背景"图层，将"库"面板中的"标志"图形元件拖动到场景中，调整其大小并将其放置到如图 12-37 所示位置。

（2）在该图层第 1～10 帧、第 10～23 帧、第 23～29 帧之间创建"标志"图形元件由模糊到清晰，再逐渐消失的动作补间动画。

（3）选中第 1 帧中的"标志"图形元件，在"滤镜"面板中为其添加模糊滤镜，然后对其进行如图 12-38 所示设置。

（4）在该图层第 30 帧、第 31 帧分别插入空白关键帧，使用矩形工具在舞台上方绘制如图 12-39 所示矩形。

图 12-37 放置"标志"图形元件

图 12-38 设置图形元件的模糊滤镜

图 12-39 绘制矩形

（5）在该图层第 31～37 帧、第 37～41 帧、第 47～51 帧分别创建矩形由上到下移动、由下向上移动、向下移动时扩散开来的动作补间动画。

（6）选中第 31 帧，为第一个补间动画添加"滑动.mp3"声音文件，如图 12-40 所示。在第 51 帧绘制如图 12-41 所示矩形。

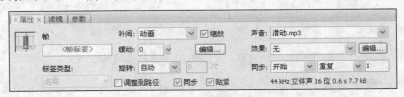

图 12-40 添加声音

（7）在第 70 帧插入普通帧，在第 71 帧插入关键帧，将"库"面板中的"旋转物"影片剪辑元件拖动到该帧场景中，调整其大小并将其放置到舞台如图 12-42 所示位置。

图 12-41 绘制大矩形

图 12-42 放置"旋转物"影片剪辑元件

（8）在该图层第 114 帧插入普通帧，在第 115 帧插入关键帧，将该帧中的"旋转物"影片剪辑元件拖动到矩形的左上方位置。

（9）在该图层第 178 帧插入普通帧，在第 179 帧插入关键帧，将该帧中的"旋转物"影片剪辑元件拖动到矩形的右下方位置。

（10）在该图层第 234 帧插入普通帧，在第 235 帧插入关键帧，将该帧中的"旋转物"影片剪辑元件拖动到矩形的左下方位置。

（11）在该图层第 266 帧插入普通帧，在第 267 帧插入关键帧，将该帧中的"旋转物"影片剪辑元件删除。在该图层第 305 帧插入普通帧。

（12）新建"背景动画"图层，在该图层第 60 帧插入空白关键帧，将"库"面板中的"X 动画 01"影片剪辑元件拖动若干个到该帧场景中，分别调整其大小和透明度并放置到舞台中，如图 12-43 所示。将这些影片剪辑元件组合成一个元件。

图 12-43　放置"X 动画 01"影片剪辑元件

（13）在该图层第 60～67 帧之间创建"X 动画 01"影片剪辑元件逐渐呈现的动作补间动画，在该图层第 161 帧插入普通帧，在第 162 帧插入关键帧。在第 162～166 帧之间创建"X 动画 01"影片剪辑元件逐渐消失的动作补间动画。

（14）在该图层第 167 帧插入空白关键帧，在第 175 帧插入关键帧，并将"库"面板中的"X 动画 02"影片剪辑元件拖动若干个到该帧场景中，分别调整其大小和透明度放置到舞台中，如图 12-44 所示。将这些影片剪辑元件组合成一个元件。

图 12-44　放置"X 动画 02"影片剪辑元件

（15）在该图层第 175～179 帧之间创建 "X 动画 02" 影片剪辑元件稍微变色的动作补间动画，在该图层第 266 帧插入普通帧，在第 267 帧插入关键帧。在第 267～272 帧之间创建 "X 动画 02" 影片剪辑元件逐渐消失的动作补间动画。

（16）在该图层第 273 帧、第 292 帧分别插入空白关键帧，在第 292 帧使用文本工具输入文本，如图 12-45 所示。在第 292～305 帧之间创建文本逐渐呈现的动作补间动画。选中第 305 帧中的文字，在 "属性" 面板中将其转换为按钮元件。

（17）新建 "横条动画" 图层，在该图层第 54 帧插入空白关键帧，将 "库" 面板中的 "横条" 图形元件拖动到该帧场景中，调整其大小放置到舞台上方，如图 12-46 所示。

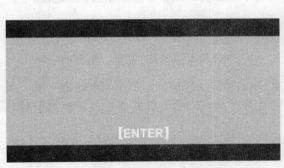

图 12-45　输入 ENTER 文本　　　　　　　　图 12-46　放置 "横条" 图形元件

（18）在该图层第 54～58 帧、第 58～62 帧之间创建横条元件向下移动后又向上移动到如图 12-47 所示位置的动作补间动画。

（19）在该图层第 103 帧插入普通帧，第 104 帧插入关键帧。在第 104～109 帧、第 109～115 帧之间创建横条元件向上移动，然后将其向下移动到如图 12-48 所示位置的动作补间动画。

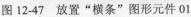

图 12-47　放置 "横条" 图形元件 01　　　　图 12-48　放置 "横条" 图形元件 02

（20）在该图层第 162 帧插入普通帧，第 163 帧插入关键帧。在第 163～166 帧、第 166～171 帧、第 171～175 帧之间创建横条元件向右旋转 90° 到舞台中央，然后将其向右移动最终返回到如图 12-49 所示位置的动作补间动画。

（21）在该图层第 225 帧插入普通帧，第 226 帧插入关键帧。在第 226～230 帧、第 230～235 帧之间创建横条元件向右移动，然后将其向左移动到如图 12-50 所示位置的动作补间动画。

图 12-49　放置"横条"图形元件 03

图 12-50　放置"横条"图形元件 04

（22）在该图层第 265 帧插入普通帧，第 266 帧插入关键帧。在第 266～269 帧、第 269～272 帧之间创建横条元件向右旋转 90°到舞台中央，然后将其向左移动到舞台外如图 12-51 所示位置的动作补间动画。

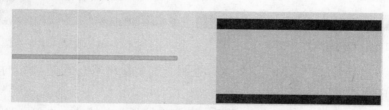

图 12-51　放置"横条"图形元件 05

### 3．编辑片头主题图层

"极限联盟"网站片头中的主题主要通过"运动"、"展示"、"文字"和"音乐"4 个图层来表现，操作步骤如下：

（1）新建"运动"图层，在该图层第 67 帧插入空白关键帧，将"库"面板中的"运动 01"影片剪辑元件拖动到该帧场景中，调整其大小并将其放置到如图 12-52 所示位置。

图 12-52　放置"运动 01"影片剪辑元件

（2）在该图层第 67～70 帧之间创建"运动 01"影片剪辑元件向右移入舞台左侧的动

作补间动画。选中第 67 帧，为该帧添加声音"滑动.mp3"。

（3）在该图层第 104～110 帧之间创建"运动 01"影片剪辑元件逐渐消失的动作补间动画。

（4）在该图层第 111 帧、第 115 帧分别插入空白关键帧，将"库"面板中的"运动02"影片剪辑元件拖动到第 115 帧场景中，调整其大小并将其放置到如图 12-53 所示。

图 12-53　放置"运动 02"影片剪辑元件

（5）在该图层第 115～118 帧之间创建"运动 02"影片剪辑元件逐渐向舞台右下角移动的动作补间动画。选中第 114 帧，为该帧添加声音"滑动.mp3"。

（6）在该图层第 150～159 帧之间创建"运动 02"影片剪辑元件逐渐消失的动作补间动画。为第 150 帧元件添加投影和模糊滤镜，并将第 150 帧中滤镜设置为如图 12-54 和图 12-55所示。

（7）第 159 帧中模糊滤镜设置为如图 12-56 所示。效果如图 12-57 所示。

　　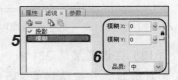

图 12-54　设置投影滤镜　　　　　　　　　　　图 12-55　设置模糊滤镜

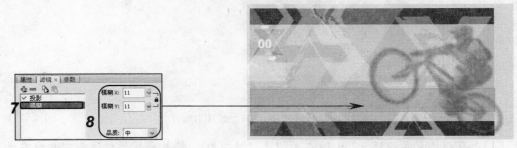

图 12-56　设置第 159 帧模糊滤镜　　　　　图 12-57　添加滤镜后的元件效果

（8）在该图层第 160 帧、第 179 帧分别插入空白关键帧，将"库"面板中的"运动03"影片剪辑元件拖动到第 179 帧场景中，调整其大小并将其放置到如图 12-58 所示位置。

（9）在该图层第 179～182 帧之间创建"运动 03"影片剪辑元件逐渐向舞台左上角移

动的动作补间动画。选中第 179 帧，为该帧添加声音 "滑动.mp3"。

图 12-58　放置 "运动 03" 影片剪辑元件

（10）在该图层第 211～220 帧之间创建 "运动 03" 影片剪辑元件逐渐消失的动作补间动画。

（11）为 "运动 03" 影片剪辑元件添加投影和模糊滤镜，第 211 帧中滤镜的设置与 "运动 02" 影片剪辑元件的设置相同，将第 220 帧中模糊滤镜设置为如图 12-59 所示。效果如图 12-60 所示。

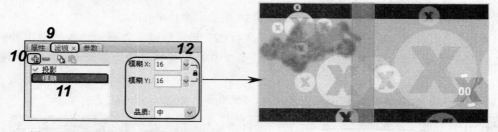

图 12-59　设置第 220 帧模糊滤镜　　　　图 12-60　添加滤镜后的元件效果

（12）在该图层第 221 帧、第 235 帧分别插入空白关键帧，将 "库" 面板中的 "运动 04" 影片剪辑元件拖动到第 235 帧场景中，调整其大小并将其放置到如图 12-61 所示位置。

图 12-61　放置 "运动 04" 影片剪辑元件

（13）在该图层第 235～239 帧之间创建 "运动 04" 影片剪辑元件逐渐向舞台右上角移动的动作补间动画。选中第 235 帧，为该帧添加声音 "滑动.mp3"。

（14）在该图层第 267～272 帧之间创建 "运动 04" 影片剪辑元件向左上方移动且逐渐消失的动作补间动画。

（15）为 "运动 04" 影片剪辑元件添加投影和模糊滤镜，第 267 帧中滤镜的设置与 "运动 02"影片剪辑元件的设置相同,将第 272 帧中模糊滤镜设置为如图 12-62 所示。效果如图 12-63 所示。

图 12-62　设置第 272 帧模糊滤镜

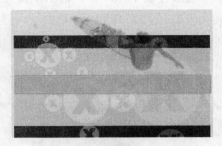

图 12-63　添加滤镜后的元件效果

(16)新建"展示"图层,在该图层第 77 帧插入空白关键帧,将"库"面板中的"展示"影片剪辑元件拖动到第 77 帧场景中,调整其大小并将其放置到如图 12-64 所示位置。

图 12-64　放置"展示"影片剪辑元件

(17)在该图层第 77～81 帧、第 81～104 帧、第 104～107 帧之间创建"展示"影片剪辑元件逐渐向左移动直至移出舞台的动作补间动画。

(18)在该图层第 108 帧、第 121 帧分别插入空白关键帧,将"库"面板中的"展示"影片剪辑元件拖动到第 77 帧场景中,调整其大小并将其放置到如图 12-65 所示位置。

图 12-65　放置"展示"影片剪辑元件 01

(19)在该图层第 121～124 帧、第 124～151 帧、第 151～155 帧之间创建"展示"影片剪辑元件逐渐向下移动到舞台中央,再由舞台中央向舞台左侧移动最后消失的动作补间动画。

（20）在该图层第156帧、第187帧分别插入空白关键帧，将"库"面板中的"展示"影片剪辑元件拖动到第187帧场景中，调整其大小并将其放置到如图12-66所示位置。

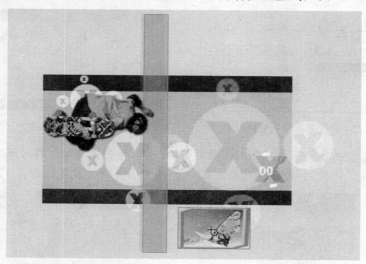

图12-66　放置"展示"影片剪辑元件02

（21）在该图层第187～190帧、第190～213帧、第213～217帧之间创建"展示"影片剪辑元件逐渐向上移动到舞台中央，再由舞台中央向舞台右侧移动最后消失的动作补间动画。

（22）在该图层第218帧、第239帧分别插入空白关键帧，将"库"面板中的"展示"影片剪辑元件拖动到第239帧场景中，调整其大小并将其放置到如图12-67所示位置。

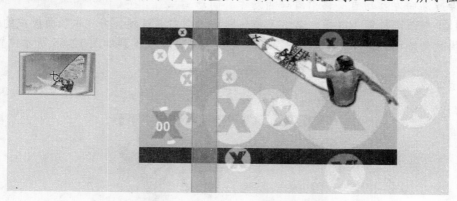

图12-67　放置"展示"影片剪辑元件03

（23）在该图层第239～242帧、第242～269帧、第269～273帧之间创建"展示"影片剪辑元件逐渐向右移动到舞台中央，再由舞台中央向舞台下移动最后向舞台右侧并消失的动作补间动画。

（24）在该图层第274帧、第275帧分别插入空白关键帧，将"库"面板中的"标志"

图形元件拖动到第 275 帧场景中，调整其大小并将其放置到如图 12-68 所示位置。

（25）在该图层第 275～285 帧、第 285～300 帧之间创建"标志"图形元件逐渐由模糊到清晰的动作补间动画。为第 275 帧的"标志"图形元件添加模糊和投影滤镜。

（26）将第 275 帧中滤镜的参数设置为如图 12-69 和图 12-70 所示。滤镜效果如图 12-71 所示。在该图层第 305 帧插入普通帧。

图 12-68　放置图形元件

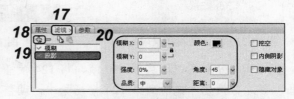

图 12-69　设置第 275 帧投影滤镜参数

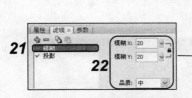

图 12-70　设置第 275 帧模糊滤镜参数

图 12-71　添加滤镜后的图形元件效果

（27）新建"文字"图层，在该图层第 81 帧插入空白关键帧，将"库"面板中的"文字底"影片剪辑元件拖动到第 81 帧场景中，调整其大小并将其放置到如图 12-72 所示位置。

图 12-72　放置"文字底"影片剪辑元件

（28）使用文本工具在第 81 帧"文字底"影片剪辑元件上方输入如图 12-73 所示文本内容。

（29）在该图层第 81～84 帧、第 84～106 帧、第 106～109 帧之间创建"标志"图形元件及文本逐渐向左移动到如图 12-74 所示位置，然后再向舞台左侧移动直至消失的动作补间动画。

图 12-73 输入"挑战极限"

图 12-74 文本动作补间动画效果

（30）分别在该图层第 110 帧、第 124 帧插入空白关键帧，将"库"面板中的"文字底"影片剪辑元件拖动到第 124 帧场景中，调整其大小并将其放置到如图 12-72 所示相同位置。然后使用文本工具输入文字"超越自我"，如图 12-75 所示。

（31）在该图层第 124～127 帧、第 127～153 帧、第 153～157 帧之间创建"标志"图形元件及文本逐渐向左移动到如图 12-76 所示位置，然后向舞台左侧移动直至消失的动作补间动画。

图 12-75 输入"超越自我"

图 12-76 文本动作补间动画效果 01

（32）在该图层第 158 帧、第 190 帧分别插入空白关键帧，将"库"面板中的"文字底"影片剪辑元件拖动到第 190 帧场景中，调整其大小并将其放置到图 12-72 所示相同位置。然后使用文本工具输入文字"燃烧青春"，如图 12-77 所示。

（33）在该图层第 190～193 帧、第 193～216 帧、第 216～219 帧之间创建"标志"图形元件及文本逐渐向左移动到如图 12-78 所示位置，然后再向舞台左侧移动直至消失的动作补间动画。

（34）在该图层第 220 帧、第 243 帧分别插入空白关键帧，将"库"面板中的"文字底"影片剪辑元件拖动到第 243 帧场景中，调整其大小并将其放置到图 12-72 所示相同位置。然后使用文本工具输入文字"释放激情"，如图 12-79 所示。

（35）在该图层第 243～246 帧、第 246～268 帧、第 268～273 帧之间创建"标志"图形元件及文本逐渐向左移动到如图 12-80 所示位置，然后再向舞台左侧移动直至消失的动作补间动画。在第 274 帧插入空白关键帧。

图 12-77　输入"燃烧青春"　　　　　图 12-78　文本动作补间动画效果 02

图 12-79　输入"释放激情"　　　　　图 12-80　文本动作补间动画效果 03

（36）新建"音乐"图层，在该图层第 51 帧、第 305 帧分别插入空白关键帧，选中该图层第 51 帧，在该帧"属性"面板中进行如图 12-81 所示设置。

图 12-81　添加"音乐伴奏.mp3"声音文件

（37）选中该图层第 305 帧，按 F9 键，在打开的"动作-帧"面板中输入 stop 语句。

（38）保存该动画，按 Ctrl+Enter 键即可预览到动画的效果。时间轴状态如图 12-82 所示。

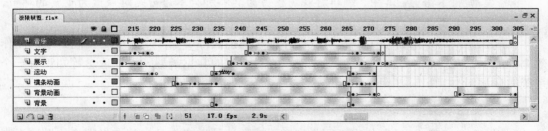

图 12-82　动画完成后的时间轴状态

# 12.2　制作小游戏

## 12.2.1　项目目标

　　Flash CS3 除了要有丰富的媒体功能外，还具有强大的交互性，利用 Flash CS3 制作的游戏就是其强大交互性最有力的体现。通过将 Flash 交互游戏与特定的商业行为相结合，就可制作出用于品牌推广、产品介绍以及企业宣传等用途的商业游戏。本例将制作一个名为"商标找茬"的小游戏（立体化教学:\源文件\第 12 章\商标找茬.fla），如图 12-83 所示。通过本实例使读者熟练掌握制作游戏这类较为复杂动画的流程、游戏的设计理念以及游戏的制作过程。

图 12-83　"商标找茬"小游戏效果

## 12.2.2　项目分析

　　文件短小是 Flash 游戏的重要特点，使得 Flash 游戏非常适合网络传播和发布。这种游戏也得到非常多网络游戏爱好者的青睐。本例的具体制作分析如下：

- 　制作之前先多了解所要制作游戏的种类，不同种类的游戏具有不同的玩法，然后根据游戏种类对游戏进行构思。
- 　根据游戏的前期构思确定游戏玩法和规则，并将其脚本框架设计出来。
- 　开始制作。本例分为两部分来制作，即制作游戏所需元件、编辑游戏场景并为其添加脚本语句。其中，编辑游戏场景并为其添加脚本语句是游戏最为重要的环节，游戏类型不同，其添加的脚本语句也不相同。

　　在制作游戏时，对游戏类型和游戏设计理念的把握，可在一定程度上提高游戏的制作效率和品质。在讲解本例的实现过程之前，先对游戏的常见类型、设计理念等知识有一个系统的认识。

### 1．常见游戏类型

　　利用 Flash CS3 可以制作出不同类型和不同玩法的游戏作品。其中最常见的游戏类型包括益智类游戏、射击类游戏、动作类游戏、冒险类游戏和角色扮演类游戏几种。

- **益智类游戏**：该类游戏主要以小游戏为主，这类游戏的场景简单，几乎没有剧情。主要通过特定的游戏规则和玩法，提供给玩家一个锻炼智力的环境。这类游戏需要玩家进行思考，并遵守游戏所设定的规则来进行。
- **射击类游戏**：该类游戏通常由玩家控制游戏主角进行射击，将游戏中的障碍物或敌方角色清除，并躲避敌人的攻击。这类游戏一般都很刺激，强调玩家的主动性，需要玩家具有较快的反应能力和较好的手眼配合能力。
- **动作类游戏**：该类游戏通常由玩家所控制的人物根据周围环境的变化，利用键盘或鼠标做出一定的动作，如移动、跳跃、攻击和躲避等，来达到游戏要求的特定目标。动作类游戏强调玩家的反应能力和手眼的配合，游戏的剧情一般比较简单，主要通过熟悉的操作技巧进行游戏。
- **冒险类游戏**：该类游戏一般提供 3 个固定情节或故事背景下的场景，要求玩家随着故事的发展进行冒险和解密，然后来发展游戏的剧情，最终完成游戏设计的任务和目的。冒险类游戏强调故事线索的发掘，主要考验玩家的观察和分析能力，其中玩家操控的游戏主角本身的属性能力一般固定不变并不会影响游戏的进程。
- **角色扮演类游戏**：该类游戏提供给玩家一个虚拟的世界背景，在这个世界中包含了各种人物、场所、物品以及迷宫等要素，玩家扮演虚拟世界中的一个或者几个特定角色，角色根据不同的游戏情节和统计数据（如力量、灵敏度、智力和魔法等）具有不同的能力，而这些属性会根据游戏规则在游戏情节中改变。玩家通过控制角色在世界中到处走动，和其他人物交谈并购买需要的物品，在探险和解密的过程中发展故事，最终形成一个完整的故事。

### 2. 商业游戏设计理念

快速准确地将要宣传的商业意图传达给玩家，是商业游戏最基本的要求。除此之外，精美的画面和声音效果也是一个成功商业游戏作品不可或缺的重要元素。因此在构思和制作商业游戏时，制作者还需要遵循一些基本的设计理念，以确保商业游戏的顺利制作，并达到预期的宣传目的。

- **选择合适的游戏类型**：在制作商业游戏时，首先应明确该游戏要实现的商业目的，以及所要宣传或推广的内容（如企业形象、商业标志或要推广的新产品等），然后根据获取的相关信息，确定游戏所要采用的类型和玩法。考虑到商业活动的时效和推广费用等因素，在选择游戏类型时，应尽量考虑制作成本低、制作周期短以及耐玩度较高的游戏类型，如益智类游戏、动作类游戏和射击类游戏。若商家有特殊要求或目的，也可在制作周期和资金充足的情况下，考虑制作冒险类或角色扮演类的游戏类型。
- **将商业行为融入游戏**：在制作商业游戏时，还需要将商业行为融入到游戏中。根据宣传和推广内容的不同，可采用多种方式来实现这一目的。例如将特定的商业行为作为游戏的剧情或触发特定事件的关键要素。或将要推广的企业形象、商业标志或产品外观等，作为游戏中的某个元素出现在游戏中（如作为游戏主角的特定道具，作为游戏界面的一部分，或作为背景中的醒目标志出现在游戏中）。此外，考虑到商业活动的时效性，以及宣传推广的地域范围等因素，还可将这些内容加入到游戏中，使游戏玩家能够更加深入具体地了解到所要传达的商业意图。

➥ **找准平衡点：** 商业游戏除了实现特定的商业目的外，还应注重游戏本身的品质和可玩性。如过于注重商业行为，而忽视了游戏的品质和可玩性，那么游戏对于玩家的吸引力必定下降，预期的商业目的将很难实现，甚至会出现相反的宣传效果。如果过于注重游戏，而忽视了商业行为，则会在获得预期效果的同时，在一定程度上增加宣传和推广的成本。因此在游戏和商业行为之间找到平衡点，也是制作者需要认真考虑的重要因素之一。

➥ **预留后续推广空间：** 商业活动的推广通常都具有一定的时效性，并可能在较长一段时间内，连续做出不同侧重点或不同宣传形式的推广活动。对于配合这类商业行为的游戏来说，在制作商业游戏时，通常还应预留一定的后续推广空间。例如，可以根据商业行为的实际情况，制作同一系列的多个游戏，并配合商业推广的时间表，陆续投放到宣传市场中。除此之外，在游戏中还可嵌入商业行为对应网站或推广网页的链接地址，使有兴趣的玩家可通过单击链接了解更详细的内容，从而更好地达到预期的商业目的。

### 12.2.3　实现过程

根据案例制作分析，本例分为两部分，即制作游戏所需元件、编辑游戏场景并为其添加脚本语句。下面将分别进行讲解。

#### 1. 制作游戏所需元件

本例所需制作的元件较少，只需按步骤进行操作即可。操作步骤如下：

（1）新建一个名为"商标找茬.fla"的文档，设置场景大小为 900×500 像素，背景颜色为橘黄，帧频为 12fps。

（2）选择"文件/导入/导入到库"命令，分别将"商标.jpg"、"假商标.jpg"图片和"轻快音乐.wav"音乐文件导入到库中（立体化教学:\实例素材\第 12 章\商标.jpg、假商标.jpg、轻快音乐.wav）。

（3）选择"插入/新建元件"命令，创建一个名为"隐形"的按钮元件。在该元件"点击"帧插入空白关键帧，然后在该帧绘制如图 12-84 所示图形。

（4）用相同的方法创建"选择错误"按钮元件，在该元件"点击"帧插入空白关键帧，然后在该帧绘制如图 12-85 所示图形。

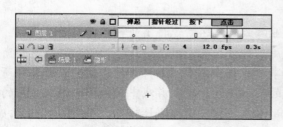

图 12-84　"隐形"按钮元件

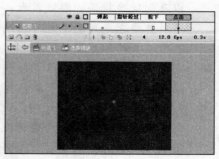

图 12-85　"选择错误"按钮元件

（5）创建"标示"影片剪辑元件，在该元件编辑区第 2～8 帧创建一个标示过程的逐帧动画，选中第 1 帧，按 F9 键，在打开的"动作-帧"面板中输入如下语句：

```
var xz=0;
stop();
```

（6）选中第 2 帧，按 F9 键，在打开的"动作-帧"面板中输入如下语句：

```
xz=1;
```

（7）选中第 10 帧，按 F9 键，在打开的"动作-帧"面板中输入 stop 语句。创建完成的元件如图 12-86 所示。

（8）用相同的方法创建"错误"影片剪辑元件，在第 2 帧绘制一个红色的叉，然后在第 2～20 帧之间创建一个红色叉逐渐消失的动作补间动画。选中第 1 帧，按 F9 键，在打开的"动作-帧"面板中输入 stop 语句。创建完成的元件如图 12-87 所示。

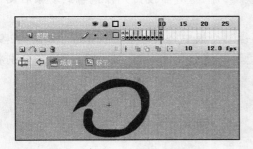

图 12-86　"标示"影片剪辑元件

图 12-87　"错误"影片剪辑元件

## 2．编辑游戏场景并添加脚本语句

该部分为本游戏的重点内容，都在同一场景完成。操作步骤如下：

（1）返回主场景，将图层 1 命名为"商标图片"，将"库"面板中的"商标.jpg"、"假商标.jpg"图片拖动到场景中，调整其大小和位置，分别放置在如图 12-88 所示左右两侧。在该图层第 4 帧插入普通帧。

（2）新建"界面"图层，在该图层使用文本工具和椭圆工具输入并绘制如图 12-89 所示静态文本及环形标识。

图 12-88　放置"商标.jpg"、"假商标.jpg"图片

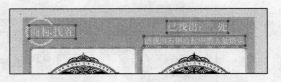

图 12-89　输入静态文本及标识

（3）新建"影片剪辑"图层，将"库"面板中的"标示"影片剪辑元件分别拖动 5

个到场景右侧有错误的图片处放置，如图 12-90 所示。然后选中不同的影片剪辑元件，在"属性"面板中分别将其命名为 cw1～cw5，如图 12-91 所示。

图 12-90　放置"标示"影片剪辑元件　　　　　图 12-91　命名影片剪辑元件

（4）新建"按钮"图层，将"库"面板中的"选择错误"按钮元件拖动到场景右侧有错误的图片处使其覆盖整个图片，将"库"面板中的"隐形"按钮元件拖动到场景右侧有错误的图片处放置，如图 12-92 所示。

（5）选中"选择错误"按钮元件，在"属性"面板中将其命名为 cwan，如图 12-93所示。选中与"标示"影片剪辑元件对应的"隐形"按钮元件，在"属性"面板中分别将其命名为 an1～an5，在第 3 帧插入普通帧。

图 12-92　放置按钮元件　　　　　　　图 12-93　命名按钮元件

（6）新建"判定"图层，在开始输入文本的"已找出　处"的"处"字前输入动态文本，其具体文本属性设置如图 12-94 所示。效果如图 12-95 所示。

（7）在该图层第 1 帧添加"轻快音乐.wav"音乐文件，如图 12-96 所示。

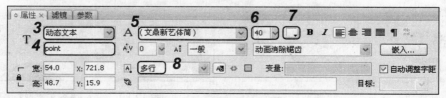

图 12-94　设置动态文本

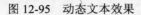

图 12-95  动态文本效果　　　　　　　图 12-96  添加音乐文件

（8）选中第 1 帧，按 F9 键，在打开的"动作-帧"面板中输入如下语句：

```
var mypoint=0;
cw1.gotoAndStop(1);
cw2.gotoAndStop(1);
cw3.gotoAndStop(1);
cw4.gotoAndStop(1);
cw5.gotoAndStop(1);
```

（9）在该图层第 2 帧插入关键帧，选中第 2 帧，按 F9 键，在打开的"动作-帧"面板中输入如下语句：

```
function pd1(event:MouseEvent):void {
        if (cw1.xz==0) {
                mypoint+=1;
                cw1.gotoAndPlay(2);
        }
}
an1.addEventListener(MouseEvent.CLICK,pd1);
function pd2(event:MouseEvent):void {
        if (cw2.xz==0) {
                mypoint+=1;
                cw2.gotoAndPlay(2);
        }
}
an2.addEventListener(MouseEvent.CLICK,pd2);
function pd3(event:MouseEvent):void {
        if (cw3.xz==0) {
                mypoint+=1;
                cw3.gotoAndPlay(2);
        }
}
an3.addEventListener(MouseEvent.CLICK,pd3);
function pd4(event:MouseEvent):void {
        if (cw4.xz==0) {
                mypoint+=1;
```

```
        cw4.gotoAndPlay(2);
    }
}
an4.addEventListener(MouseEvent.CLICK,pd4);
function pd5(event:MouseEvent):void {
    if (cw5.xz==0) {
        mypoint+=1;
        cw5.gotoAndPlay(2);
    }
}
an5.addEventListener(MouseEvent.CLICK,pd5);
function cwpd(event:MouseEvent):void {
    cwxs.gotoAndPlay(2);
}
cwan.addEventListener(MouseEvent.CLICK,cwpd);
point.text=mypoint;
if (mypoint==5) {
    gotoAndStop(4);
}
```

（10）在该图层第 3 帧插入关键帧，选中第 3 帧，按 F9 键，在打开的"动作-帧"面板中输入如下语句：

```
gotoAndPlay(2);
```

（11）在该图层第 4 帧插入关键帧，使用文本工具输入文本"重新找错"、"恭喜你找到全部错误！"，将"库"面板中的"隐形"按钮元件拖动到"重新找错"文本上方，并在"属性"面板中对其进行如图 12-97 所示设置，本帧的效果如图 12-98 所示。

图 12-97　命名按钮元件

图 12-98　第 4 帧添加元件后的效果

（12）选中第 4 帧，按 F9 键，在打开的"动作-帧"面板中输入如下语句：

```
stop();
point.text=mypoint;
function rep(event:MouseEvent):void {
    gotoAndPlay(1);
```

```
}
replay.addEventListener(MouseEvent.CLICK,rep);
```

（13）保存该动画后，按 Ctrl+Enter 键即可预览到动画的效果。时间轴状态如图 12-99 所示。

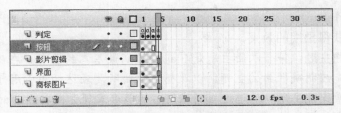

图 12-99 完成后的时间轴状态

# 12.3 制作 MTV

## 12.3.1 项目目标

动画 MTV 是 Flash CS3 在商业应用之外的一种延伸，其制作费用低廉、表现形式多样且适合网络传播，Flash 动画 MTV 在网络上大量传播并成为一种流行。本例将制作一个名为"童谣"的 MTV（立体化教学:\源文件\第 12 章\童谣.fla），如图 12-100 所示。通过本实例使读者熟练掌握制作 MTV 这类较为复杂动画的流程、MTV 的设计理念以及 MTV 镜头的应用。

图 12-100 "童谣"播放效果

## 12.3.2 项目分析

将音乐的主题和优美的旋律传达给观众是 Flash MTV 最基本的要求。除此之外，精美的画面、恰如其分的情节布局和富有特色的表现方式，也是一个 MTV 作品所应具备的重要元素。本例的具体制作分析如下：

- 制作之前先多了解 MTV 的歌词、歌曲风格和歌曲所表达的思想等，确定出制作该 MTV 的主体风格。
- 按照要表现的主体风格对 MTV 的场景进行策划，然后根据策划搜集需要的音乐、图片素材。
- 开始制作。本例分为 3 部分来制作，即制作动画所需元件、制作背景及萤火虫等场景动画、制作文本同步显示动画。其中制作动画元件时，动画表现所需的元件一定要心里有数；在制作背景及萤火虫等场景切换动画时，一定要根据歌词所在帧对其进行最恰当的处理，以达到最好的切换效果；在制作文本同步显示时，一定要保证歌词的准确性以及与背景图片的协调。

在制作 Flash MTV 时，使用正确的设计理念，运用好 MTV 中的镜头特效，不但可以保证作品的质量，还可在一定程度上提高 MTV 的制作效率。在讲解本例的实现过程之前，先对 MTV 的设计理念、MTV 镜头的应用等知识有一个系统的认识。

1. Flash MTV 的设计理念

在构思和制作 Flash MTV 时，制作者一般需要遵循一些基本的设计理念，以确保作品的顺利制作，以获得预期的效果。

- **符合歌曲主题**：符合歌曲主题是 Flash MTV 最基本的要求。在确定要制作的歌曲后，首先应明确歌曲的主题，以及整个歌曲所要表达的中心思想，并在构思和制作时紧紧围绕主题，通过适当的风格、情节和表现方式将歌曲的主题衬托出来。

- **使用恰当的风格**：在明确歌曲主题之后，还需根据歌曲的特点，设定并筛选 Flash MTV 所要采用的制作风格。通常同一首歌曲可以采用多种不同的风格进行制作，但不同风格作品的最终效果可能会出现很大的差异。因此制作者应根据前期对歌曲主题的分析，使用最恰当的风格进行制作，以便在相同的制作条件下创作出最能体现歌曲主题且最具表现力的 MTV 作品。

- **选择适当表现方式**：Flash MTV 作品表现歌曲主题的方式通常有两种：一种是采用画面与歌词内容完全同步的方式进行表现，即故事情节和动画场景都紧紧围绕歌词来展开；另一种则较少考虑歌词本身，而采用与歌词内容较为贴近但完全独立的故事情节来表现。这两种方式各有优劣，前者制作简单但会限制作者创作和发挥的空间；后者可以为制作者提供更多发挥空间，但是如果把握不准就会出现事倍功半的效果。因此在制作 MTV 时，除了需考虑歌曲本身的因素外，制作者还应考虑自身的实际情况选择适当的表现方式。

- **平衡音质与文件大小**：在制作 Flash MTV 时，制作者还应注意平衡 MTV 音质和文件大小之间的关系。如果过于强调 MTV 的音质，而忽视了对动画文件大小的控制，那么就可能导致动画文件过大，从而影响 MTV 作品在网络中的发布和传播。如果过于注重文件大小而忽视音质，则会严重影响最终作品的品质。通常在平衡两者之间的关系时，应尽量做到在确保音质不明显降低的前提下，对音乐文件进行最大程度的压缩。

2. Flash MTV 镜头的运用

从某种意义上来说，Flash MTV 就是一部简化并浓缩的动画电影，因此电影中经常使用的一些镜头应用技巧，也可以应用到 Flash MTV 中。这些技巧的应用，对于 MTV 情节的表现，以及加强动画的画面表现力都有极大的帮助。下面将对 Flash MTV 中常用的镜头应用方式进行简单介绍。

- **移**：指将镜头位置固定不动，而将动画主体在场景中做上下或左右方向的运动。这种镜头表现方式一般给人以动画主体正在运动的感觉。

- **推**：指将动画镜头不断向前推进，使镜头的视野逐渐缩小，从而将镜头对准的动画主体放大。使用推动镜头通常可以给观众两种感觉：一种是感觉自己不断向前，而主体不动；另一种是感觉自己不动，而主体不断向自己接近的感觉。

- **拉**：指将镜头不断向后拉动，使镜头视野扩大，并同时将动画主体缩小。这种镜头可以给观众两种感觉：一种是感觉自己不断向后，而主体不动；另一种是感觉自己不动，而主体不断远离。

- **摇**：指镜头位置固定不动，而将画面做上下左右的摇动或旋转摇动。"摇"镜头一般在场景中做大幅度的移动，给人以环视四周的感觉。

- **跟随**：指将镜头沿动画主体的运动轨迹进行跟踪，即模拟动画主体的主视点。该镜头通常用在表现主体运动过程或运动速度时采用（注意在表现跟随时，主体本身的大小是不变的），这类镜头可以带给观众一种跟随动画主体一起运动的感觉。

**提示：**

> 跟随镜头通常可以用两种方式来表现：一种是利用主体的抖动，模拟主体快速运动时的颠簸状况，另一种是在主体视点中建立一个参照物，并使参照物不断放大，来表现主体的运动速度和状态。

### 12.3.3 实现过程

根据案例制作分析，本例分为 3 部分，即制作影片剪辑元件和图形元件、对图层进行编辑以及添加图层效果和文本效果。下面将分别进行讲解。

#### 1. 制作影片剪辑元件和图形元件

本例图形元件、影片剪辑元件众多，制作时主要不要遗漏。操作步骤如下：

（1）新建一个名为"童谣.fla"的文档，设置场景大小为 450×300 像素，背景颜色为灰色，帧频为 12fps。

（2）选择"文件/导入/导入到库"命令，分别将"荧幕.jpg"、01.jpg～06.jpg 图片和"虫儿飞.mp3"音乐文件导入到库中（立体化教学:\实例素材\第 12 章\荧幕.jpg、01.jpg～06.jpg、虫儿飞.mp3）。

（3）选择"插入/新建元件"命令，创建一个名为"荧幕板"的图形元件。

（4）将"库"中的"荧幕.jpg"图片拖动到"荧幕板"图形元件场景中，调整其大小和位置，得到如图 12-101 所示效果。

图 12-101 "荧幕板"元件的效果

（5）选择"插入/新建元件"命令，创建一个名为"荧幕效果"的影片剪辑元件。

（6）将"荧幕板"图形元件拖动到"荧幕效果"影片剪辑元件场景中，选中该场景中的"荧幕板"图形元件，将其颜色按照如图 12-102 所示"属性"面板进行设置。在第 5 帧插入普通帧，如图 12-103 所示。

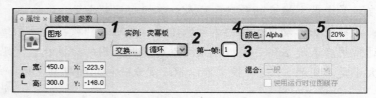

图 12-102  调整"荧幕板"图形元件颜色

（7）在该影片剪辑元件场景新建图层 2，使用矩形工具绘制出一个大小与图层 1 中"荧幕板"图形元件相同颜色和大小的矩形。在该图层第 2 帧、第 4 帧分别插入关键帧，在第 3 帧、第 5 帧分别插入普通帧。

（8）选择"插入/新建元件"命令，创建一个名为"萤火虫"的影片剪辑元件。在该元件场景中使用绘图工具绘制如图 12-104 所示萤火虫。

📢 提示：

> 如图 12-104 所示是将窗口大小设置成 400% 后所见的绘制效果，为了读者能更好地看到其图形效果。

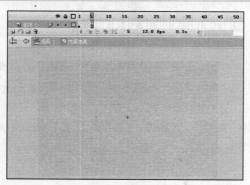

图 12-103  调整"荧幕板"后的效果

图 12-104  萤火虫

（9）新建图层 2，在该图层第 1 帧绘制如图 12-105 所示萤火虫的光晕。然后在该图层第 4 帧、第 7 帧、第 10 帧、第 14 帧创建出萤火虫闪烁的动作补间动画。其时间轴状态如图 12-106 所示。

图 12-105  绘制萤火虫光晕

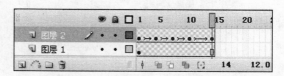

图 12-106  "萤火虫"影片剪辑元件时间轴

（10）选择"插入/新建元件"命令，创建一个名为"萤火虫飞"的影片剪辑元件。将"萤火虫"影片剪辑元件拖动到该影片剪辑元件场景中，在该图层第 170 帧插入关键帧。

（11）新建图层 2，在该图层绘制一条萤火虫飞的路径，在该图层第 170 帧插入普通帧。在图层 1 中将"萤火虫"影片剪辑元件吸附到飞行路径的左下侧位置，将图层 2 转换为引导层。

（12）在图层 1 的第 6 帧、第 12 帧、第 15 帧、第 19 帧、第 23 帧、第 28 帧、第 32 帧、第 39 帧、第 47 帧、第 56 帧、第 66 帧、第 83 帧、第 97 帧、第 112 帧、第 123 帧、第 141 帧以及第 157 帧分别插入关键帧。

（13）将"萤火虫"影片剪辑元件分别吸附到不同的位置，并创建多个动作补间动画，时间轴状态如图 12-107 所示。其飞行路径如图 12-108 所示。

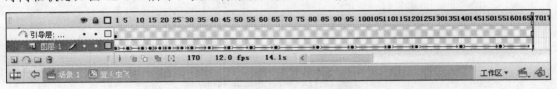

图 12-107　"萤火虫飞"元件时间轴状态

（14）用创建"萤火虫飞"影片剪辑元件的相同方法创建"萤火虫飞 2"影片剪辑元件，其飞行路径如图 12-109 所示，时间轴状态如图 12-110 所示。

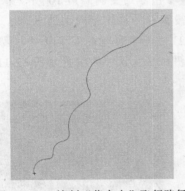 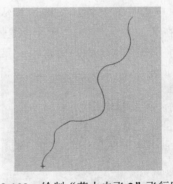

图 12-108　绘制"萤火虫"飞行路径　　　　图 12-109　绘制"萤火虫飞 2"飞行路径

图 12-110　"萤火虫飞 2"元件时间轴状态

## 2．对图层进行编辑

图层的设置会影响影片的整体效果，下面讲解图层的编辑，操作步骤如下：

（1）返回主场景，将图层 1 更改为"音乐"图层，然后在"属性"面板中进行如图 12-111 所示设置，单击 编辑... 按钮，在打开的如图 12-112 所示对话框中对音乐进行编辑。编辑完成

后单击 确定 按钮即可。音乐图层将自动按照音乐的长短表现显示在时间轴上。

图 12-111　"萤火虫飞 2"元件时间轴状态

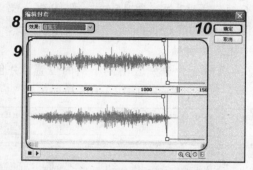

图 12-112　对音乐进行编辑

（2）新建"背景"图层，将"库"面板中的 01.jpg 图片拖到第 1 帧场景中，调整其大小，将其放置到如图 12-113 所示位置。

（3）在该图层第 9 帧插入普通帧，然后将第 1 帧分别复制到第 10 帧、第 121 帧，调整第 121 帧中图片的位置，创建图片从上向下慢慢移动的动作补间动画。

（4）在该图层第 148 帧插入普通帧，将第 121 帧分别复制到第 149 帧、第 200 帧，并创建图片向下慢慢移动的补间动画。第 200 帧中图片在场景中的位置如图 12-114 所示。

图 12-113　放置图片 01

图 12-114　第 200 帧中图片 01 的位置

（5）在该图层第 341 帧插入普通帧，将第 200 帧分别复制到第 342 帧、第 351 帧，并创建图片逐渐消失的动作补间动画，第 351 帧中图片在场景中的位置如图 12-115 所示。

（6）在该图层第 352 帧、第 353 帧分别插入空白关键帧，将"库"面板中的 02.jpg 图片拖动到第 353 帧场景中，调整其大小，将其放置到如图 12-116 所示位置。

（7）将第 353 帧复制到第 359 帧，将第 353 帧中图片的颜色 Alpha 值设置为 0%，创建图片逐渐呈现的动作补间动画，在第 461 帧插入普通帧。

图 12-115 第 351 帧中图片的位置

图 12-116 放置图片 02

（8）将第 359 帧复制到第 462 帧和第 497 帧，调整第 497 帧中图片的位置，如图 12-117 所示，创建出图片 02 向下移动的动作补间动画。

（9）在第 497～506 帧之间创建图片逐渐消失的动作补间动画。在该图层第 507 帧、第 508 帧分别插入空白关键帧。将"库"面板中的 03.jpg 图片拖到第 508 帧场景中，调整其大小，将其放置到如图 12-118 所示位置。

图 12-117 第 497 帧中图片 02 的位置

图 12-118 放置图片 03

（10）在第 508～516 帧之间创建图片逐渐呈现的动作补间动画。在第 671 帧插入普通帧，将第 516 帧复制到第 672 帧，在第 672～720 帧之间创建图片放大的动作补间动画。然后在第 720～736 帧之间创建图片逐渐消失的动作补间动画。

（11）在第 737 帧、第 738 帧分别插入空白关键帧，将"库"面板中的 04.jpg 图片拖动到第 738 帧场景中，调整其大小，将其放置到如图 12-119 所示位置。

（12）在第 738～747 帧之间创建图片逐渐呈现的动作补间动画。在第 754 帧插入普通帧，将第 747 帧复制到第 755 帧，在第 755～895 帧之间创建图片向下移动的动作补间动画。在第 895～906 帧之间创建图片向下移动并逐渐消失的动作补间动画。

（13）在该图层第 907 帧、第 908 帧插入空白关键帧，在第 985 帧插入普通帧。在第 986 帧插入空白关键帧，将"库"面板中的 06.jpg 图片拖动到该帧场景中，调整其大小，将其放置到如图 12-120 所示位置。

图 12-119　放置图片 04

图 12-120　放置图片 06

（14）在第 986～1000 帧之间创建图片逐渐呈现的动作补间动画。在第 1000～1130 帧之间创建图片向下移动的动作补间动画。

（15）新建"背景 2"图层，在第 898 帧插入普通帧，第 899 帧插入空白关键帧，将"库"面板中的 05.jpg 图片拖动到第 899 帧场景中，调整其大小，将其放置到如图 12-121 所示位置。

（16）在第 899～915 帧之间创建图片向下移动且逐渐呈现的动作补间动画。第 915 帧中图片的放置位置如图 12-122 所示。

图 12-121　放置图片 05

图 12-122　第 915 帧中放置图片 05

（17）在第 915～981 帧之间创建图片向上移动的动作补间动画。在第 981～995 帧之间创建图片逐渐消失的动作补间动画。在第 996 帧插入空白关键帧。

（18）新建"萤火虫"图层，在该图层第 96 帧插入普通帧，第 97 帧插入空白关键帧，将"库"面板中的"萤火虫"影片剪辑元件拖动到第 97 帧场景中，调整其大小，将其放置到如图 12-123 所示位置。

（19）单击    按钮新建萤火虫图层的引导层，在该图层第 96 帧插入普通帧，第 97 帧插入空白关键帧，使用铅笔工具在第 97 帧绘制一条如图 12-124 所示飞行路线。在第 150

帧插入普通帧。

图 12-123　放置萤火虫影片剪辑元件　　　　　图 12-124　绘制萤火虫飞行路线

（20）在"萤火虫"图层的第 97～150 帧之间创建萤火虫按飞行路线运动的动作补间动画，分别将"萤火虫"影片剪辑元件吸附到飞行路线的两端。

（21）在"引导层　萤火虫"图层第 151 帧、第 152 帧分别插入空白关键帧。在第 152 帧使用铅笔工具绘制出萤火虫飞行的路线 2，如图 12-125 所示。在第 300 帧插入普通帧。

（22）在"萤火虫"图层第 152～300 帧之间创建"萤火虫"影片剪辑元件沿飞行路线 2 运动的动作补间动画。

（23）在"引导层　萤火虫"图层第 301 帧插入空白关键帧、第 352 帧插入普通帧、第 353 帧插入空白关键帧。在第 353 帧使用铅笔工具绘制出萤火虫飞行的路线 3，如图 12-126 所示。在第 500 帧插入普通帧。

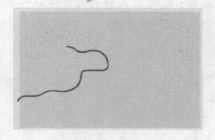

图 12-125　绘制萤火虫飞行路线 2　　　　　图 12-126　绘制萤火虫飞行路线 3

（24）在"萤火虫"图层萤火虫飞行路线 3 相应帧，创建"萤火虫"影片剪辑元件沿飞行路线 3 运动并最终消失的动作补间动画。

（25）用前面讲述的相同方法，在"引导层　萤火虫"图层第 506 帧绘制出萤火虫飞行的路线 4，如图 12-127 所示。在该图层第 642 帧插入普通帧，在第 642 帧插入空白关键帧后再在第 737 帧插入普通帧。

（26）在"萤火虫"图层萤火虫飞行路线 4 相应帧，创建"萤火虫"影片剪辑元件沿飞行路线 4 运动并最终消失的动作补间动画。

（27）在"萤火虫"图层第 737 帧插入空白关键帧，在第 898 帧插入普通帧，在第 899

帧插入空白关键帧后，将"萤火虫"影片剪辑元件拖动多个到第 899 帧场景中，分别调整它们的大小和位置，如图 12-128 所示。

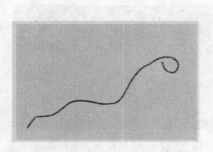

图 12-127　绘制萤火虫飞行路线 4

图 12-128　放置"萤火虫"影片剪辑元件

（28）在"萤火虫"图层第 899～915 帧、第 915～981 帧、第 981～995 帧之间分别创建"萤火虫"影片剪辑元件从上到下逐渐呈现向上移动、最后消失的动作补间动画。

（29）新建"萤火虫 2"图层，在第 505 帧插入普通帧，在第 506 帧插入空白关键帧。将"库"面板中的"萤火虫"影片剪辑元件拖动到第 506 帧场景中，调整其大小，将其放置到如图 12-129 所示位置。选中"萤火虫"影片剪辑元件，在"属性"面板的"颜色"下拉列表框中选择"无"选项。

（30）新建"引导层:萤火虫 2"图层，在该图层的第 505 帧插入普通帧，在第 506 帧插入空白关键帧。在第 506 帧使用铅笔工具绘制如图 12-130 所示萤火虫 2 的飞行路径。在该图层第 642 帧插入普通帧，接着在第 643 帧插入空白关键帧，在第 737 帧插入普通帧。

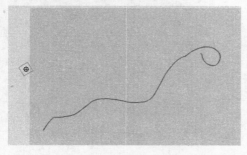

图 12-129　放置"萤火虫"影片剪辑元件

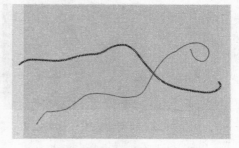

图 12-130　绘制萤火虫 2 飞行路径

（31）在"萤火虫 2"图层萤火虫 2 飞行路线相应帧，创建"萤火虫"影片剪辑元件沿飞行路线运动并最终消失的动作补间动画。

**3．添加图层效果和文本效果**

在影片中添加其余的图层效果和文本效果，可使影片的内容更丰富。操作步骤如下：

（1）新建"萤火虫群"图层，在第 179 帧插入普通帧，在第 180 帧插入空白关键帧。将"萤火虫"影片剪辑元件拖动多个到第 180 帧场景中，分别调整它们的大小和位置，如

图 12-131 所示。

（2）在该图层第 351 帧、第 360 帧插入普通帧，在第 352 帧、第 361 帧插入空白关键帧，将"萤火虫"影片剪辑元件拖动多个到第 361 帧场景中，分别调整它们的大小和位置，如图 12-132 所示。

图 12-131 放置萤火虫群一

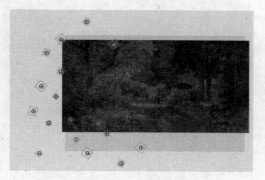

图 12-132 放置萤火虫群二

（3）在该图层第 499 帧、第 504 帧插入普通帧，在第 500 帧、第 505 帧插入空白关键帧，将"萤火虫"影片剪辑元件拖动多个到第 505 帧场景中，分别调整它们的大小和位置，如图 12-133 所示。

（4）在该图层第 671 帧、第 736 帧插入普通帧，在第 672 帧、第 737 帧插入空白关键帧，复制第 505～737 帧，效果如图 12-134 所示。

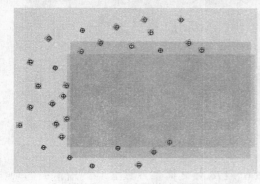

图 12-133 放置萤火虫群三

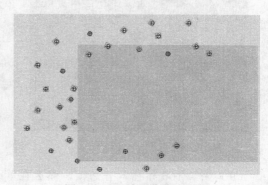

图 12-134 放置萤火虫群四

（5）在该图层第 900 帧、第 906 帧插入普通帧，在第 901 帧、第 907 帧插入空白关键帧，将"萤火虫"影片剪辑元件拖动多个到第 907 帧场景中，分别调整它们的大小和位置，如图 12-135 所示。在第 1130 帧插入普通帧。

（6）新建"文字板"图层，使用矩形工具，在场景中绘制如图 12-136 所示两个黑色无边框矩形。在第 1130 帧插入普通帧。

（7）新建"文字"图层，在该图层第 1 帧输入文字"虫儿飞"，如图 12-137 所示，接着在第 1～24 帧之间创建该文字逐渐消失的动作补间动画。在第 25 帧插入空白关键帧。

图 12-135　放置萤火虫群五

图 12-136　绘制文字板

（8）在该图层第 124 帧插入普通帧，第 125 帧、第 126 帧分别插入空白关键帧。在第 126 帧使用文本工具输入第一句童谣，如图 12-138 所示，并在第 126～134 帧之间创建该文字逐渐呈现的动作补间动画。

图 12-137　放置童谣名

图 12-138　输入第一句童谣

（9）在第 166 帧插入普通帧，然后在第 166～176 帧之间创建该文字逐渐消失的动作补间动画。

（10）用相同的方法，在音乐播放的相关帧创建不同歌词逐渐呈现并消失的动作补间动画。最后一句歌词在第 898 帧处结束，然后在第 899 帧插入空白帧。

（11）在该图层第 1080 帧插入普通帧，在第 1081 帧插入空白关键帧，然后在该帧使用文本工具输入文字 "End"，如图 12-139 所示，在第 1081～1129 帧之间创建该文字逐渐消失的动作补间动画。在第 1130 帧插入关键帧，并按 F9 键，在打开的 "动作-帧" 面板中输入 stop 语句。

（12）新建 "荧幕效果" 图层，将 "库" 面板中的 "荧幕效果" 影片剪辑元件拖动到第 1 帧场景中，调整其大小，将其放置到如图 12-140 所示位置。在第 1130 帧插入普通帧。

图 12-139　放置 End 文字

图 12-140　放置"荧幕效果"影片剪辑元件

（13）新建"场景遮罩"图层，在该图层第 1 帧使用矩形工具绘制两个黑色矩形，其中一个矩形大小与场景大小相同，另一个矩形可以将场景中其他多余部分全部遮罩，删除小的矩形，得到如图 12-141 所示效果。在第 1130 帧插入普通帧。

图 12-141　遮罩效果

（14）保存该动画，按 Ctrl+Enter 键，即可预览到动画的效果。时间轴状态如图 12-142 所示。

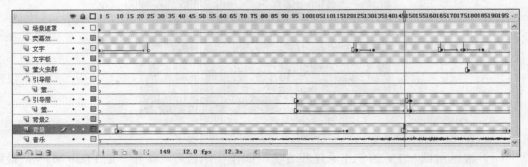

图 12-142　时间轴状态

305

# 12.4　练习与提高

（1）根据"极限联盟"网站片头的制作原理和方法，制作一个名为"风尚国际"的动画，最终效果如图 12-143 所示（立体化教学:\源文件\第 12 章\风尚国际.fla）。

提示：该练习制作一个网站的片头，主要定位于追求时尚潮流和新生活方式的中青年消费群体。因此在制作之前应首先考虑其主体风格。在练习时网站片头的所有内容都在同一个动画场景中制作，制作的重点主要体现在用于表现网站片头动态背景的"附加动画"影片剪辑、用于展示网站风格的"模特"和"演示窗"影片，以及用于体现网站理念的文字动画 3 个方面。本练习可结合立体化教学中的视频演示进行学习（立体化教学:\视频演示\第 12 章\风尚国际.swf）。

图 12-143　"风尚国际"最终效果

（2）根据所学内容，试着制作一个名为"索爱手机广告"的 Flash 动画，最终效果如图 12-144 所示（立体化教学:\源文件\第 12 章\索爱手机广告.fla）。

提示：制作本例时，可使用立体化教学中的文件素材（立体化教学:\实例素材\第 12 章\索爱手机广告\）。

图 12-144　索爱手机广告

（3）根据童谣 MTV 的制作原理和方法，制作一个名为"星座"的 Flash MTV，最终效果如图 12-145 所示（立体化教学:\源文件\第 12 章\星座.fla）。

提示：制作本例时，可使用（立体化教学:\实例素材\第 12 章\星座\）中的文件素材。

图 12-145 星座 MTV

 **大型动画的制作流程**

　　在制作大型动画时，使用正确的制作流程，不但可以保证作品的最终质量，还可以在一定程度上提高动画的制作效率。一般大型动画的制作流程主要分为前期策划、搜集素材、制作动画要素、编辑动画和调试并发布动画 5 个步骤。

- **前期策划**：在前期策划阶段，对于网站片头，需先确定网站片头的制作风格、要表现的主题以及所采用的音乐风格等内容；对于游戏，应确定要制作什么类型的游戏，游戏采用什么样的玩法，游戏需要包括哪些场景以及游戏的基本规则和最终目的等内容；对于 MTV 应确定用于制作 MTV 的歌曲，MTV 要采用的风格，并为 MTV 设置要表现的情节和角色形象等内容。在这一阶段，应尽量将前期策划做得更加细致，建议将策划出来的内容，如主要场景、角色布置以及场景之间的过渡方式等都记录下来以便后期的制作。

- **搜集素材**：在前期策划后，即可有针对性地搜集动画中需要用到的文字、图片、声音和视频等素材。对于一些无法直接获取的素材，可通过相关的第三方软件对素材进行提取，或通过对相关素材进行编辑的方式获得。

- **制作动画要素**：在这一阶段中，应根据前期策划的内容，在 Flash 中制作出动画所需的各种图形元件、按钮元件和影片剪辑元件等动画要素。

- **编辑动画**：当制作动画的所有要素都准备完毕，就可以正式对网站片头的动画场景进行编辑和调整，然后将声音效果和背景音乐按前期策划的方案添加到动画中，以加强动画的感观表现力。对于需要用脚本实现的特效，需要在相应的关键帧中添加实现特效功能的 Action 脚本。

- **调试并发布动画**：完成动画的初步编辑后，还需要通过预览动画的方式，检查动画的实际播放效果，然后根据测试结果对动画的细节部分进行调整。调整完毕后，即可根据实际需要发布动画。